中国城市地下空间发展
蓝皮书
(2015)

Blue Book of Underground Space Development in China

中国岩石力学与工程学会地下空间分会
中国人民解放军理工大学国防工程学院地下空间研究中心　编著
南京慧龙城市规划设计有限公司

图书在版编目(CIP)数据

中国城市地下空间发展蓝皮书. 2015 / 中国岩石力学与工程学会地下空间分会，中国人民解放军理工大学国防工程学院地下空间研究中心，南京慧龙城市规划设计有限公司编著. -- 上海：同济大学出版社，2016.12

ISBN 978-7-5608-6667-3

Ⅰ.①中… Ⅱ.①中…②中…③南… Ⅲ.①城市空间—地下建筑物—研究报告—中国—2015 Ⅳ.①TU92

中国版本图书馆 CIP 数据核字(2016)第 291758 号

中国城市地下空间发展蓝皮书(2015)

中国岩石力学与工程学会地下空间分会　中国人民解放军理工大学国防工程学院地下空间研究中心　南京慧龙城市规划设计有限公司　**编著**

责任编辑　胡　毅　　**责任校对**　徐春莲　　**封面设计**　完　颖

出版发行　同济大学出版社　　www.tongjipress.com.cn

(地址:上海市四平路 1239 号　邮编:200092　电话:021-65985622)

经　　销　全国各地新华书店、建筑书店、网络书店

印　　刷　上海安兴汇东纸业有限公司

开　　本　787 mm×1 092 mm　1/16

印　　张　16.75

字　　数　418000

版　　次　2016 年 12 月第 1 版　　2016 年 12 月第 1 次印刷

书　　号　ISBN 978-7-5608-6667-3

定　　价　128.00 元

内容提要

2015年，为推动新型城镇化战略向纵深发展，保持经济稳定有效地增长，我国中央政府先后颁布多部引导城市集约化发展，强调“盘活存量用地”，城市“地上地下立体开发与综合利用”和“推进综合管廊建设”等涉及城市地下空间开发政策的文件，并将城市地下空间有序开发建设作为有效拉动经济增长，促进社会和谐发展与进步的持续动力和创新手段。以此为背景，2015年版《中国城市地下空间发展蓝皮书》在内容和形式上较2014年版报告有较大变化，概括如下：

（1）创新研究方法，将信息技术与科研成果融合共建，形成以“互联网+”和大数据运用为基础，城市地下空间综合实力评价的体系，择取代表性样本城市展示2015年中国城市地下空间发展格局和显性特征。

（2）建立研究体系，以新型城镇化下的中国城市建设和城市地下空间“当代发展史”作为研究和评价的时空轴线，重点截取2015年为研究立面，通过地下空间数据分析和特质的梳理，系统展示新时期中国城市地下空间发展脉络和趋势，为城市的可持续发展和地下空间资源永续利用提供新的研究方向。

（3）完善报告内容，本次报告尝试“全方位、全领域”系统地展示2015年中国城市地下空间发展水平，内容涵盖开发建设、公共设施、轨道交通、综合管廊等行业与市场，以及地下空间管理与治理体系、智力资源、科研成果、学术交流、地下空间灾害事故等方面，为关注城市地下空间发展研究的社会各界提供一份切实可用的，集地下空间建设发展、市场前景、学术成果、智力资源、信息数据于一体的指南。

本报告适合从事城市地下空间开发利用的政府主管部门、规划设计和施工技术人员以及科研人员阅读使用。

编委会

前　言

自2013年以来，随着中国经济改革和社会发展步入一个全新的阶段，在新型城镇化战略的推进下，中国的城市发展已经成为发展中国家现代化发展的新范式，在这一世界瞩目的“中国质态”的伟大社会变革中，城市地下空间开发利用是其重要的显性特质形态之一。近年来，杭州钱江新城、广州珠江新城等一些标志性的大型城市地下空间开发工程，已经成为地下空间领域的“大事件”而常被国际学术研究和规划建设界引为可资借鉴的经典范例。诚然，从开发利用的规模、类型和应用技术等方面看，中国毫无疑问地成为引领世界城市地下空间发展的主力军，但是，在诸如大深度地下空间等基础研究，地下空间立法和治理体系，专业技术人才和团队的培养扶持，知识产权保护等“软件配套”上，与地下空间开发利用的传统强国相比，有着明显差距和不足，并且受市场经济的冲击，部分地下空间开发利用已经出现过度商业化、地产化的趋势。正因如此，编委会组织了国内长期从事城市地下空间研究的专业团队，秉持对事业的热忱，深耕勤犁于海量信息和文献之中，编写出这本研究报告（蓝皮书），以期从地下空间发展的视角，来如实反映中国城市现代化发展的“侧翼”，供领导和推动中国城市建设的从业者们参考使用。

自2015年10月初《中国城市地下空间发展报告（2014）》（公共版）在中国城市规划学会、中国岩石力学与工程学会等官方网站发布以来，得到社会的广泛关注，城市地下空间行业有关的网站随即转载，多家媒体、机构也通过各种渠道与报告编写组联系，咨询、接洽相关信息和知识产权事宜。承蒙同济大学出版社几位老师拨冗慧识于纷繁的网络之中，第一时间约定报告的出版意向，于2015年正式出版了《中国城市地下空间发展白皮书（2014）》。因此，这本仓促的小众之作，有了登堂入店的机会，以传统的推介形式献给社会，共享我们多年积累的信息和经验视角。

关于书名，由于2014年度的报告以白皮书之名虽已为坊间泛用，但确有僭越之嫌。因此，借2015年度报告出版之机，编写组经学会、出版社认定，自2015年度报告起更名为“蓝皮书”。

关于内容，因2015年度报告在编写思路上有所变化，篇幅较2014年增加不少，又为提高出版作品的市场品质，本次公共版内容以结论性文字和可读性更强的图形为主；印刷版内容除保留较多的分析数据、分析过程和基础资料外，另将参编单位南京慧龙城市规划设计有限公司10多年来从事20多个城市地下空间规划项目积累形成的经验，集结成《城市地下空间开发利用规划编制技术指南》作为附件附于报告之后，以供相关从业者共享和交流使用。

本书编委会

2016年8月

目 录

绪论　2015 年中国地下空间之最

最大的地下火车站——深圳福田站

2015 年 12 月 30 日，亚洲最大的地下火车站——深圳福田站(图 0-1)正式通车运营。这也是全球第二大地下火车站，仅次于美国纽约中央火车站。①

图 0-1　深圳福田地下火车站剖面效果图

图片来源：http://tieba.baidu.com/photo/p?kw=%E4%B8%AD%E5%8D%8E%E5%9F%8E%E5%B8%82&ie=utf-8&flux=1&tid=1925906493&pic_id=f7ebd6160924ab18c87602b835fae6cd7a890b6e&pn=1&fp=2&see_lz=1 百度贴吧-中华城市吧

福田站位于深圳城市中心区的益田路与深南大道的相交处，车站聚集了广深港高铁和深圳地铁 2 号、3 号、11 号线。福田站的启用运营，有利于优化深圳北站的运能组

① 郭军，毛卫国. 亚洲最大地下火车站深圳福田站开始试运行[EB/OL]. 中国新闻网(2015-11-25). http://www.chinanews.com/cj/2015/11-25/7641486.shtml.

织，缓解深圳北站的客运压力。

福田站作为一个重要的铁路交通枢纽，有利于珠三角区域经济的快速发展。尤其是在广深港客运专线(图 0-2)香港段开通后，香港将融入中国内地的高速铁路网，形成“广深港半小时经济圈”，对于进一步促进内地与港澳地区的经贸文化和人员往来具有重要现实意义。

图 0-2 广深港客运专线路线图

图片来源：新闻王，http://www.xinwenwang.com/r2193568

车站总建筑面积达 14.7 万 m^2。整个车站为三层式结构，地下一层为换乘大厅，共设旅客出入口 16 个；地下二层为站厅层和候车大厅，共设置进站检票口 4 个，可供 3 000 名旅客同时候车；地下三层为站台层，共设 8 条股道 4 个站台。①

最长的地下走廊——武汉光谷中心城地下公共走廊

武汉光谷将打造一条贯穿光谷中心城的地下公共走廊(图 0-3)，位于光谷高新大道与高新五路之间，主要沿光谷五路(纵向 3.6 km)及神墩一路(横向 1.3 km)②、望月路等道路下及周边市政绿地范围内的地下建设。2015 年 12 月 19 日，光谷中心城中轴线区域地下公共交通走廊及配套工程全线开工建设。

---

① 郭军，郑小红. 亚洲最大地下火车站深圳福田站通车运营[EB/OL]. 中国新闻网(2015-12-30). http://www.chinanews.com/sh/2015/12-30/7694613.shtml.

② 武汉东湖新技术开发区. 光谷中心城开建中国最长地下空间走廊[EB/OL]. 东湖新技术开发区政务网(2015-12-22). http://www.wehdz.gov.cn/xwdt/dhyw/68244.htm.

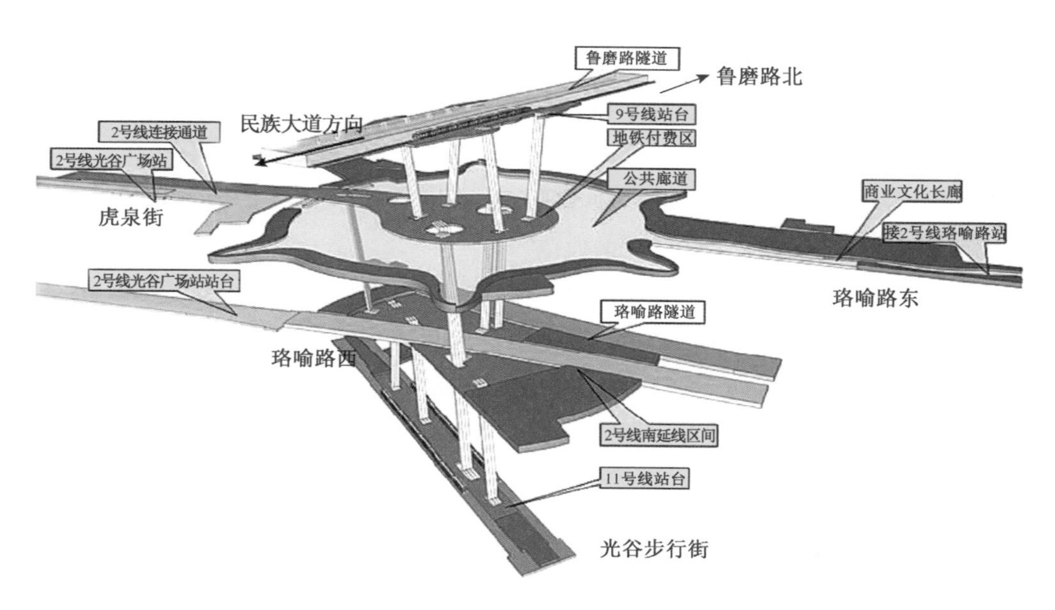

图 0-3 光谷广场综合体分层布局图

图片来源：天津之声，http://www.city96.com/gnxw/20150629/210418.html

建成后的光谷中心城地下公共走廊总建筑面积达 51.6 万 m^2，包含商业(纯商铺)、公共通道、综合管廊、社会停车场、物流中心、地铁站、地铁区间、设备用房以及其他各类功能设施(图 0-4)，其立体化、复合型公共地下空间使其成为全国乃至全亚洲规模最大的地下空间项目①。

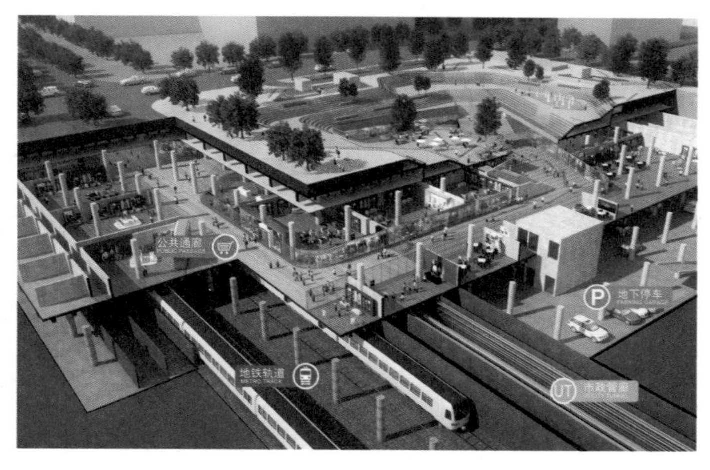

图 0-4 地下空间节点效果图

图片来源：人民网湖北频道

① 汪志，艾波．投资 80 亿"中国最长地下空间走廊"项目引爆光谷中心城[EB/OL]．今日头条(2015-12-19)．http://toutiao.com/i6229910644691304962.

该工程将建设三层，最深的地方将建到地下 27 m 以下，最下层为轨道交通、地下停车场、市政管廊，中间层为公共通廊和商业体。建成后，地下工程将连通光谷五路两侧街区地下层，将各种交通设施与开放空间顺畅连接，提升土地价值。项目范围涉及 4 条地铁线路和 5 座地铁站，其中 3 座为两线换乘站，打造“中国最长的地下空间走廊”，成为中国乃至世界地下空间利用开发的典范。

项目采用“以人为本、生态智慧”设计理念，注重引入自然要素，地下空间顺应北高南低近 20 m 原始高差，通过建立开敞、连续、人性化的公共空间，使地下空间与地面空间自然地过渡，并获得充足的通风和采光，为该区域创造了新的地下公共空间，同时也提升了中心城核心区整体公共服务的水平。

国内首个下穿黄河地铁隧道工程——兰州轨道交通 1 号线

2015 年 12 月 31 日，承担兰州轨道交通 1 号线一期工程迎门滩至马滩区间右线隧道施工的“金城 5 号”泥水平衡盾构机历经 415 天，顺利掘进至黄河南岸河堤，成为中国第一个成功下穿黄河的城市地铁隧道工程。

2015 年 10 月 8 日，兰州轨道交通 1 号线一期工程盾构机到达黄河北岸河堤，正式开始下穿黄河底部。迎马区间地铁隧道位于兰州市安宁区银滩黄河大桥南北两侧黄河河床下 15 m 至 22 m，右线长约 1 906 m，左线长约 1 908 m，采用两台泥水盾构机进行施工。为了避开银滩黄河大桥桥桩，该区间选择在银滩黄河大桥上游 30 m 至 50 m 位置下穿黄河，左、右线下穿黄河段长度均为 404 m。①

中国工程院院士、著名的防护工程专家钱七虎在指导地铁修建工作时指出：“兰州地铁工程的‘穿黄’隧道难度是世界级的。”②在迎马区间隧道施工过程中，受黄河北岸湿地公园及周边地质环境影响，“金城 5 号”盾构机穿行于黄河上游水域高富水、大粒径、高硬度砂卵石底层，面临盾构机漏浆失压、击穿河床、河水倒灌、刀盘卡死等巨大风险。

盾构机在掘进至黄河底部后，一度遇到极为艰难的施工环境。盾构机穿越其中一段水域时常遇到高密度的大粒径卵石群，盾构机刀盘无法切削，经常出现刀盘卡死的情况，需要对盾构机机头进行开箱，将卡在掌子面的大粒径卵石人工取出，最艰难的时候，每掘进 1 环(1.2 m)盾构机要开箱 5 次，甚至两天时间才能掘进 1 环(图 0-5)。

---

① 师向东. 兰州轨道交通迎门滩至马滩区间右线隧道掘进工程传来捷报 国内首条下穿黄河地铁隧道成功打通[N]. 兰州晨报：A03(2016-01-04).

② 秦娜. 中国工程院院士钱七虎谈兰州地铁建设[EB/OL]. 每日甘肃网(2015-09-10). http://lz.gansudaily.com.cn/system/2015/09/10/015697140.shtml.

图 0-5　技术人员对盾构机进行维护保养
图片来源:《兰州晨报》,师向东摄

根据施工计划,盾构机抵达黄河南岸河堤后继续向马滩站掘进,2016 年 10 月实现双线贯通。

B 1 综述

Blue book

张智峰　刘　宏

1.1 当前中国城市地下空间发展纵览

截至“十二五”期末，中国城市地下空间开发仍延续“三心三轴”的结构性趋势，即以京津冀、长江三角洲和珠江三角洲城镇化地区的核心城市为代表的中国城市地下空间发展核心；以东部沿海、长江中下游沿线和京广线作为中国城市地下空间发展轴。

总览中国城市地下空间开发利用功能类型，以地下交通为主，其中城市轨道交通建设速度已居世界首位；城市地下道路建设已从起步期转为加速发展期；城市已将更多的停车泊位置于地下，总体停车下地率逐步上升。城市大型地下综合体的建设已经成为城市地下空间开发利用的重点，许多城市地下综合体的设计手法、建设施工水平已达到国际先进水平。然而，综合管廊、真空垃圾收集系统、地下水源热泵等地下基础设施的建设才刚刚起步。深层地下空间开发利用寥寥无几，基本处于空白阶段。目前中国地下空间的综合利用效益仍有待提高。

城市地下空间开发利用规划正在普遍开展。根据各城市规划建设公开信息显示，截至 2015 年，已有三分之一以上的城市编制了城市地下空间专项规划；许多城市，特别是特大超大城市、大城市的中心区结合旧城改造和新区建设已经编制完成或正在编制地下空间详细规划。

同时，地下空间在法律、政策、运作管理以及拥有自主知识产权核心技术的地下施工装备等领域和发达国家仍有一定的差距。

1.1.1 产业市场的初步形成

1）轨道交通产业

目前，中国已崛起成为世界轨道交通装备生产大国和系统技术强国。以城市地铁为代表的中国轨道交通产业以其高成长性和广阔前景，成为推动中国轨道交通产业加速发展的动力。

（1）产业动态

以地铁为例，截至 2015 年底，北京、上海的地铁线路近 600 km，广州、南京超过 200 km，世界地铁长度排名前 15 名中，中国获得 6 席①。获批新增轨道交通规划的城市有 15 个，还有 20 多个城市正在筹建轨道交通设施。

2015 年，城市轨道交通投资市场中，17 个城市中标金额超过 10 亿元，为城市轨道

① Mahuiling. 世界城市地铁长度排名：上海位居榜首 深圳名列 15 位[EB/OL]. 中商情报网(2015-04-23). http://www.askci.com/news/2015/04/23/18031o5r2.shtml.

交通建设的后续发展增添了强劲的信心与动力。在17个城市中，除国家政治经济文化中心北京和正处于轨道交通建设高速发展阶段的武汉外，另外15座城市中标金额按照经济发展层次从长三角地区、珠三角地区、环渤海城市圈、长江中游地区、中原城市群、西南地区呈梯队式递减，梯队间的中标金额差距并不大。中国轨道交通建设已从爆发性的发展恢复到理性投资，国内各个区域的发展走向稳定和谐的发展道路。随着更多城市的轨道建设规划获批以及获批线路的相继开工，未来中国城市轨道交通的市场发展前景依然值得期待。

未来轨道交通行业发展应把握好建设节奏，确保建设规模和速度与城市交通需求、政府财政水平以及建设管理能力相适应。

（2）产业影响

① 对地下综合空间影响

作为便捷的出行方式，地铁线路在开通前后对于站点周边2 km范围内的商品住宅项目价格存在一定的影响，影响程度随着两者距离的增加而呈指数递减的趋势，随着与轨道交通距离的增大，商品住宅价格下降程度由降幅明显以指数变化形式过渡到逐渐趋于缓和①。此外，轨道交通对于商业和办公楼的增值影响幅度甚至高于对商品住宅的影响②。

2015年，中国新增轨道交通的平均站间密度为1.33 km，以轨道线路两侧1 km影响距离初步计算，新增轨道交通带来315 km^2 范围内的房地产溢价，催生范围内商品住宅、商业和办公楼的地下综合空间的发展，成为2015年城市地下空间发展的主力军。

② 对上下游产业链影响

从产业链上看，城市轨道交通建设有望拉动区域内建筑施工、建材及特殊机械装备、装置（含施工装备、轨道交通车辆等）的需求。城市轨道交通建设领域准入门槛较高，对施工技术、产品质量要求较高，市场竞争格局相对稳定。随着城市轨道交通步入黄金发展期，相关装置装备企业、建筑施工企业将很大程度上受益。

2）以综合管廊为代表的地下市政产业

2015年7月28日，国务院总理李克强主持召开国务院常务会议，部署推进城市地下综合管廊建设，扩大公共产品供给，提高新型城镇化质量。会议指出，综合管廊作为国家重点支持的民生工程，是创新城市基础设施建设的重要举措。

---

① 冯长春，李维瑄，赵蕃蕃．轨道交通对其沿线商品住宅价格的影响分析——以北京地铁5号线为例[J]．地理学报，2011(8)：1055-1062.

② Weinstein B L, Clower T L. An assessment of the DART LRT on taxable property valuation and transit oriented development[R]. Center for Economic Development and Research, University of North Texas. September 2002.

(1)“马路拉链”现象

城市发展使地下管线越来越复杂。目前,城市供水、排水、天然气、电力等多种地下管线纵横交错,城市道路时常因管线维护、新建等“开膛破肚”,“马路拉链”问题导致人民对政府部门工作的满意度和自身生活幸福指数大大降低;同时反复开挖会破坏原有地质结构,成为路面下沉或塌陷的一个重要原因。

重复施工建设会严重影响生产生活,大幅降低交通运行效率,使得建设成本飙升,是一种人力、物力资源的高额浪费。

(2)产业的兴起

综合管廊相当于铺设在城市地下的“城市管网地下通道”,是解决“马路拉链”问题的重要途径。综合管廊使低效土地地下空间在市政工程建设方面得到有效的二次开发利用,将彻底解决“马路拉链”现象,形成城市空间立体化、集约化、综合化的现代化城市发展新模式。

综合管廊在提升环境的同时,将避免由于埋设或维修管线而导致路面重复开挖的麻烦和土壤对管线的腐蚀,延长管线使用寿命;综合管廊的建设还将为规划发展需要预留宝贵的地下空间资源。

(3)产业发展

根据住房城乡建设部门公开数据统计,2015 年,全国共有 69 个城市启动地下综合管廊项目,建设长度约 1 000 km,总投资约 880 亿元,其中拉动社会投资约 700 亿元。

中国的综合管廊建设正由探索期向规模化建设期过渡。加快城市综合管廊建设,有利于解决长期存在的城市地下基础设施落后等突出问题,提升新型城镇化发展质量。

目前已建工程大多为城市重点地区示范工程,建设里程较短,未形成规模效益。但从长远角度出发,综合管廊的综合效益无可估量,回报率也将长期稳定,拥有一个稳定的市场。

中国已计划用 3 年左右时间,在全国 36 个大中城市全面启动地下综合管廊试点工程。按 2015 年建设数据估算,如果“十三五”期间,每年新增 2 000 km 的管廊,以每公里 1.2 亿元[①]计算,将带来 1.2 万亿元直接投资。加上由产业链拉动的钢材、水泥、机械设备等方面的间接投资,拉动经济的作用巨大。

因此,在经济增速放缓,新常态的深度调整的背景下,综合管廊建设将成为拉动基础投资增长、抵御经济下行压力、提升城市综合承载能力、提高城镇化发展质量、满足民生之需的有效途径。

① 根据《城市综合管廊工程造价指标(试行)(2015)》中“2 舱管廊造价”计算。

综合管廊已明确写入国家“十三五”规划，其产业发展有利于“十三五”期间增加公共产品供给，增强经济发展新动力，为城市发展提供有力保障。

(4) 相关产业影响

城市综合管廊建设将直接促进管道生产企业发展，包括供水、给排水、燃气管道等。同时，管廊的智能化需求，将推动管道仪器仪表以及检测、测量等具备相关生产技术和能力的产业发展。具备综合信息处理能力并提供解决方案的“互联网+”公司将成为城市综合管廊建设的重要受益方。

3) 地下停车产业

(1) 停车需求爆发性增长

随着城镇化的快速发展，居民生活水平不断提升，我国城市小汽车保有量大幅提高，对停车设施的需求量也不断增加。

根据公安部交通管理局数据整理，截至 2015 年末，全国民用汽车保有量达到 17 228 万辆(包括三轮汽车和低速货车 955 万辆)，比上年末增长 11.5%(图 1-1)，其中私人汽车保有量为 14 399 万辆，增长 14.4%。北京平均每百户家庭拥有 63 辆私家车，广州、成都等大城市每百户家庭拥有私家车超过 40 辆。

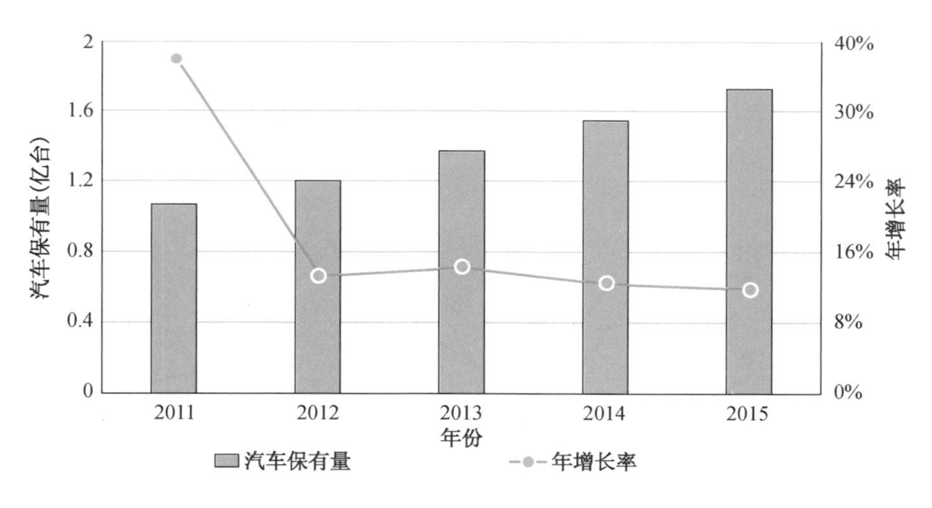

图 1-1 “十二五”期间全国民用汽车保有量变化

资料来源：公安部交通管理局

(注：本书所有图表中的数据除特别说明外皆不包括港澳台地区，以下不一一注明)

(2) 停车设施供需矛盾

2000 年以来，中国城市尤其是特大超大城市的停车供需失去平衡，停车设施供给不足问题日益凸显，机动车挤占非机动车道等公共资源，影响交通通行，制约了城市进一步提升品质和管理服务水平。从总体上看，城市停车问题主要表现在停车需求与停车空间不足、停车空间扩展与城市用地不足的矛盾上。

(3) 停车产业的诞生

2015 年 8 月 24 日，中国第一只专项企业债券——泸州市城市停车场建设项目收益专项债券获批准。该债券由泸州市基础建设投资有限公司非公开发行，总额为 20 亿元，将专门用于当地停车场项目的建设。“停车债券”的发行将加大企业债券融资方式对城市停车场建设及运营的支持力度，引导和鼓励社会投入，缓解中国城市普遍存在的因停车需求爆发式增长而导致的停车难问题。

建设地下停车场，吸引社会资本、推进停车产业化是解决城市停车难问题的重要途径，也是当前改革创新、稳定经济增长的重要举措。

(4) 停车产业潜力

“停车债券”的发行和《关于加强城市停车设施建设的指导意见(发改基础〔2015〕1788 号)》的出台，广泛吸引了社会资本投资建设城市停车设施，并采用政府和社会资本合作(Public-Private Partnership, PPP)模式。2015 年，很多城市的企事业单位、居民小区及个人尝试有效利用、充分发掘城市地上和地下空间资源，在自有土地、地上地下空间建设停车场，对外开放并取得相应收益。

但是，2015 年停车产业的发展落后于当年车辆的增幅，城市停车问题的解决仍处于被动局面。如全国地下空间综合实力较强的南京、苏州、厦门等城市，2015 年停车地下化率较 2014 年稍有下降(图 1-2)。

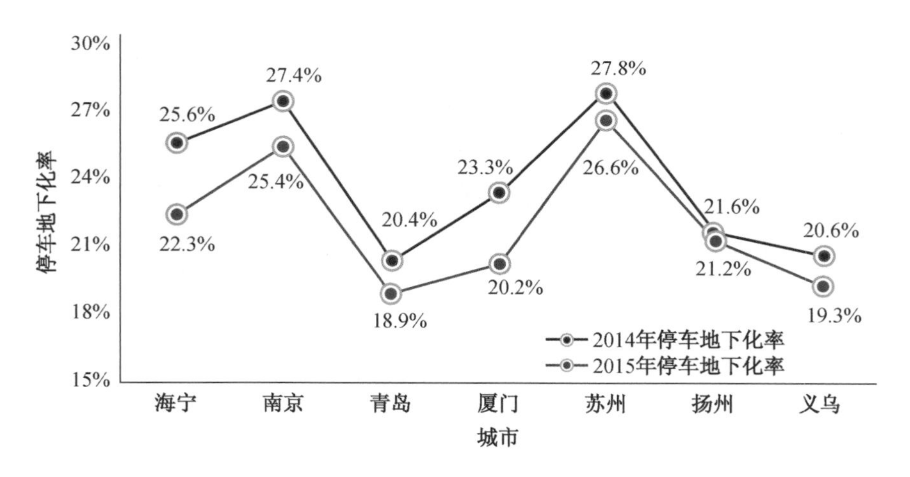

图 1-2　2015 年城市停车地下化率较上年度降低

数据来源：南京慧龙公司研发的地下空间数据信息系统(以下简称慧龙数据系统)

地下停车产业投资受政策良性刺激，预计未来将有更多地下工程由社会资本参与，承担设计、建设、运营、维护的大部分工作，并通过使用者付费及必要的政府付费获得合理的投资回报；而政府部门负责基础设施及公共服务价格和质量监管，以保证公共利益最大化。

1.1.2 地下空间法治建设步入正轨

“十一五”期间国家层面涉及地下空间的法律体系相对较少，“十二五”期间，中国政府在地下空间法制建设方面取得了长足的进步，在对地下空间用地管理、建设管理、使用管理等方面作出了明确规定与要求，推进了中国城市地下空间的合理有序发展，步入地下空间法制建设正轨。

1）政策数量递增趋势明显

通过对10年间中国政府网发布的政府信息的统计分析(图1-3)，“十二五”期间涉及地下空间开发建设与管理的政策、规章、规范性文件数量是“十一五”期间的6倍。其中，“十一五”期间，平均每年不足1部，“十二五”期间，平均每年超过5部。2014年以来，随着国内城市轨道交通进一步大规模建设以及综合管廊建设的持续推进，2015年，国家层面规范地下空间建设管理的政策达到10年来的顶峰，共11部。

图1-3 2006—2015年中国政府公开发布涉及地下空间开发建设与管理的政策数量统计

数据来源：中国政府网 www.gov.cn，统计数据不含地下水、南水北调地下输水工程、地下储气库、地下矿山及矿产勘查、地下文物普查等内容，以及对相关城市总体规划的批复中涉及地下空间的内容

2）法治内涵丰富

“十一五”期间，地下空间出现在“安全生产”、“城乡改革和发展”等政策文件中，作为地下施工安全保障、鼓励开发利用地上地下空间等非核心关键词内容出现。直至2010年发布的《国务院关于印发全国主体功能区规划的通知》，首次在国家政策层面中提出“按照统筹地上地下的要求进行开发”、“在条件允许的情况下，城市建设和交通基础设施建设应积极利用地下空间”的内容，自此将中国地下空间开发建设管理提上新的高度。

“十二五”期间，地下空间伴随“地质灾害防治”、“消防工作”、“绿色建筑”、“地下管线建设管理”、“综合管廊建设”、“城市轨道交通运营”等政策、规章、规范性文件出现，地下空间领域涉及的内涵越发丰富。

2012 年，国发《国务院关于城市优先发展公共交通的指导意见》中提出，“对新建公共交通设施用地的地上、地下空间，按照市场化原则实施土地综合开发”，这是国家层面政策文件中首次将“地下空间”、“市场化”和“综合开发”联系在一起。从 2013 年国发《国务院关于加强城市基础设施建设的意见》中提出“坚持先地下、后地上，提高建设质量、运营标准和管理水平”起，地下空间内涵多样性特征凸显。

“十二五”期末的 2015 年，中国地下空间法治建设突破原有单纯的附着轨道交通建设、建筑安全要求的局限，步入新台阶。国家层面政策、规章、规范性文件主题首次涉及“公共服务设施地上地下立体开发及综合利用”、“地下空间商业化利用”、“社会领域标准化重点——地下空间测绘与管理”、“加快发展生活性服务业”、“城市地下综合管廊建设规划”等内涵，预计“十三五”期间国内各城市将依政策有序开展地下空间测绘工作，同时加强地下空间规划、建设、安全管理，完善应急体系；各城市地下生活性服务业，特别是地下商业的开发也将有法可依、有章可循；全国综合管廊的建设从初步探索向有序合理开发过渡。

3）地下空间所有权归属制度的完善

由于缺乏国家顶层法律的支持，“十一五”期间，各地地下空间开发利用中，所有权归属问题表现得较为突出。随着各地关于地下空间规划管理、建设管理等综合性政策文件的相继出台，“十二五”期间，全国地下车库所有权不明导致的法律纠纷数量整体上呈下降趋势。

特别是近年来在用地权属登记（空间确权）进行探索和尝试的东部地区城市、特大超大城市中，该趋势更为明显。

1.2　2015 年城市地下空间发展综合实力

改革开放以来，伴随着工业化进程加速，中国城镇化经历了一个快速的发展过程，取得了举世瞩目的成就，30 多年间，以 2.8%的国土面积，18%的人口，创造了 36%的国内生产总值，不仅成为推动中国经济快速增长和参与国际经济合作与竞争的主导力量，而且给发展中的中国带来了社会结构深刻变革①。城市数量呈跨越式的增长，据

① 中共中央，国务院．国家新型城镇化规划（2014—2020 年）[Z]．新华社，2014-03-16．

《中国城市统计年鉴(2015 年)》的数据显示,中国建制城市(含地级以上城市和县级城市)由改革开发初期的 193 座扩增到 658 座①,其中地级以上城市 292 座。

对于中国这样一个地广人多,城市类型多样,区域发展差异较大的国家,城镇化快速推进过程中,这些不同的城市,一方面在城市性质、城市功能、城市发展动力机制、增长潜力、综合承载力等方面相差巨大,城市地下空间开发建设也表现出不同的发展格局和结构特征;另一方面,在快速发展过程中已经不同程度地暴露出“建设用地粗放低效;城镇空间分布和规模结构不合理;‘城市病’问题日益突出”等问题,因忽视城市土地资源集约利用,缺乏统筹前瞻开发地下空间资源,逐渐积累的历史欠账而引发了一些亟待解决的突出矛盾和问题。

因此,衡量一个城市地下空间综合实力强弱,绝不能单单凭该城市的地下空间实际建设指标,还需考量其管理体制、政策法规完善度、相关规划的编制情况、是否建设满足需求的轨道交通设施以及地下空间存量资源储备等多个指标。

1.2.1 地下空间综合实力评价

1) 评价维度与变量

城市地下空间综合实力的评价维度应尽可能体现城市之间在地下空间的资源、建设与管理等方面的差异,本次划分 4 个评价维度,分别为地下空间的政策支撑体系、开发建设指标、重点工程影响力和可持续发展指标。

每个维度内又分 2～5 个不等的变量,这些变量是从多层次、多角度对维度进行描述。变量参数并不唯一,视具体情况选取。同一个变量的不同参数所占权重相等。由维度与变量共同构成立体的评价角度,使最终评判结果更符合城市地下空间发展的实际情况。见表 1-1。

表 1-1 城市地下空间综合实力评价维度与变量说明

评价维度	变量	变量参数
政策支撑体系	地下空间管理机制	管理机制完善度
	相关法规政策	颁布数量
		涵盖主题
	规划编制	总规(专项规划)
		详细规划编制数量
		规划编制导则

① 统计数据截止时间为 2014 年底。所涉及的全国或全部城市统计资料,均未包括香港特别行政区、澳门特别行政区和台湾省。

续表

评价维度	变量	变量参数
重点工程影响力	轨道交通	线网密度
		站点密度
	综合管廊	建设长度
	大型地下公共工程	公益性工程数量
		综合性工程数量
开发建设指标	人均地下空间规模	详见“第2章2.2.2样本城市”内容
	建成区地下空间开发强度	详见“第2章2.2.2样本城市”内容
	停车地下化率	详见“第2章2.2.2样本城市”内容
	地下综合利用率	详见“第2章2.2.2样本城市”内容
	地下空间社会主导化率	详见“第2章2.2.2样本城市”内容
可持续发展指标	存量资源	建成区与城市国土面积的比例
	智力资源	专业高校数量
		专业产研机构

2）评价对象

2015年，由国家发展和改革委员会（简称：国家发改委）与交通运输部联合发布的《城镇化地区综合交通网规划》中，将中国划分为21个城镇化地区，涵盖215个城市。截至2015年，中国城市地下空间综合实力评价选取各城镇化地区中人口密集、产业聚集、经济社会发展水平相对较高的核心城市作为评价对象，包含国家政治、经济、文化中心城市，传统劳动密集型城市，地质条件复杂型城市，以及新常态下转型发展城市，其地下空间发展能反映城镇化地区城市和国内同类城市的普遍特征和发展方向。

最终确立25个评判对象城市，包括京津冀城镇化地区的北京、天津，长江三角洲城镇化地区的上海、南京、杭州、合肥、宁波，珠江三角洲城镇化地区的广州、深圳、珠海，长江中游城镇化地区的武汉、长沙、南昌，成渝城镇化地区的成都、重庆，海峡西岸城镇化地区的福州、厦门，山东半岛城镇化地区的济南、青岛，哈长城镇化地区的哈尔滨，辽中南城镇化地区的沈阳、大连，中原城镇化地区的郑州，关中—天水城镇化地区的西安，太原城镇化地区的太原。

呼包鄂榆、兰州—西宁、藏中南等9个城镇化地区城市，地下空间相关政策支持较弱，已建的地下公共工程、轨道交通等重大工程数量极少，而地下空间存量资源相对其他城镇化地区城市较多，部分地下空间开发建设相关的同口径数据缺失。如采用替代或同类数据匡算，对评价结论有偏离，对整体发展趋势指导意义偏弱，故不选择以上城镇化地区城市作为评价对象。

3）评价方法

对评价城市在每一个变量上进行排序，每一个次序积 1 分，结果为 25～1 分，即：该变量排名第一的积 25 分，末位的积 1 分。同一个变量中数据相等的城市在该变量上的排序为并列，所得积分相等，但占位序。以位序为依据的评判（计分）方法，有助于消除城市间可能存在的巨大差异。

但以建成区与城市国土面积的比例作为变量参数的“存量资源”变量评判中，比例最高的积 1 分，该变量评分排在末位；比例最低的积 25 分，该变量评分排在首位。

25 个城市在每一个维度内所有变量的积分之和再次排序，形成每个维度的排名。25 个城市在 4 个维度中的所有变量的积分总和，形成 25 个城市地下空间综合实力排名，见图 1-4。

		政策支撑体系	重点工程影响力	开发建设指标	可持续发展指标	最终总分
1	上海	70	72	137	68	347
2	北京	51	63	144	66	324
3	广州	62	66	131	44	303
4	杭州	69	52	150	24	295
5	南京	34	57	127	71	289
6	哈尔滨	64	49	114	60	287
7	深圳	48	56	131	50	285
8	沈阳	68	56	108	46	278
9	天津	62	54	85	60	261
10	郑州	68	48	74	58	248
11	长沙	40	39	111	56	246
12	宁波	51	41	114	14	220
13	武汉	30	47	119	22	218
14	南昌	55	36	78	36	205
15	厦门	50	30	82	38	200
16	济南	40	23	68	64	195
17	珠海	39	37	97	10	183
18	福州	46	19	93	24	183
19	西安	47	36	62	28	173
20	青岛	55	24	67	18	164
21	大连	39	39	73	12	163
22	重庆	16	36	57	46	155
23	成都	29	40	43	34	146
24	合肥	20	17	55	50	142
25	太原	35	16	45	44	140

图 1-4　25 个城市地下空间综合实力排名

评判中所使用的数据截至2015年底，均基于官方公开数据统计整理。需要说明的是：鉴于中国城市地下空间发展的迅猛之势，所得评判结论不一定充分反映该城市今日的发展状况。

1.2.2 全国城镇化地区发展态势

截至2015年底，全国地下空间整体发展态势，与中国夜景中的东部地区万家灯火、西部地区点点星光类似，东部城市地下空间发展水平与西部地区开发差距非常明显。

1）东部地区

2015年延续上年发展趋势，东部地区平稳提升，各省份地下空间开发比较均衡，城市地下空间综合实力相对位于全国前列。各省份均有较完善的政策法规，地下空间管理有据可依；具有相当一批有影响力的地下重点工程，补充了城市功能，成为拉动经济有效增长的新手段；开发建设规模大，其中，轨道交通引领和带动对地下空间的快速发展发挥了巨大作用。东部地区仍是中国地下空间人才培养的基地，专业高校和科研机构多集聚于此。

但是，随着早些年缺乏地下空间规划管理指导，建成区盲目扩大，导致存量用地减少，东部地区大多城市的地下空间存量资源量并不高。

2）中部地区

中部地区发展势头迅猛，一定区域内以1～2个城市为示范，带动周边城市呈圈层式发展，与东部地区各方面差距逐渐缩小。特别是以武汉为核心的长江中游地区。

2015年中部地区省、市新增地下空间相关政策数量多，涉猎面相对广泛，整体政策支撑体系日趋完善。地下空间相关各层次规划正在努力编制过程中。

3）西部地区

西部地区整体地下空间发展水平不高，即便是黔中的贵阳、呼包鄂榆的呼和浩特等区域核心城市，其地下空间建设与管理仍处于起步阶段。西部地区待开发地区众多，相应的地下空间用地资源丰富，开发潜力非常大。地下空间专业教育科研资源严重缺乏，也一定程度制约了地下空间的发展。

4）东北地区

以哈尔滨、长春、沈阳、大连为轴线，东北地区地下空间综合实力向两侧逐步减弱。特大城市地下空间综合实力水平尚可，但整体水平有待提升。应依赖人防建设基础，从政策支持、规划编制等方面，积极引导地下空间发展。

在2014年地下空间发展分区的基础上，地下空间发展一类区由北京、天津、江浙沪、广东等地区向整个长江三角洲地区、长江中游地区以及以济南、青岛为核心的山东半岛等地下空间发展二类区扩展(图 1-5)。

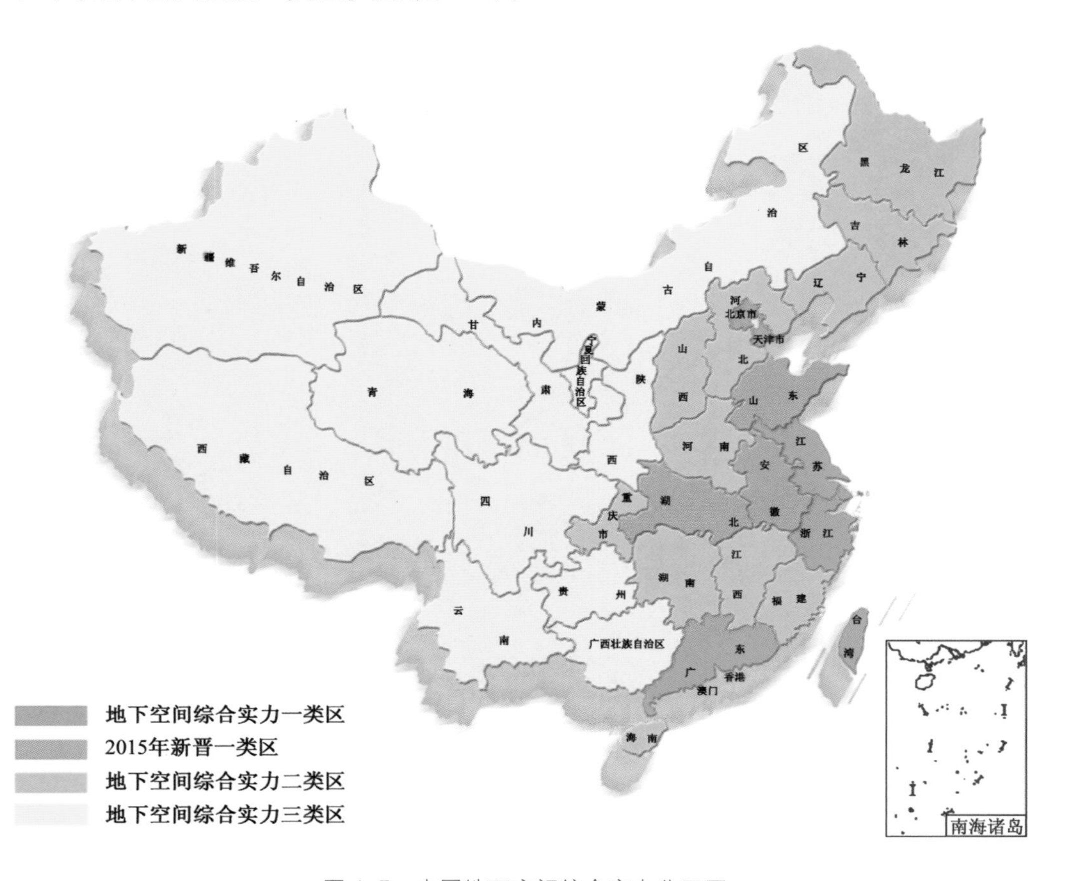

图 1-5 中国地下空间综合实力分区图

B2

2015 年地下空间建设

Blue book

季燕福　肖秋凤　张智峰

2.1　2015 年各区域地下空间建设

2.1.1　区域划分

为反映不同地区地下空间发展过程中的差异，总结各地区在地下空间建设管理中的经验与不足，指引未来城市地下空间的发展方向，本书根据国家统计局对东部、中部、西部和东北四大地区的划分标准，分别就 2015 年度地下空间发展进行分析。

东部11个省级行政区

北京、天津、河北、上海、江苏、浙江、福建、山东、广东、海南、台湾(数据暂未列入)

中部6个省级行政区

山西、安徽、江西、河南、湖北、湖南

西部12个省级行政区

内蒙古、广西、重庆、四川、贵州、云南、西藏、陕西、甘肃、青海、宁夏、新疆

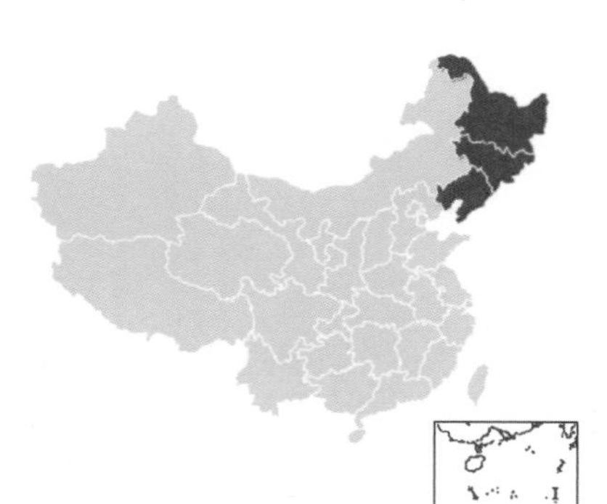

东北3个省级行政区

辽宁、吉林、黑龙江

图 2-1　区域划分图

注：东、西、中部和东北地区划分方法来自国家统计局网站。港、澳、台划入东部地区，数据暂不列入。

2.1.2 建设情况

1) 区域概况

各区域的概况如图 2-2—图 2-6 所示①。

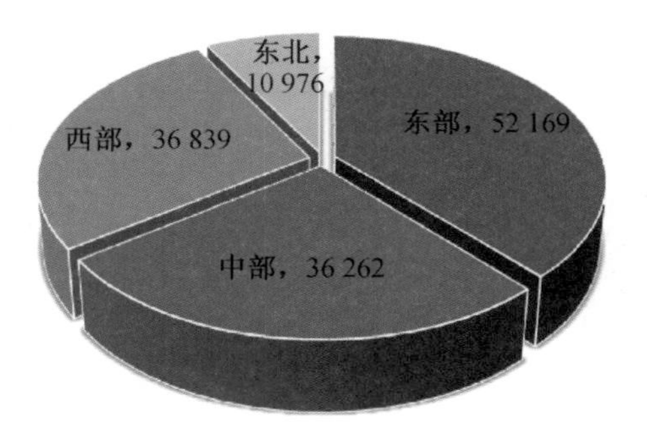

图 2-2 各地区总人口(单位:万人)

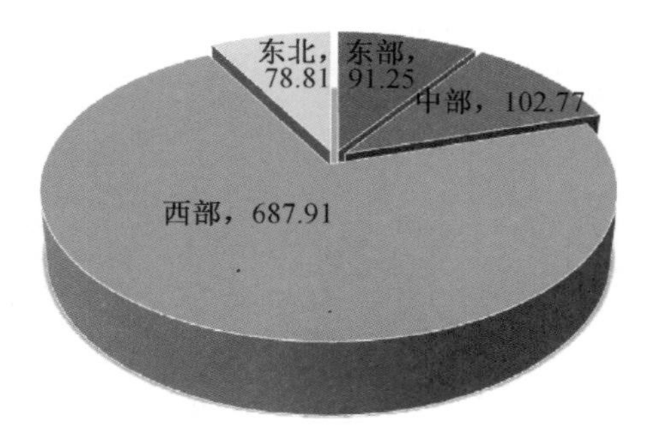

图 2-3 各地区辖区面积(单位:km^2)

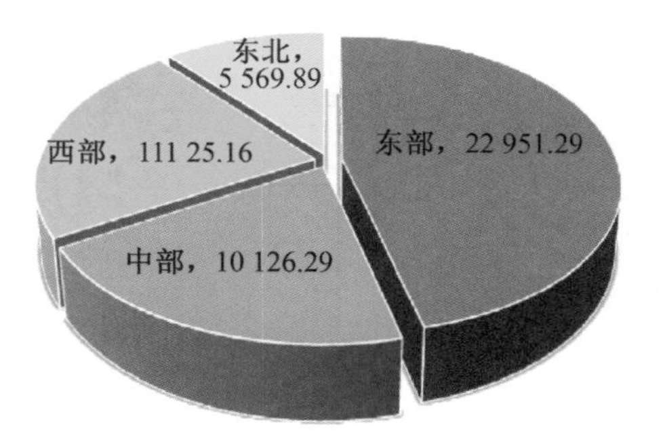

图 2-4 各地区建成区面积(单位:km^2)

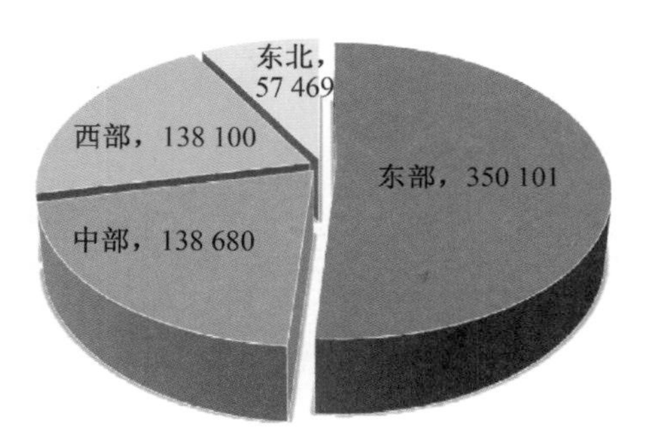

图 2-5 各地区国内生产总值(单位:亿元)

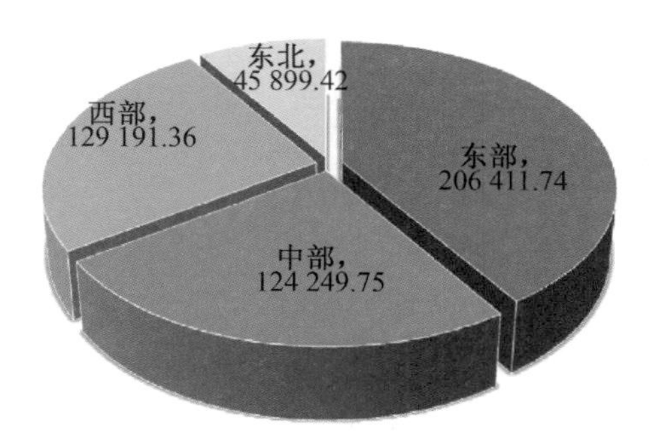

图2-6 各地区固定资产投资(单位:亿元)

① 数据来源:《中国统计年鉴(2015)》,中华人民共和国国家统计局编,中国统计出版社、北京数通电子出版社。香港、澳门及台湾省数据暂不列入。

2）2015 年各区域地下空间建设

区域地下空间建设综合反映了该区域内城市地下功能设施的建设现状与发展态势。由于区域涵盖城市多，地下空间建设总量巨大，统计指标众多，比较所有地下空间统计指标并不能有针对性地呈现区域地下空间发展格局。因此，选取指向性突出、具有明显代表特征的公共地下空间建设作为分析对象，展现区域地下空间发展内容与方向，参见图 2-7。

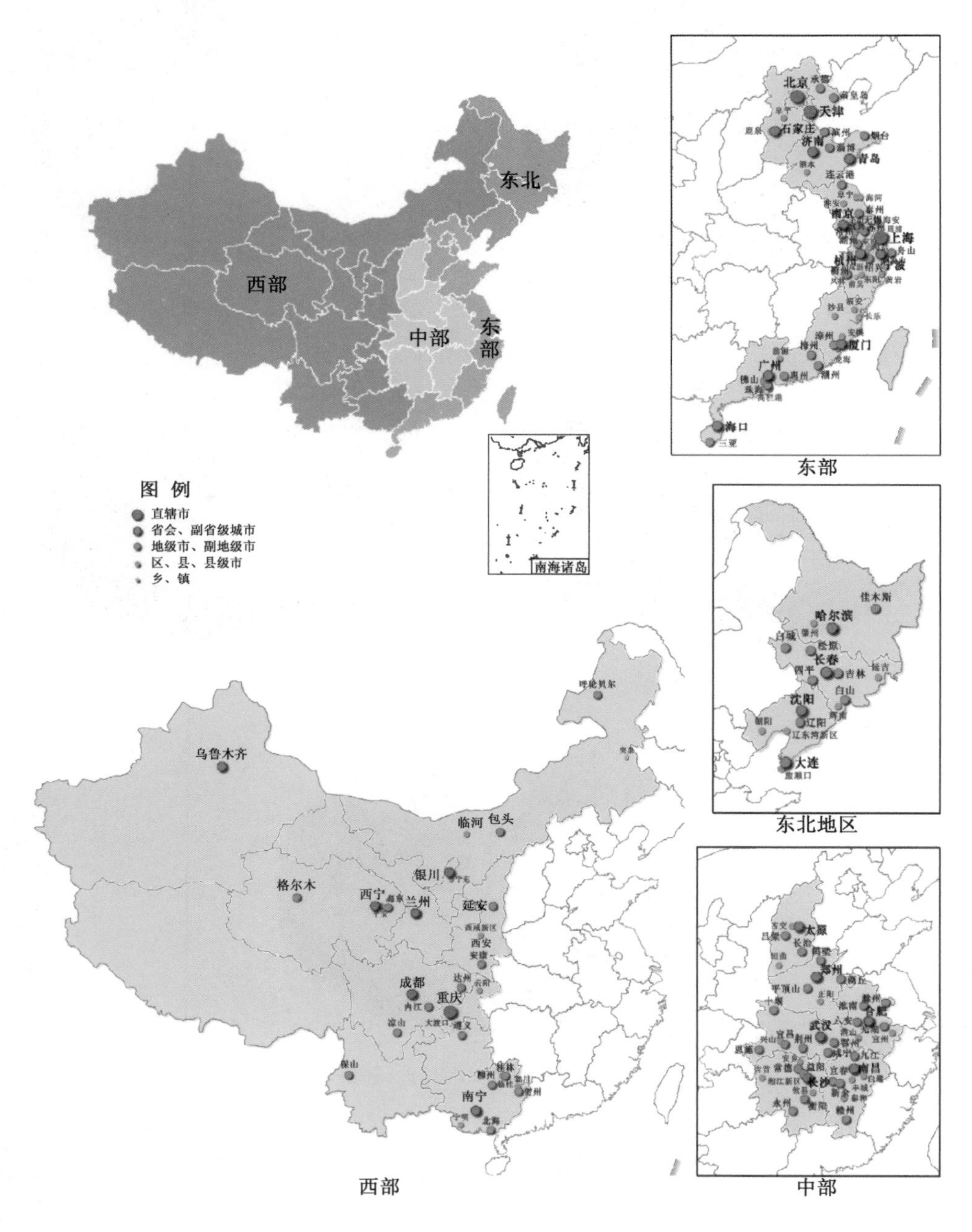

图 2-7　各区域 2015 年新建公共地下空间分布图

本章节提及的公共地下空间，指除配建停车以外的具有公共或半公共性质的地下空间，主要包括地下轨道交通、隧道、地下道路、地下步行街、地下过街通道、地下公共服务设施、地下综合管廊、地下市政站点等。

通过各个区域地下空间不同功能类型规模所占比例、投资额比例、项目分布情况、所在地投资占比、所在城市等级、项目所在城市区位（老城、新区）、项目类型（采购、施工、运营、监理等）、工程类型，回顾 2015 年中国各区域地下空间发展格局。参见图 2-8。

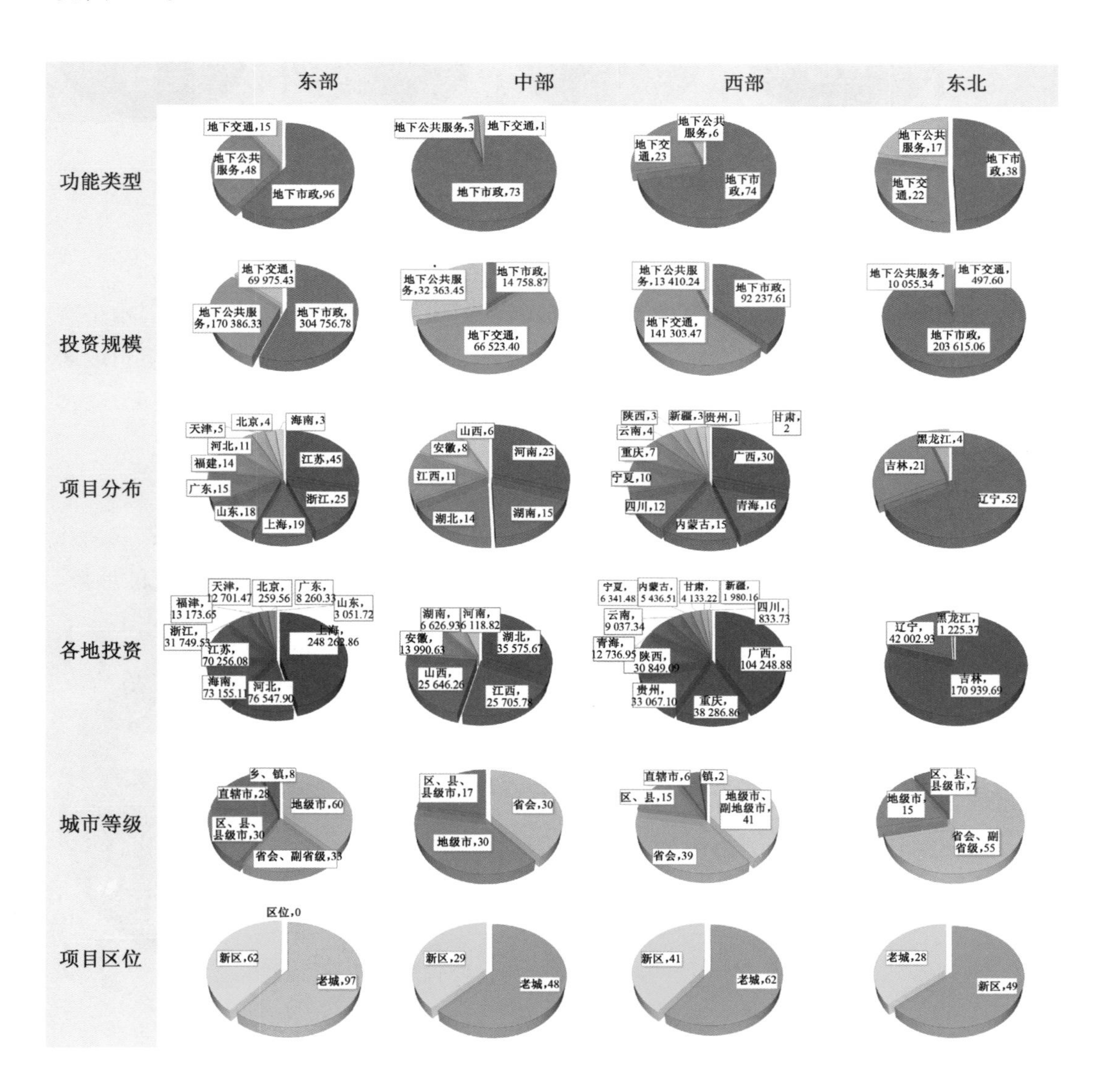

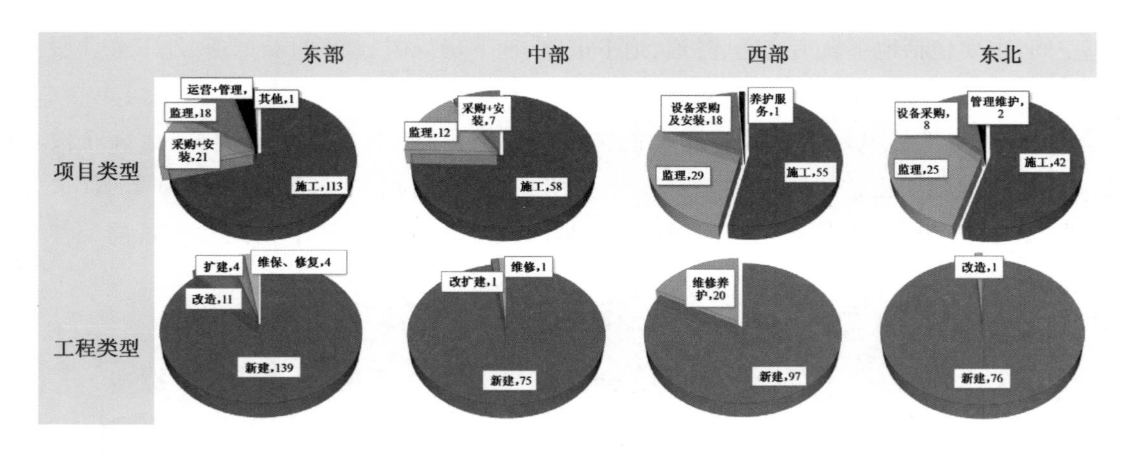

图 2-8　各区域 2015 年地下空间建设指标结构比例

(1) 功能结构：类型有偏好

2015 年度，公共地下空间开发以地下市政设施为主。但受需求类型和发展水平约束，各地地下空间类型结构差异较大。从投资比例上看，东部和东北地区以地下市政居多，中部和西部以地下交通居多。东部和中部地下公共服务设施投资比例较大，各占 30%，而西部和东北地区则只占 5%。

(2) 空间分布：地区差异大

地下空间项目分布呈现不均衡的态势，除了中部之外，其他地区均为某个省或某几个省建设项目占大多数，其余省份相对较少。东部地下空间开发呈现遍地开花的形势，除省会城市、地级市之外，区县乃至乡镇开发建设地下空间也占据了相当的比例。中部、西部仍以省会城市和地级市开发为主，占各地区 3/4 强；东北地区地下空间大部分集中在省会城市，约占全区的 3/4。

由于各地区涵盖范围差距较大，从项目数量上看，东部、中部、西部和东北地区公共地下空间项目总数差距并不明显。公共地下空间项目数量最多的为东部，共计 159 项，约占全国的 2/5；其余 3 个地区各占 1/5～1/4，见图 2-9。

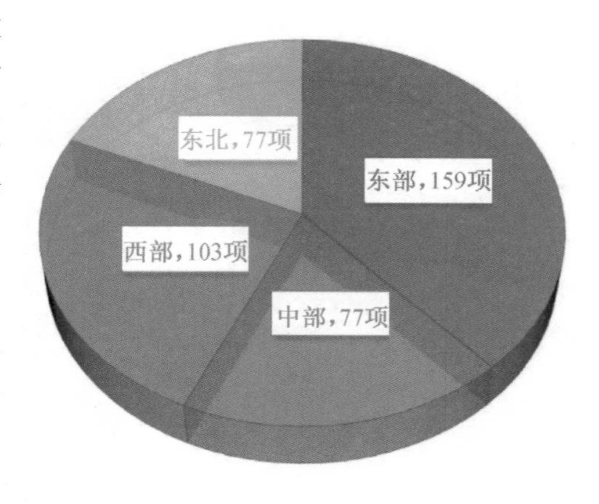

图 2-9　各区域公共地下空间项目数量

(3) 发展态势:成长活性强

目前中国地下空间正处于急速生长的阶段,2015 年一半以上的项目类型为施工建设,东部和中部甚至达到 70%以上,而旧城改造、后期维护管理等类型的项目则相对较少。其中新建项目占据了绝对比例,东北地区新建地下空间甚至接近 100%。东部活跃度较高,大约有 1/10 的项目为改扩建项目。项目在城市中的区位则惊人地趋同,新区与老城的比例约 1∶2。

综上所述,不论是建设规模还是建设水平,东部都位列各地区之冠,而中部则稍显落后,建设水平有待提升(图 2-10)。

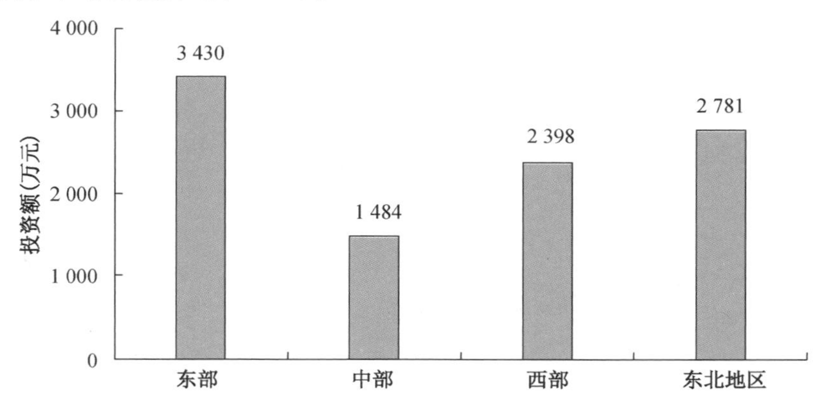

图 2-10 单个地下空间项目投资额

2.2 2015 年城市地下空间建设评析

2.2.1 代表省份的城市地下空间建设

1) 代表省份的选择

为了更加直观地体现各区域地下空间发展特点,每个地区分别遴选 1 个发展较突出的省份作为样本进行深入研究,即东部江苏省、中部河南省、西部广西壮族自治区、东北辽宁省。参见图 2-11、图 2-12。

2) 代表省份地下空间建设分析

(1) 江苏省地下空间建设

以东部沿海地下空间建设较为活跃的江苏省为例,对其省内各个城市的有代表性的地下指标进行横向对比。为更好地体现各地发展水平,选取的指标均为人均或单位指标。

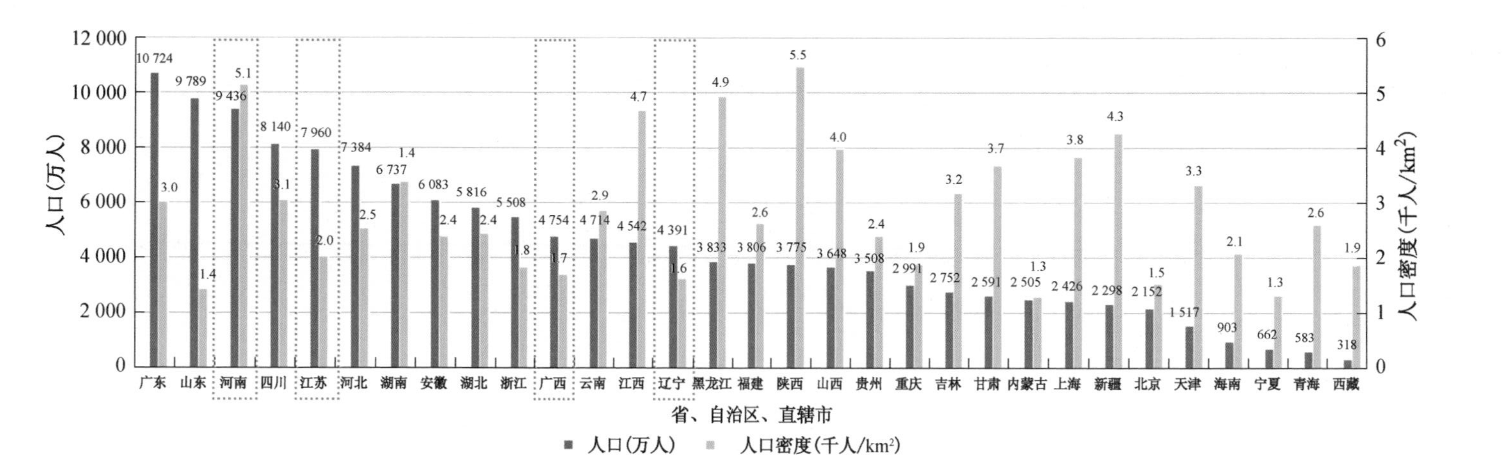

图 2-11 各省、自治区、直辖市总人口及城市人口密度

数据来源:《中国统计年鉴 2015》分地区城市建设情况,中华人民共和国国家统计局

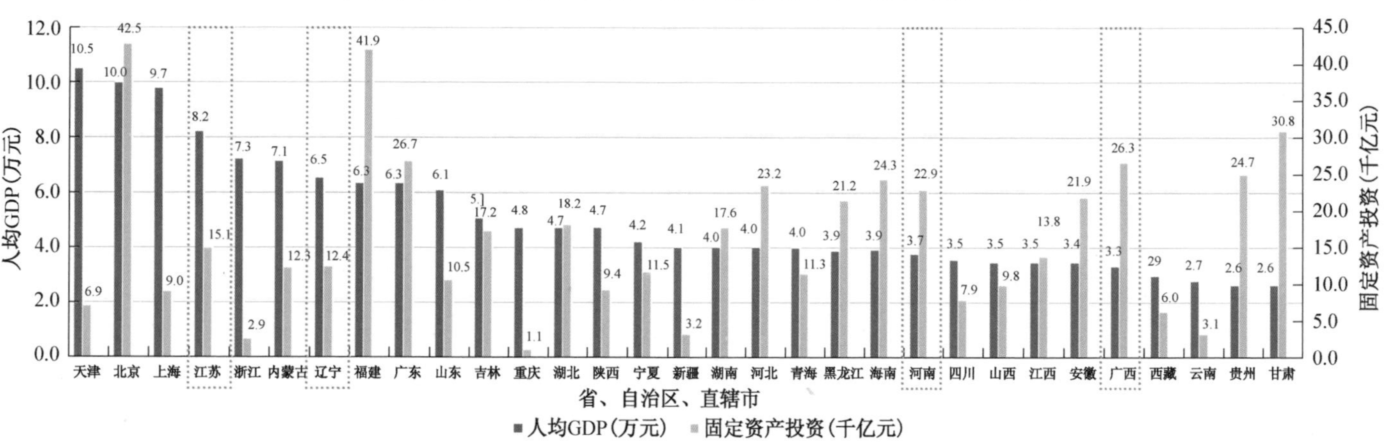

图 2-12 各省、自治区、直辖市人均 GDP 及全社会固定资产投资

数据来源:《中国统计年鉴 2015》,中华人民共和国国家统计局

地下指标包括：人均地下空间面积、建成区地下空间开发强度。

截至 2015 年底，江苏省设市城市现状地下空间规模达到 1.3 亿 m^2，地下空间开发利用水平居全国前列。

按照地下空间开发规模和开发强度，将江苏省内各区域划分为三个梯队（图 2-13）。

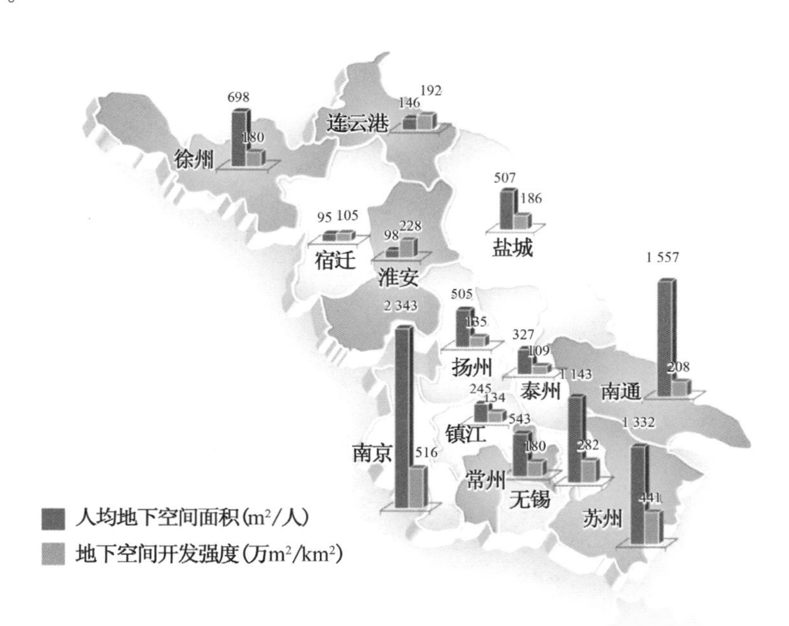

图 2-13　江苏省各城市地下空间建设规模

注：1. 数据源于住房和城乡建设部《关于开展城市地下空间开发利用基本情况调查》(2015)、江苏省住房和城乡建设厅《关于我省地下空间规划及管理情况的调研》(2015)以及南京慧龙公司研发的地下空间数据信息系统。

2. 南京市为地下一层数据。

3. 各城市人口和建成区面积数据来源于《江苏统计年鉴(2015)》。各城市人口按城镇人口统计。

第一梯队：南京、南通、苏州、无锡，位于苏南、苏中，城市经济比较发达，交通便利，产业发展均衡，各类功能设施齐全。

第二梯队：徐州、常州、盐城、扬州，城市经济相对发达，或为重要的交通枢纽城市。地下空间开发强度虽大，但受城市规模和建设能力限制，地下空间总体规模偏小。

第三梯队：泰州、镇江、连云港、淮安、宿迁，城市经济同省内其他城市相比相对落后，对外交通联系不便利。

从空间分布上看，苏南、苏中地下空间开发规模较大，仅南京、南通、苏州、无锡四市，其地下空间的总量就占到全省的 2/3。

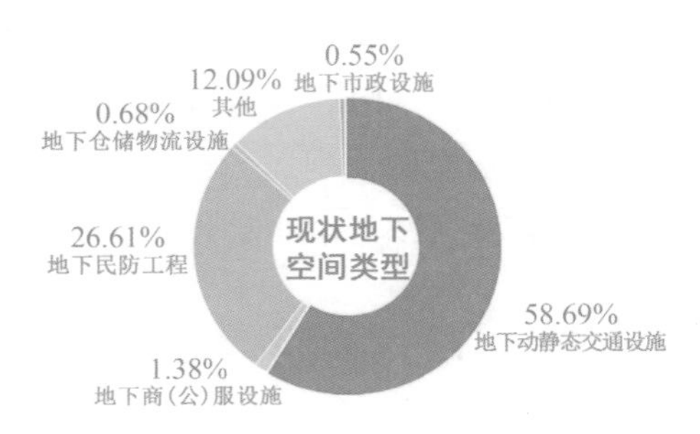

图 2-14　江苏省部分设市城市现状地下空间开发利用类型

数据来源：江苏省住房和城乡建设厅《江苏省城市地下空间开发利用“十三五”规划》(论证稿)，2016 年 4 月

从地下空间各功能规模比例上看，地下商(公)服设施比例偏低，未来仍有巨大的提升空间(图 2-14)。

总体上看，地下空间开发与当地的经济发展水平呈现正相关态势，因此全省各市地下空间开发南北差异很大。严重的两极分化不仅仅表现在开发规模上，功能结构、管理手段、维护水平、意识与理念等软指标方面的差距同样不可忽视。

(2) 代表省份地下空间建设对比

代表省份地下空间建设对比如图 2-15 所示。

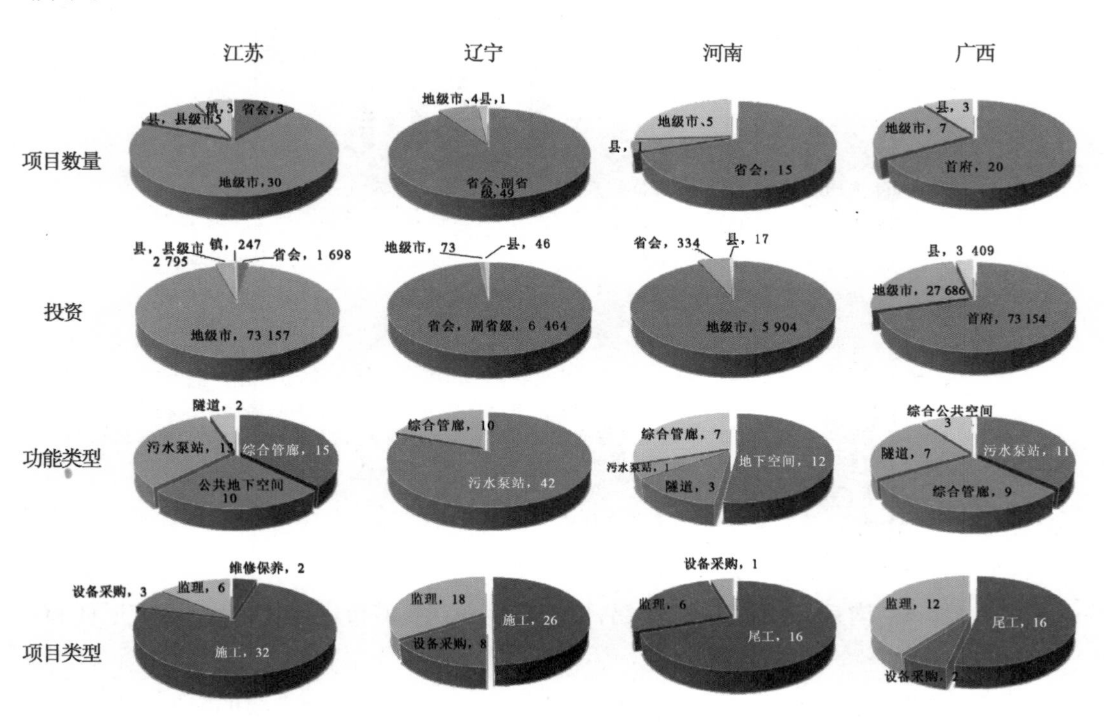

图 2-15　2015 年代表省份地下公共空间建设

代表省份地下空间发展特征表现为：“双城记”与“领头羊”。通过对各省市地下空间开发数据的整理和分析，可以看到各省地下空间开发有一个明显的共同特点，即 1～2 个城市(通常为省会和区域中心城市)领跑，远远领先同省其他城市。“头羊”与“羊

群”的差距与经济发展水平密切相关,经济越发达的省份差距越小。

① 江苏——层次多样,结构均衡

2015 年,江苏省各城市地下公共空间开发城市数量多、层次丰富,功能结构和布局都较均衡,体现出了健康的发展态势,未来地下空间具有巨大的开发潜力。参见图 2-16。

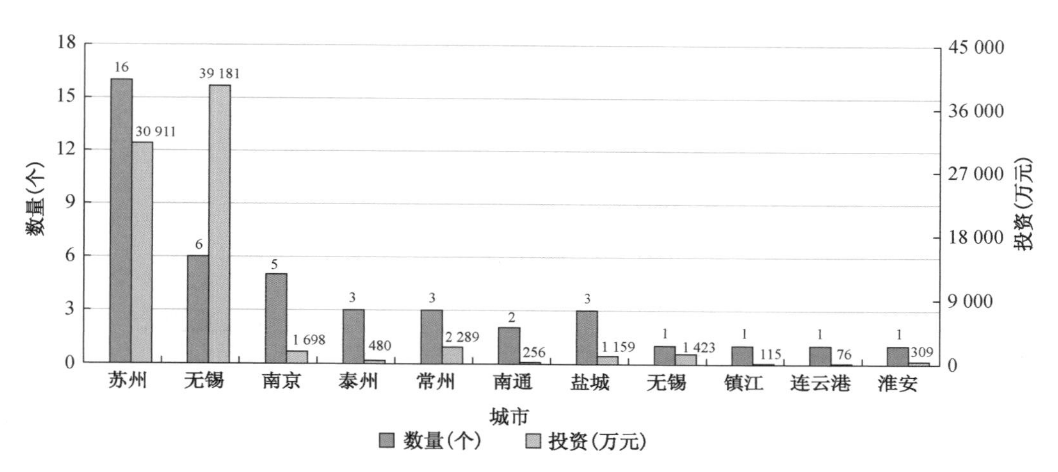

图 2-16 2015 年江苏省各城市地下公共空间建设

② 辽宁——“双城”引领,投资驱动

从项目数量上看,大连冠绝全省;从功能分布上看,新区远超老城;从开发功能上看,市政项目几乎一统天下;同时,重大地下空间项目投资带动作用十分明显。因此,地下空间结构仍需要进一步改善和调整,并出台相关政策进行引导和推动。参见图 2-17。

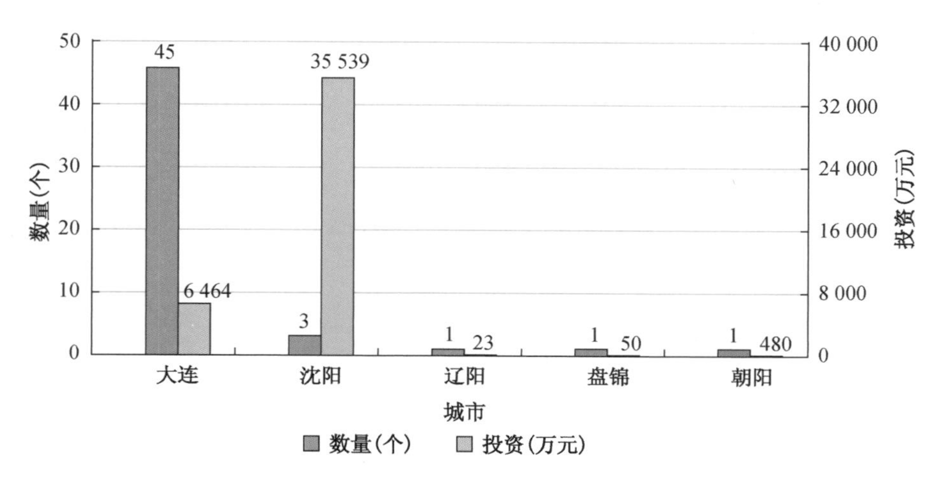

图 2-17 2015 年辽宁省各城市地下公共空间建设

③ 河南——需求巨大，尚需转化

河南省具有良好的区位和交通优势，但这种优势并未转化到地下空间开发建设上。巨大的人口资源对地下空间的推动作用仍没有得到有效释放，亟需政策上的利好和观念上的转变。参见图 2-18。

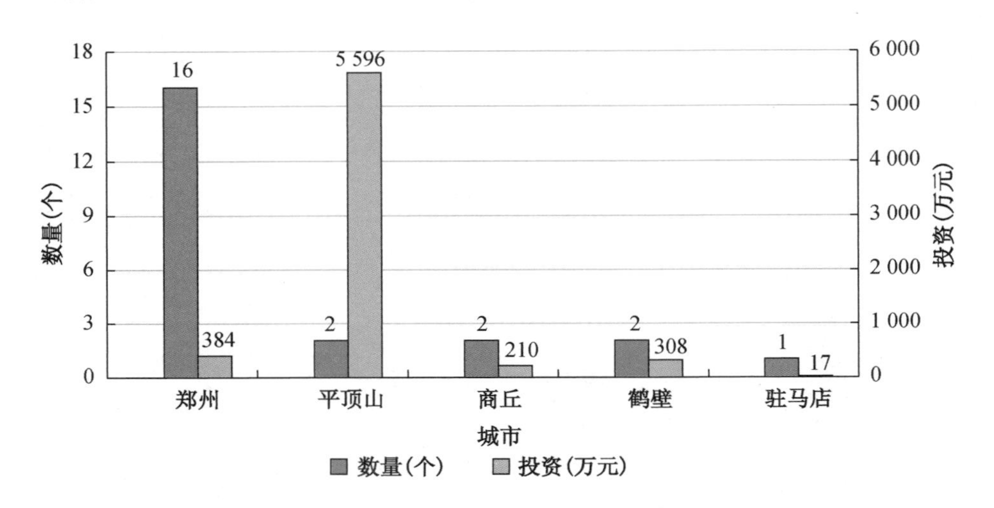

图 2-18　2015 年河南省各城市地下公共空间建设

④ 广西——首府领跑，有待提升

受政策利好推动以及政府财政支持，南宁地下空间建设呈现一枝独秀的局面。但是与其他西部省份“一条腿走路”情况不同的是，2015 年度广西地下空间分布层次性较好，区县级地下空间建设占据了一定的比例。参见图 2-19。

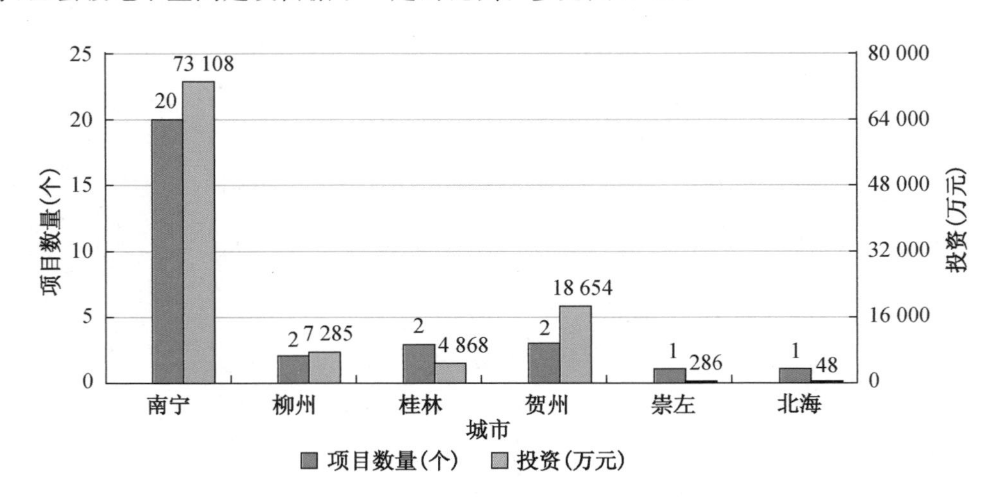

图 2-19　2015 年广西壮族自治区各城市地下公共空间建设

2.2.2 样本城市

1) 样本城市选取

(1) 选取依据

城市经济、社会、交通、地下空间发展等历年指标相对齐全的城市;

涵盖不同行政级别城市,包括直辖市、省会/副省级城市、地级市、区县;

包括不同城市规模等级,超大城市、特大城市、大城市、中等城市及小城市;

分布于不同区域,东部地区、中部地区、西部地区及东北地区均有分布;

选取城市具备样本特征,数据来源可靠、指标体系评价可行。

(2) 样本城市

对 2015 年全国城市经济、社会、交通发展等关键数据和地下空间发展影响指标等综合分析后,按照样本城市选取依据和条件共选取了 70 个样本城市(图 2-20)。

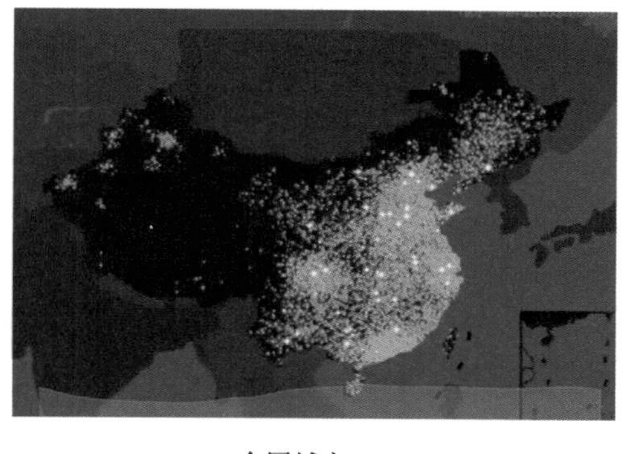

全国城市

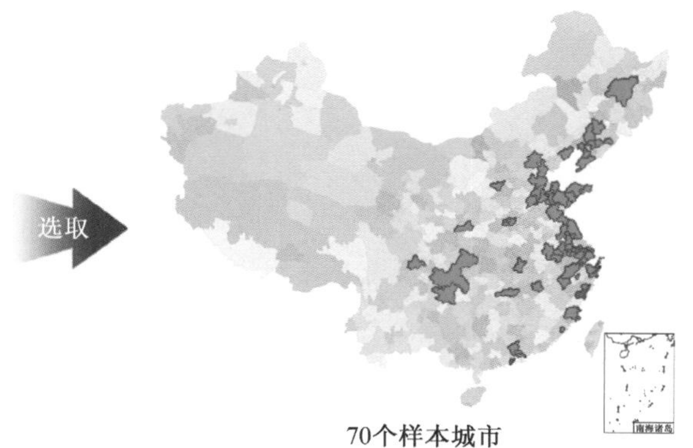

70个样本城市

图 2-20 样本城市的选取

① 按城市行政级别(图 2-21)

直辖市/省会/副省级城市占 34%;地级市占 46%;县级市/县占 20%。

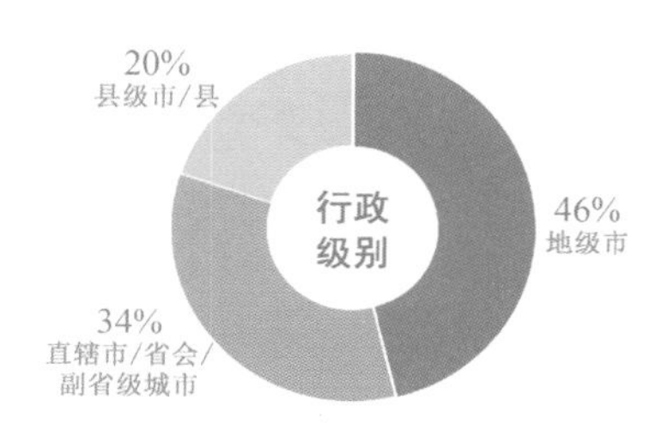

图 2-21 样本城市行政级别分类

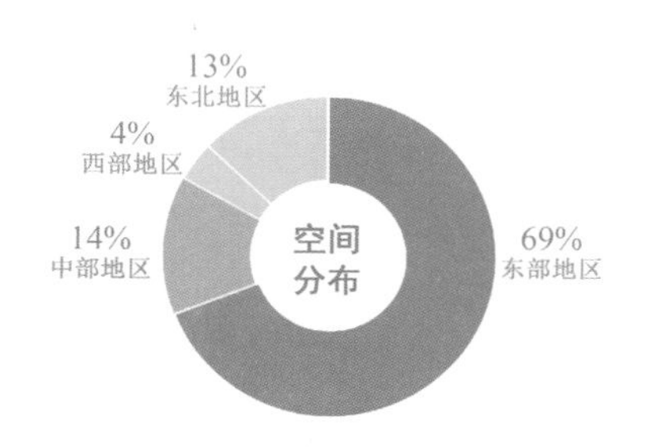

图 2-22 样本城市空间分布分类

② 按城市空间分布(图 2-22)

东部地区占 69%;中部地区占 14%;西部地区占 4%;东北地区占 13%。

③ 按城市规模等级(图 2-23、图 2-24)

超大城市占 9%;特大城市占 13%;大城市占 40%(Ⅰ型大城市占 13%、Ⅱ型大城市占 27%);中等城市占 27%;小城市占 11%。

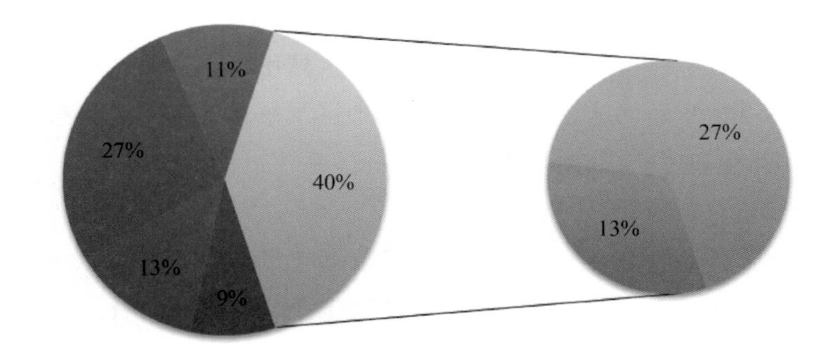

图 2-23 样本城市规模等级分类

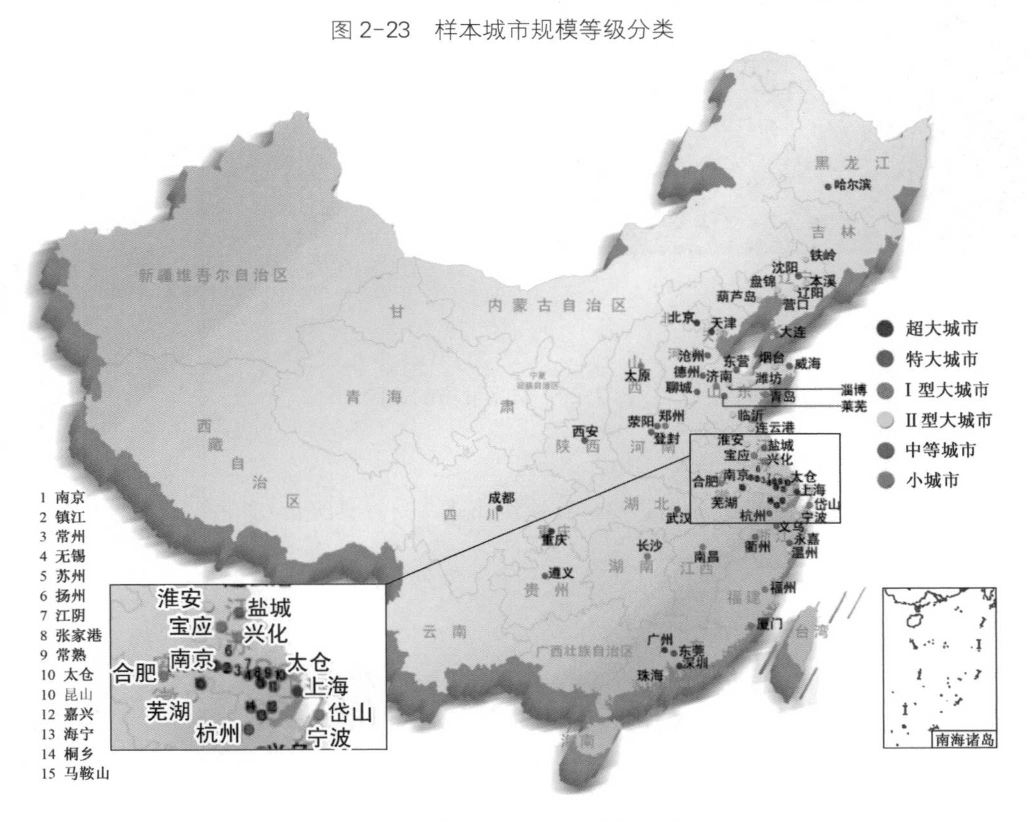

图 2-24 样本城市等级及空间分布

(3) 分析城市地下空间基础开发建设概况目的

分析城市地下空间基础开发建设概况的目的是：

① 总结 2015 年国内地下空间发展内在规律和发展特征；

② 发掘不同规模等级城市地下空间发展共性；

③ 提出未来 5 年、10 年中国城市地下空间发展的趋势和方向判断；

④ 对未来地下空间发展问题进行预警。

2）基础开发建设评价指标

通过数据采集提取、整理汇总、推算验算等手段，择取城市经济、社会基础、交通需求和地下空间发展指标，以直观的图形进行对比分析。

城市基础开发建设评价指标体系由 3 类 12 个要素组成，其中地下空间发展指标 5 个，如图 2-25、图 2-26、表 2-1 所示。

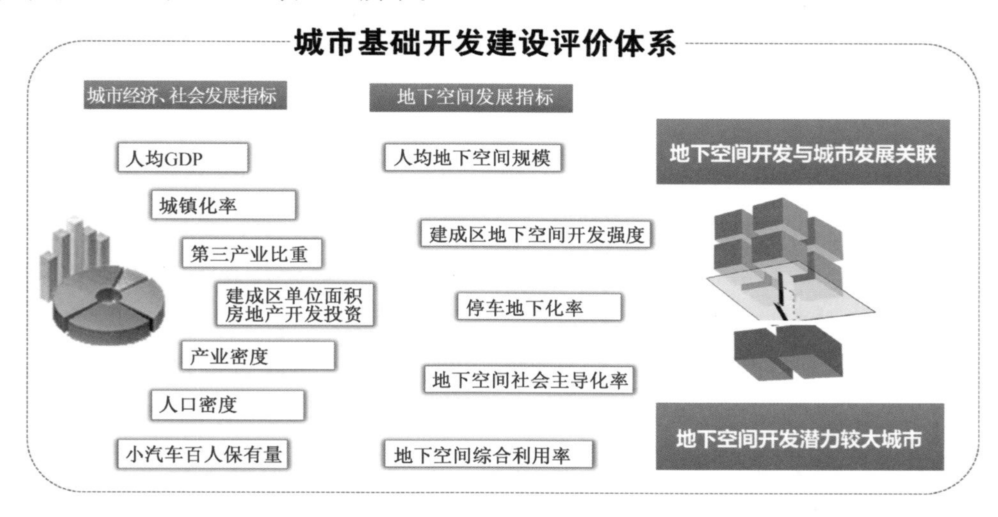

图 2-25 城市基础开发建设评价体系

图 2-26 城市基础开发建设评价示意图

表 2-1　地下空间建设评价指标定义及关联一览表

指标名称	指标定义	地下空间关联
人均地下空间规模	城市或地区地下空间建筑面积的人均拥有量	衡量城市地下空间建设水平的重要指标
建成区地下空间开发强度	建成区地下空间开发建筑面积与建成区面积之比	衡量地下空间资源利用有序化和内涵式发展的重要指标，开发强度越高，土地利用经济效益就越高
停车地下化率	城市（城区）地下停车泊位占城市实际总停车泊位的比例	衡量城市地下空间功能结构、基础设施合理配置的重要指标
地下空间社会主导化率	城市普通地下空间规模（扣除人防工程规模）占地下空间总规模的比例	衡量城市地下空间开发的社会主导或政策主导特性的指标
地下空间综合利用率	城市地下公共服务空间规模占地下空间总规模的比例	衡量城市地下空间市场化开发的综合利用指标

3）一线城市比较分析

（1）城市地下空间开发特点概述

① 北京市城市地下空间开发特点

2015 年，北京人均地下空间规模微量增长，地下停车需求增长明显，停车地下化率指标较上年增长 1.1%，地下空间综合利用率约为 7%，地下公共服务设施开发利用较好。

地下空间管理得以进一步加强，将地下空间整治作为市政府重点工作任务，修订《地下空间综合整治工作联合执法实施方案》，研究制定《北京市地下空间管理使用标准》，整治地下空间、清退“蜗居”人员，利用现有政府公共安全管理平台和资源，对地下空间进行网格化管理，对重点地区和部位的地下空间实施科技手段全覆盖，提高了地下空间防火、防汛、反恐水平。

② 上海市城市地下空间开发特点

2015 年，上海市进一步完善了立体化交通系统，实际私家小汽车保有量涨幅持续增大，尽管地下停车库的建设力度不断加大，但“停车难”依然是上海城市发展的一个热点和焦点问题，停车地下化率指标小幅增长。地下综合利用尤其是地下商业发展和转型得到有益的改善，地下商业朝内涵多元、地铁共生、区间一体化发展，地下综合利用逐步涵盖了地下商业、餐饮、零售、服务业、公共休憩、展示等内容，同时与地铁全线挂钩、多层次共享。

地下空间开发建设的机制体制建设进一步完善，随着 2014 年 4 月 1 日起施行《上海市地下空间规划建设条例》，地下空间出让首宗成交案例 2014 年已经在上海出现，2015 年随着市中心土地资源的逐渐紧张，地下空间的拍卖陆续出现。

图 2-27　上海最深地下空间基坑施工图

资料来源：光明图片 http://photo.gmw.cn/2015-06/30/content_16127900.htm

上海地下空间开发的深度、广度进一步加强，是中国岩土工程新技术应用最多的地方，众多的深基坑和人防工程，新纪录不断被刷新。轨道交通、大型地下综合体的建设持续发展，地下公共设施深层化，2015年6月，上海北外滩星港国际中心工程创造了迄今为止申城房屋建筑最深地下空间的施工新纪录(图 2-27)，该地下空间最深处达 36 m。

③ 广州市城市地下空间开发特点

广州市目前的地下空间开发，绝大多数集中在人流密集、商业氛围浓厚的各级中心区，人均地下空间规模在全国范围来看位于中等水平，但相较于2014年有所增长；小汽车保有量的增长高于各类停车位建设(含地上、地下车位)，导致停车地下化率指标略微下降；地下综合利用水平有所增长，综合性地下空间建设较多。

广州市注重发挥重点地区、重大工程的引领作用：城市地下空间开发建设以万博商务区、珠江新城核心区、地铁沿线地区等重点地区、重大工程作为引领和关注点，带动其他区域地下空间进行开发。2015年已启动地铁沿线地下空间的专题研究，计划在全城14个地块开发地下空间，总面积达553万 m^2，并一次性挂出了四个关于地铁沿线地下空间开发研究的招标项目。重点地区、重大工程的地下空间开发建设成为广州城市地下空间开发的亮点之一，注重将重点地区地上地下空间统筹规划、一体建设，成为一种重要的城市建设发展模式。

④ 深圳市城市地下空间开发特点

深圳地下空间开发领先全国，不仅有纵横交错的地下快速路、有繁荣发达的地下商业综合体，还有集约生态的地下基础设施(如地下污水处理厂等)。

深圳从战略层面上注重地下空间资源的管控及规划，突出重点地区地下空间综合开发的规划先行，如福田中心区、华强北商业区、前海深港现代服务业合作区等地下空间重点开发地区。

2015年，随着深圳地铁建设的扩大，以站点为基础延伸修建的各类地下城市综合体相当程度上缓解了深圳服务业对于土地的压力。依托地铁交通网络的建设，深圳对站点地下空间进行同步规划、同步设计、同步建设和同步经营，地下交通的发达和畅通，带动了沿线物业开发，形成了诸多以地铁站点为依托的商圈和生活圈，地下交通和商业服务业开发共建，形成了网络连接态势。

（2）城市建设评价指标体系

① 城市经济、社会相关指标

如图 2-28 所示，四大一线城市中，人均 GDP、人口密度、城镇化率、产业密度指标最高的为深圳市，但其第三产业比重最低，仍属偏劳动密集型城市。建成区单位面积房地产开发投资指标由高至低依次为：北京、深圳、上海、广州。

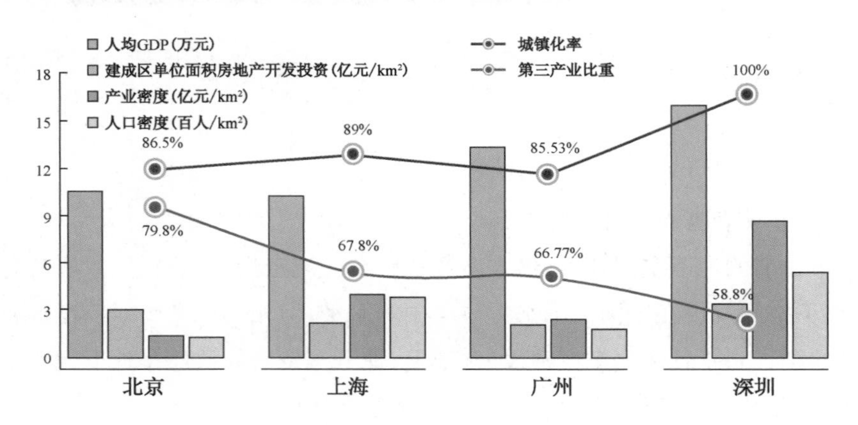

图 2-28　一线城市经济、社会相关指标分析

② 城市地下空间指标

如图 2-29 所示，北京人均地下空间规模、地下开发强度位于一线城市之首，土地利用集约化高；小汽车百人指标位居第二，但停车地下化率最高，可以看出北京停车压力

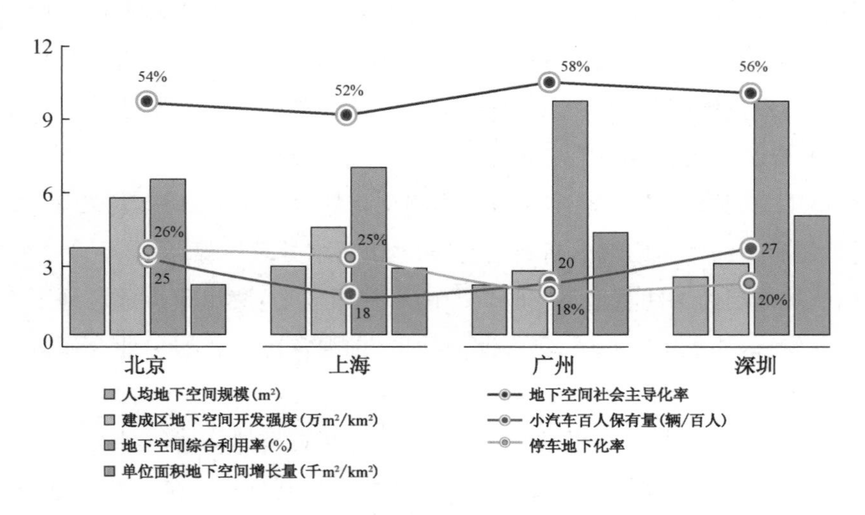

图 2-29　一线城市地下空间建设相关指标分析

相较于其他城市如深圳、广州略小；单位面积地下空间规模增长处于中等水平，地下空间稳定发展，但地下空间综合利用效率较低。

上海地下空间开发在一线城市中处于中等水平，从小汽车百人指标及停车地下化率指标来看，在一线城市中上海停车压力最小；地下综合利用率较高，地下空间市场化及功能复合性良好。

广州地下空间开发在一线城市中较弱，人均地下空间及地下开发强度指标相对偏低，但单位面积地下空间增长较快，地下空间处于较快增长水平。对小汽车百人指标及停车地下化率指标进行分析，地下停车位相对更接近城市需求；同时地下空间综合利用和社会主导化率水平较高，因而，广州地下空间社会主导、市场化更明显。

深圳的单位面积地下空间增长量在一线城市中最高，其地下空间发展较为迅速，土地集约化利用效率较高。由于人口密度和人均 GDP 较高，对商业等公共服务设施需求高，因此地下空间综合利用及社会主导效益更有优势。随着小汽车的快速增长，停车需求进一步显著增大，需建设更多的地下停车库解决停车缺口问题。

③ 基础开发建设综合评价

一线城市基础开发建设综合评价如图 2-30 所示。

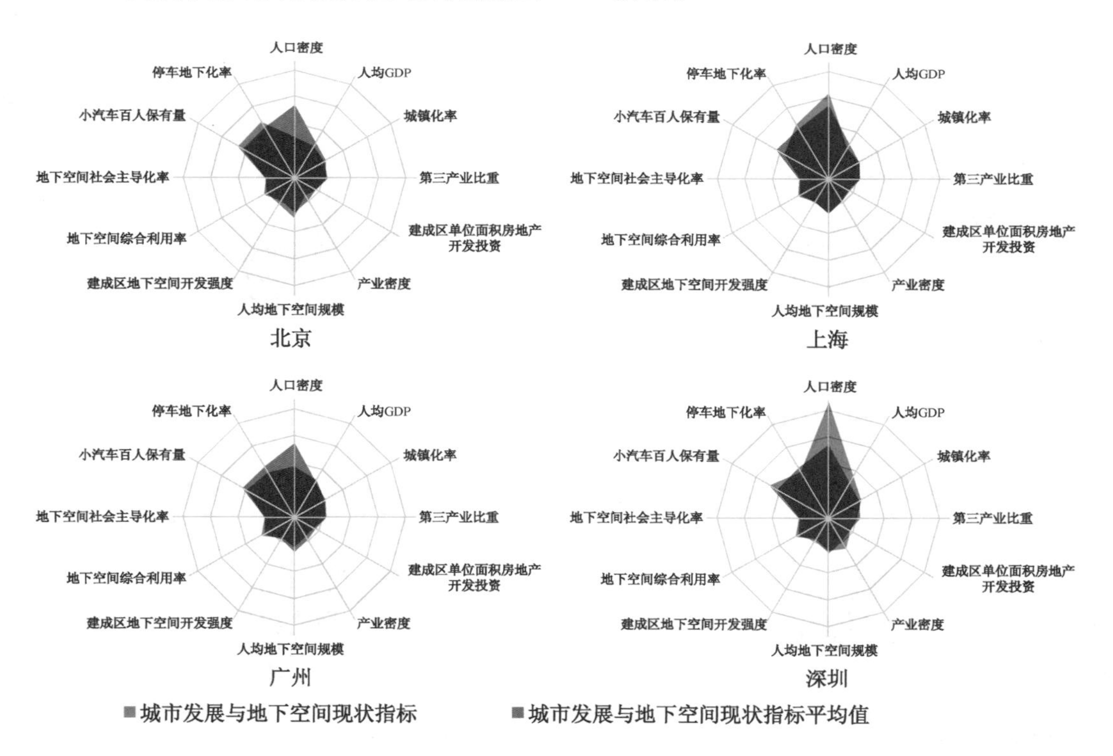

图 2-30 一线城市基础开发建设综合评价

4）直辖市/省会/副省级城市（除一线城市）比较分析

直辖市/省会/副省级城市（除一线城市）基础开发建设综合评价如图 2-31 所示。

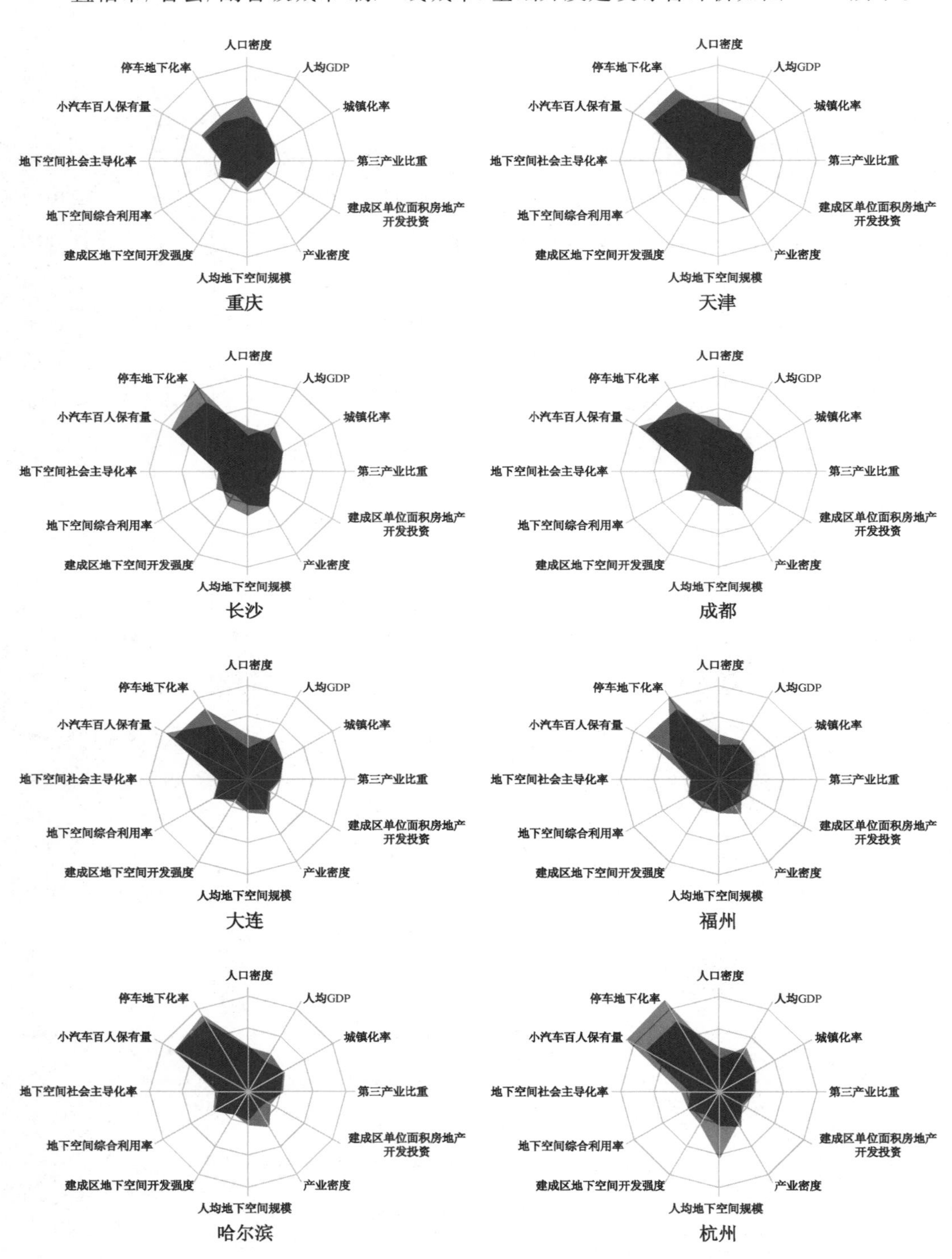

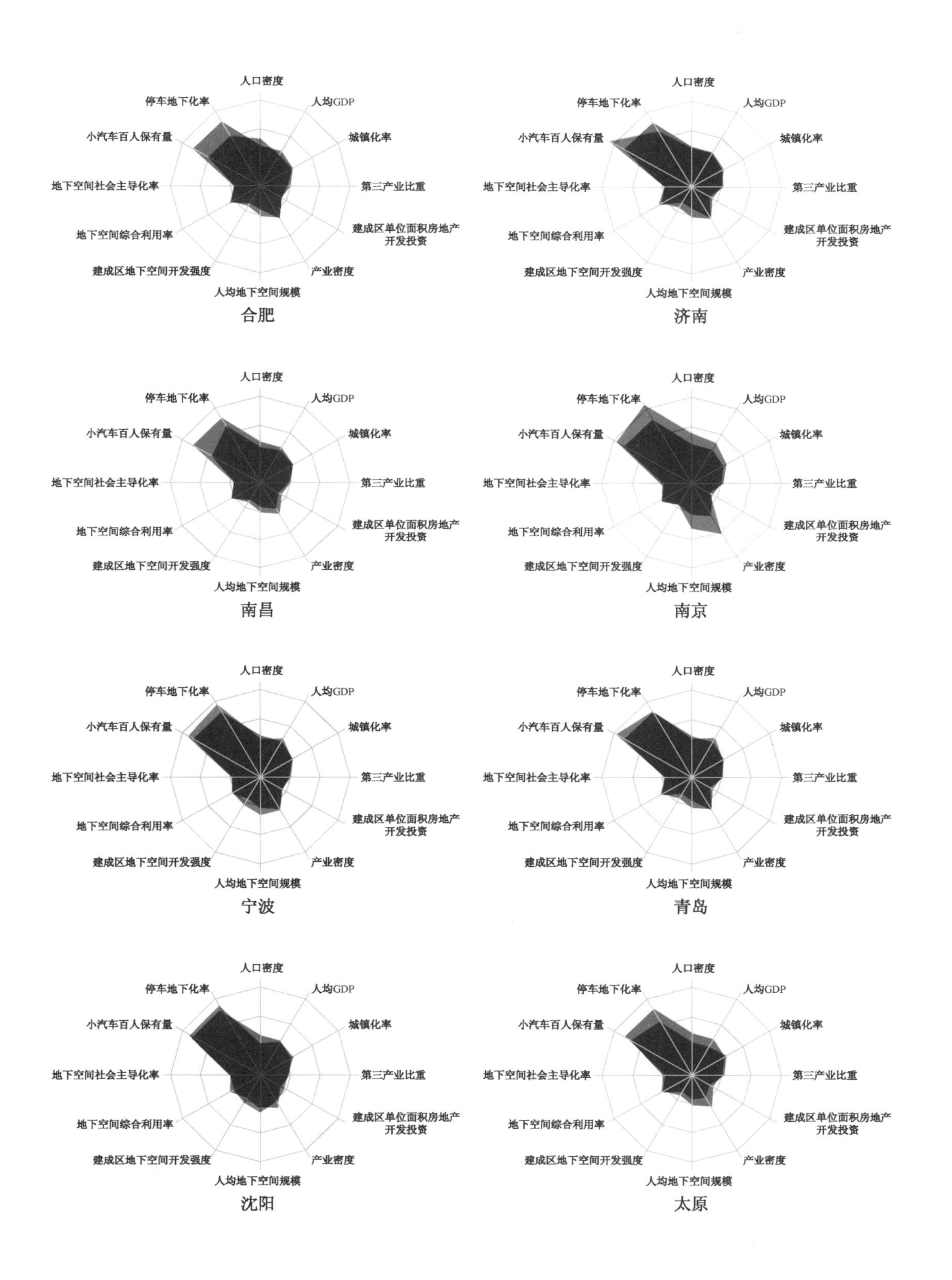
人口密度
人均GDP
城镇化率
第三产业比重
建成区单位面积房地产开发投资
产业密度
人均地下空间规模
建成区地下空间开发强度
地下空间综合利用率
地下空间社会主导化率
小汽车百人保有量
停车地下化率
合肥
济南
南昌
南京
宁波
青岛
沈阳
太原

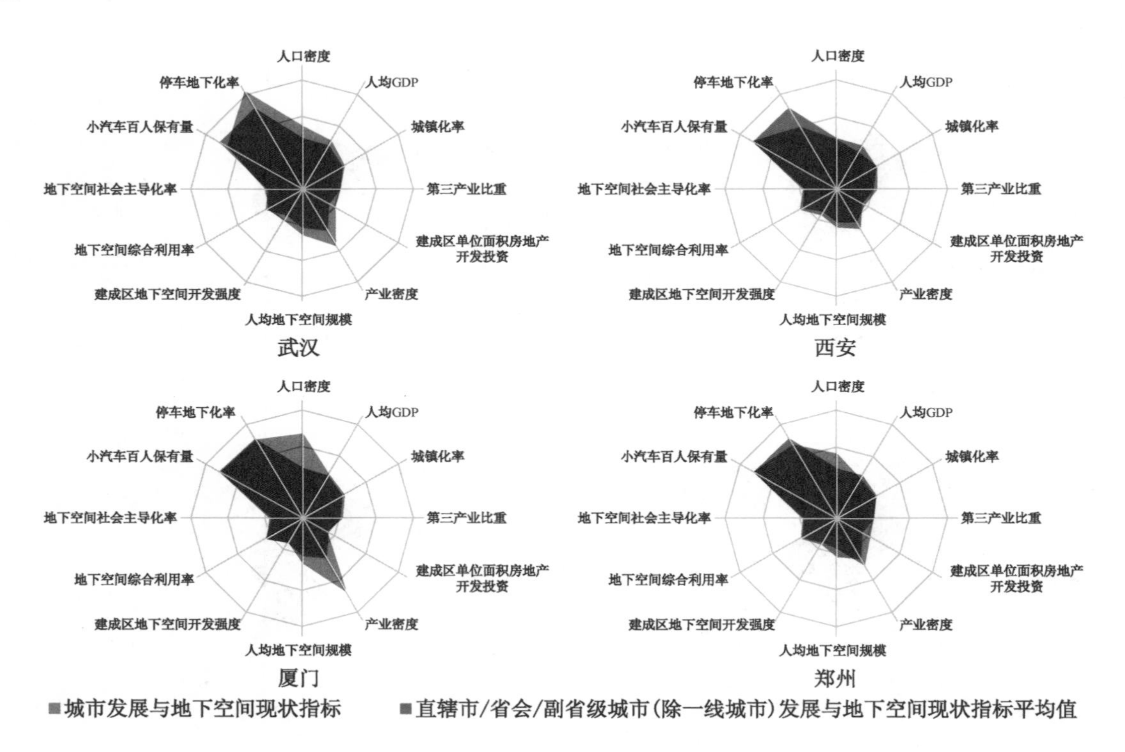

图 2-31　直辖市/省会/副省级城市(除一线城市)基础开发建设综合评价

(1) 城市经济、社会相关指标

选取的 20 个直辖市/省会/副省级城市中(除一线城市),普遍人口密度较高("山城"重庆人口密度相对较低)。

① 人均 GDP 和人口密度、产业密度

20 个城市中人均 GDP 较高的是东部、中部地区直辖市/省会城市,地下空间发展水平也位于前列。

人口密度与产业密度指标趋势类似,较高的主要有厦门、天津、郑州、武汉、南京、成都、合肥、哈尔滨、西安、杭州等。如图 2-32 所示。

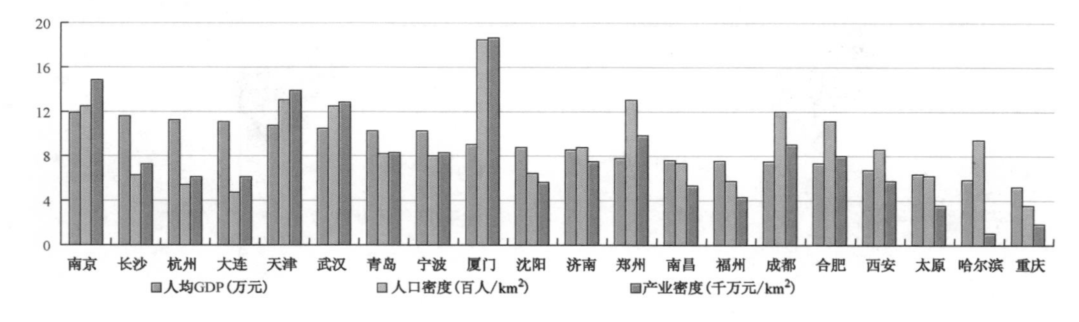

图 2-32　直辖市/省会/副省级城市人均 GDP、人口密度、产业密度指标分析

② 第三产业比重和单位面积房地产开发投资

20 个城市中第三产业比重较高的城市有西安、太原、杭州、南京、济南等，而第三产业比重较低的主要是重庆、大连、沈阳、南昌、合肥以及大多数西部、东北地区城市。如图 2-33 所示。

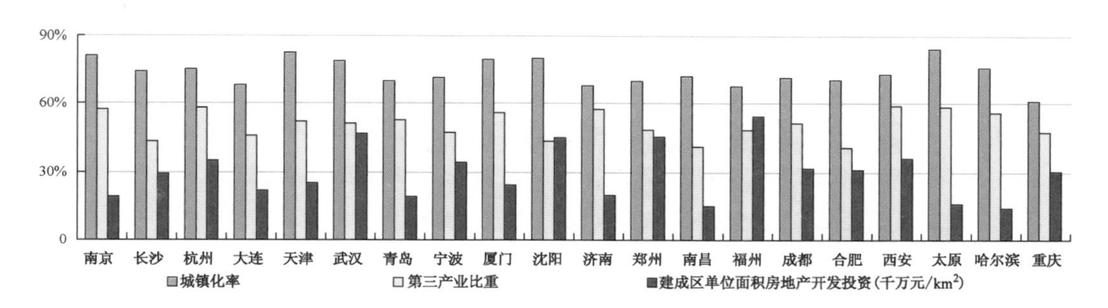

图 2-33　直辖市/省会/副省级城镇化率、第三产业比重、单位面积房地产开发投资指标分析

单位面积房地产开发投资较高的城市有福州、杭州、武汉、郑州、沈阳等，较低的有济南、青岛、太原、南昌、哈尔滨等。

通过城市经济、社会相关指标分析，各项指标比较靠前的主要有南京、杭州、天津、武汉、郑州、厦门等城市，这类城市地下空间开发具有良好的经济、物质基础，地下空间需求较大，人均地下空间指标也较高。

(2) 城市地下空间指标

如图 2-34 所示，从 20 个城市的人均地下空间规模与地下停车化率关系来看，人均地下空间规模与地下停车化率指标趋势基本一致，人均规模高的城市其地下停车化率也较高。从小汽车保有量与地下停车化率指标分析，停车压力较小的城市，即停车泊位最接近停车需求的城市为武汉、长沙、南昌、宁波、南京；而停车压力较大的城市为济南、大连、成都、西安等。

南京、杭州、天津、武汉、郑州、厦门等各项指标比较靠前的城市，地下空间发展也较好；太原、重庆、沈阳、济南、成都等城市地下空间开发较弱。

东部地区省会/副省级城市的地下空间社会主导化率及综合利用指数相对较高、单位面积地下空间增长较快，与东部地区的经济发展快及市场开放度正相关，如图 2-35 所示。

5) 地(县)级市比较分析

(1) 城市经济、社会相关指标

① 人均 GDP、人口密度和产业密度

46 个样本地(县)级市的城市中人口密度、产业密度指标较高的基本都在江浙地区

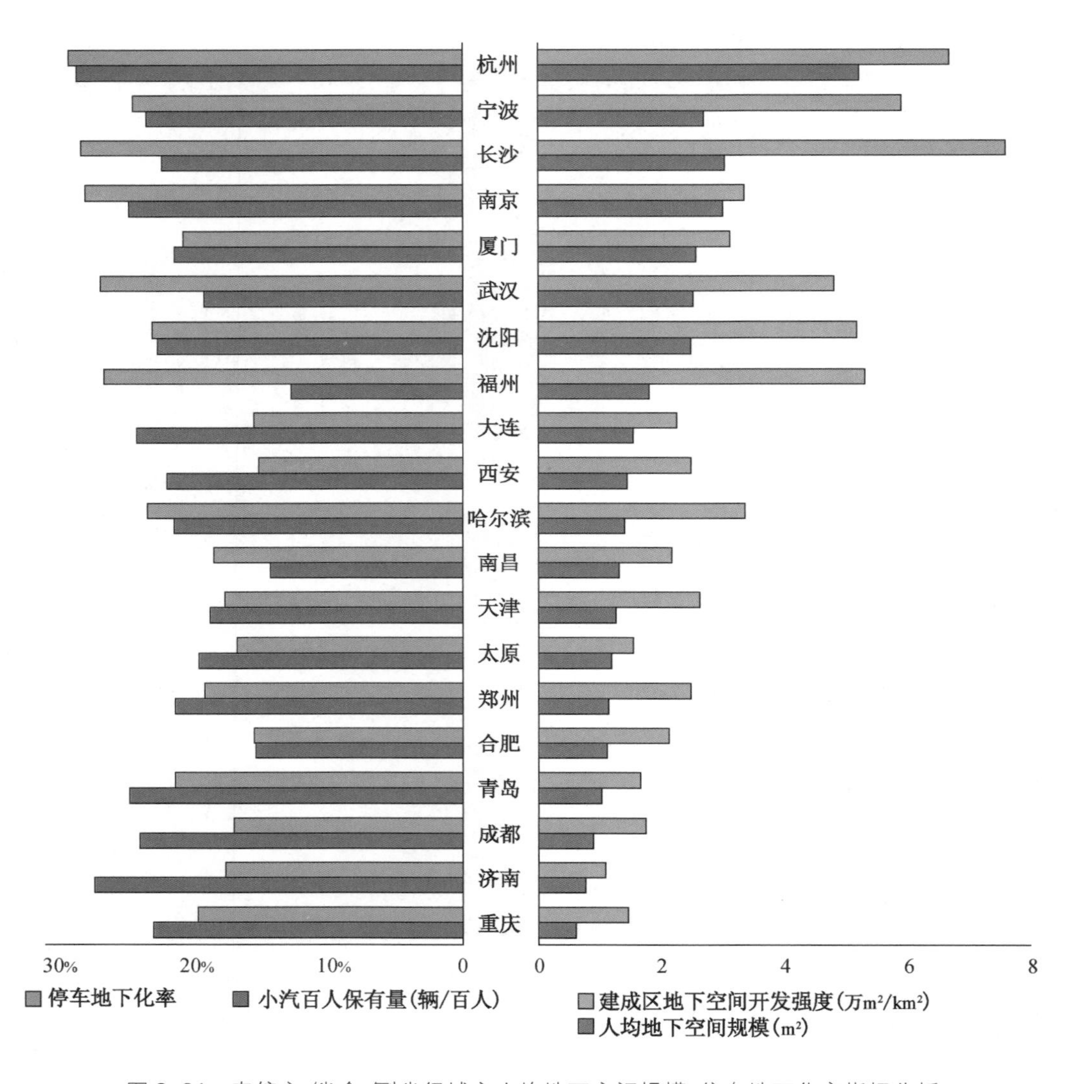

图 2-34　直辖市/省会/副省级城市人均地下空间规模、停车地下化率指标分析

(东莞由于其外来常住人口多,人口密度很高,非常突出),人均 GDP 较高城市主要为资源型城市及江浙地区城市,地下空间指标整体趋势基本一致。

② 第三产业比重和产业密度

地(县)级样本城市中传统资源型城市的产业比重与单位面积房地产开发投资指标普遍较低,地下空间指标在这些城市中相对也较低,这类城市已具备地下空间开发的经济、物资基础,但地下空间需求并不明显,开发及利用也较少。未来随着这类城市发展的转型,对地下空间需求也将进一步增加,也将增加不同功能类型的地下空间需求,具有较大的发展潜力。

图 2-35 直辖市/省会/副省级城市地下空间社会主导化率、单位面积增长、综合利用指数分析

第三产业比重较高的样本城市中，比较突出的有浙江地区部分县级市，这类城市经济发展快，市场相对开放，对地下空间需求较大，尤其是地下交通需求，同时其地下空间综合利用指数相对也较高，地下空间功能复合性较高。

（2）城市地下空间指标

长三角、珠三角区域是中国财富聚集区，也是地下空间开发水平较高集中区，尤其是江浙地区地下空间开发集聚明显，且江浙地区经济良好的县级市地下空间开发更为突出。其他区域县级市或县城，地下空间开发还处于初级阶段，以政策引导的人防工程建设为主。

从小汽车保有量和地下停车化率指标分析，旅游为主导产业、资源型城市汽车保有量较高，如苏州、无锡、扬州、东营等。江浙地区以制造业为主导产业的县级市，该指标已超越部分中部、东北部城市，交通尤其是停车问题已成为这类城市发展的重要问题。

东部地区城市汽车保有量大，地下停车化率也高，所以部分Ⅱ型大城市、中等城市停车压力相对略小；西部及东北地区部分大中城市汽车保有量小，即便地下停车化率不高，其城市停车压力相对也小。停车压力较小的城市有江阴、海宁、珠海、常州、芜湖、东莞、温州、营口、马鞍山等。

地（县）级城市停车压力普遍低于直辖市、省会及副省级城市，停车压力较大的主要是资源型城市、经济发展快的东部地（县）级城市，这类城市汽车保有量较高，同时地下停车化率并不高。

6）样本城市小结

（1）人均地下空间开发规模城市排名 TOP10

在选取的 70 个样本城市中，人均地下空间规模城市排名 TOP10 的城市中有 8 座位于江浙沪地区（图 2-36），毫无疑问长三角是中国第一大财富集中区，同时也是地下空间发展最均衡地区。排名第二的北京跟其首都地位及政策引导有极大关系。

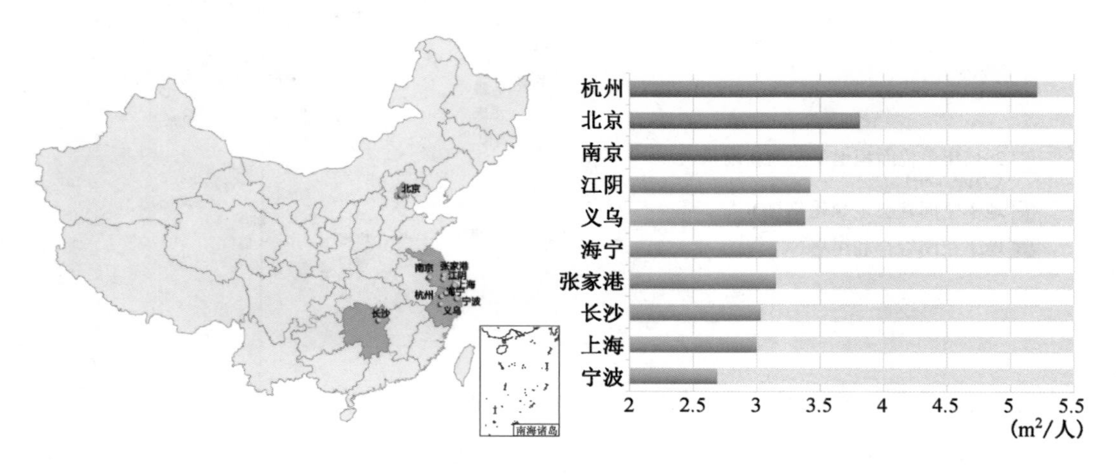

图 2-36　人均地下空间开发规模城市排名 TOP10

（2）地下空间综合利用率城市排名 TOP10

地下空间综合利用率城市排名中，全国 6 个超大城市有深圳、广州和上海 3 个城市入围，均为沿海开放度高的城市（图 2-37），其地下空间开发整体水平较高，同时地下空间功能复合性也高，综合利用、平战结合利用较好。

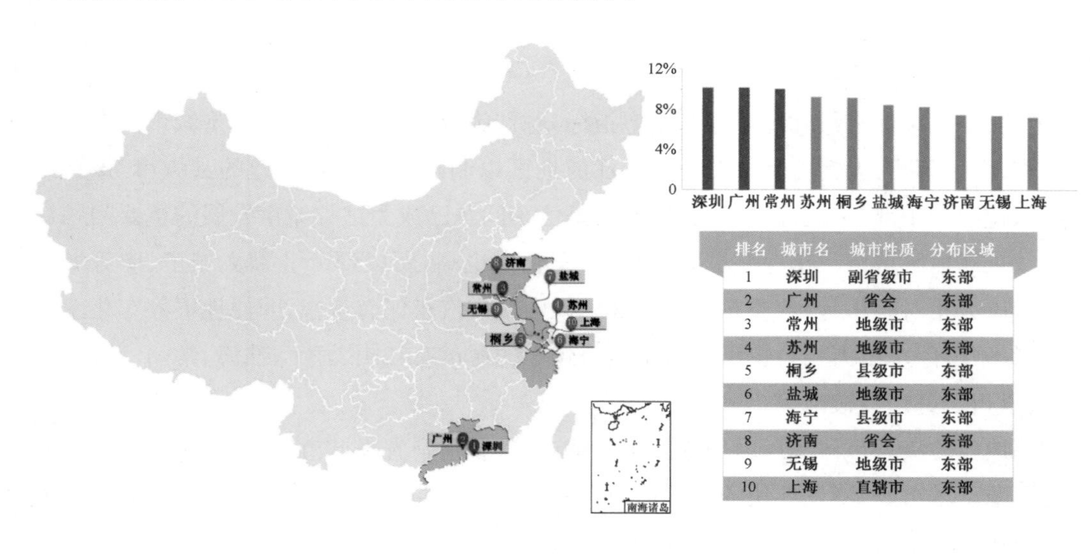

排名	城市名	城市性质	分布区域
1	深圳	副省级市	东部
2	广州	省会	东部
3	常州	地级市	东部
4	苏州	地级市	东部
5	桐乡	县级市	东部
6	盐城	地级市	东部
7	海宁	县级市	东部
8	济南	省会	东部
9	无锡	地级市	东部
10	上海	直辖市	东部

图 2-37　地下空间综合利用率城市排名 TOP10

特大城市只有苏州，大城市有济南、无锡、常州，中等城市有盐城、桐乡、海宁，可以看出大、中城市其地下空间开发处于中期发展阶段，地下总规模相对不高，而东部地区城市开放度及社会主导性高，所以地下公共服务空间开发比例相对较高，地下空间综合利用优势突出。如县级市海宁、桐乡结合其城市的皮革城、皮草市场的发展，同时带动了地下空间的综合利用，成为县级市中地下空间综合开发的佼佼者。

(3) 地下空间社会主导化率城市排名 TOP10

地下空间社会主导化率排名靠前的城市主要集中在东部沿海或沿江城市(图2-38)，市场化程度较高，地下空间以社会为主导；而中西部地区尤其是西部城市，地下空间开发多为政策主导，地下空间功能类型中依政策要求如人民防空政策进行建设的功能比例较高。

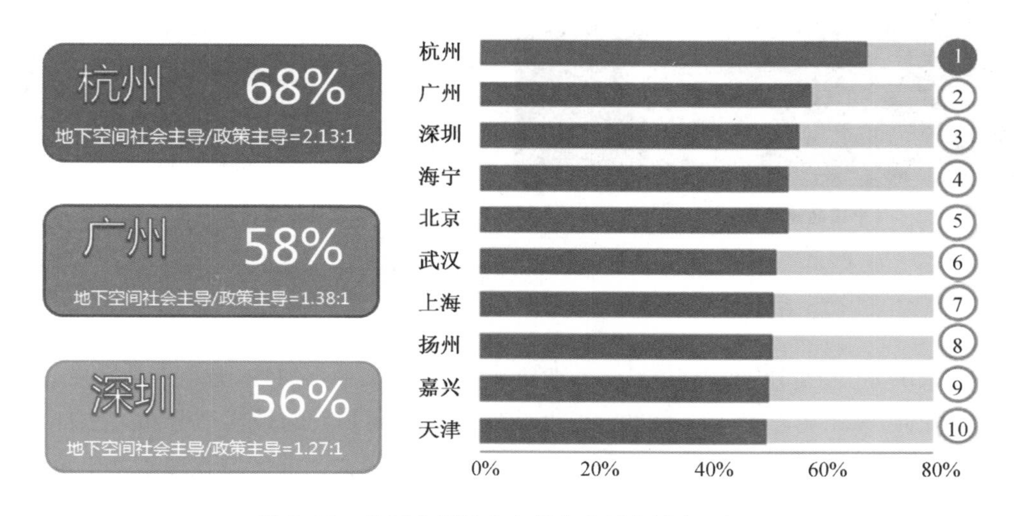

图2-38 地下空间社会主导化率城市排名 TOP10

(4) TOP10 城市2014年与2015年度综合指标变化趋势

考虑到样本城市数量较多，在此重点选取2015年人均地下空间规模 TOP10 城市作为分析对象。以2015年人均地下空间规模 TOP10 城市进行2014年与2015年综合指标变化趋势对比分析，小汽车百人保有量整体呈正增长，增长较快的是义乌和南京，上海汽车保有量控制较为平稳，略微有增加。

人均地下空间规模，经济发展较快的杭州、义乌人均指标略微增长，建成区地下开发强度变化不大；停车地下化率变化较大，部分城市小汽车百人保有量增长较快，而停车地下化呈降低趋势，将带来更多停车矛盾及停车位不足的压力。

2.2.3 2015 年地下空间开发利用特点

1）发展等级

区位、经济发展水平类似的同一规模等级城市，其地下空间呈现一定共性。

超大、特大城市，因城市经济、交通的快速发展，呈现出最大限度地向地下挖掘空间的需求，注重地铁和地下空间的持续开发，一条条地下铁、一串串消费圈，地下轨道、地下城（地下综合体）、地下道路等纵横交错，蔚然成观，如上海、北京地铁线网（图 2-39）。

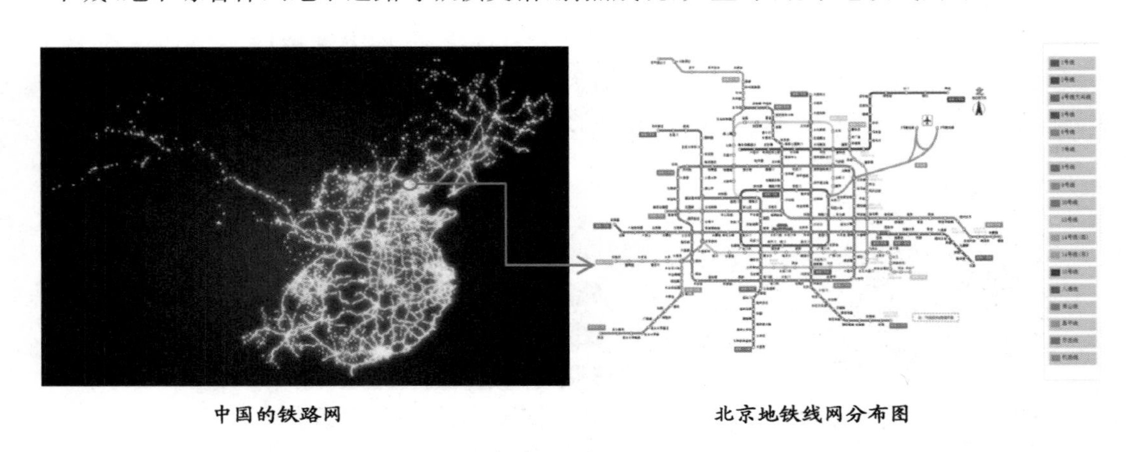

图 2-39 中国的铁路网及北京地铁线网分布
资料来源：水木然专栏、北京地铁官网 http://www.bjsubway.com/

大城市地下空间发展势头较猛，商业资源集聚度、交通枢纽性、城市人活跃度、生活方式多样性、未来可塑性等因素主导了大城市地下空间开发的规模与分布。东部地区大城市地下空间发展较好，人均指标较高，并以长江为界向南北区域递减。突出重点地区、大型地下工程、地下综合体等区域地下空间引领效应，建设“地下城”、享受地下城的精彩是城市发展的趋势。

中等城市地下空间呈平稳化发展，地下总规模普遍不高，但地下空间综合利用指数相对其他等级城市反而较高；经济好、特色明显的中小型城市，如东部地区的县级市、县城等，逐渐成为地下空间开发的新近探索重点。

小城市处于地下空间开发的起步阶段，开发势头良好，政策引导为主，基本以人防工程建设为主体，平时以地下停车为主，功能单一。

2）开发特点

地下空间开发呈现出功能综合化、投资市场化、建设生态化、连通网络化等特点，促进地下空间的高效利用，如图 2-40 所示。

代表工程：上海虹桥商务区。虹桥商务区地上和地下建筑面积比例达到 1∶1，各街区间通过20条地下通道以及枢纽连接国家会展中心(上海)地下通道,将地下空间全部连通,整个地下空间面积达到260万 m^2,相当于18个半人民广场,可媲美世界闻名的加拿大蒙特利尔地下城①。2015年7月,虹桥商务区核心区首批城市综合体项目之一——“虹桥天地”按计划投入运营。

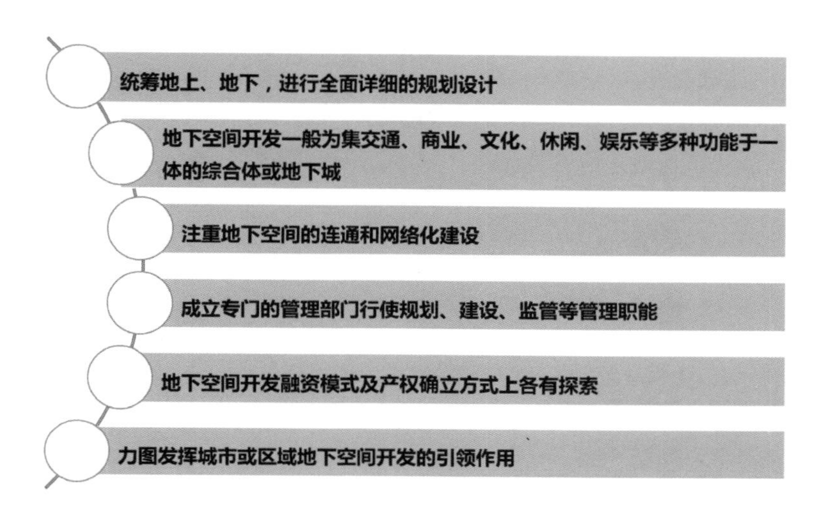

图2-40　重点地区地下空间开发共同特点

3) 开发区域

重点地区、交通枢纽地下空间综合利用成新常态。

中心区、交通枢纽如轨道枢纽区域的地下空间综合利用逐步成熟,地下空间功能利用类型较多,如地下综合体、地下商业、地下文娱、地下停车等功能复合性高。

重点地区地下空间的综合利用表现为:许多城市对地下空间的利用集中在新规划的中心区、重点地区、轨道枢纽地区等。如围绕综合枢纽建设的相对紧凑、成规模的商业中心,有密集的地铁车站覆盖的城市老商业中心或商业街等区域。代表案例如图2-41所示。

4) 开发类型

基础设施下地能解决传统基础设施占用土地、存在一定安全隐患和影响环境、景观等问题,地下化建设已成为基础设施发展的重要方向。但目前全国发展速度和发展水平差异较大,总体而言,北京、上海、深圳、广州一线城市实践较多,基础设施地下化建设类型渐趋丰富,有助于提升城市综合效益。

① 裴蓓. 20条通道枢纽串虹桥地下空间 媲美蒙特利尔地下城[EB/OL]. 新民网(2015-07-07). http://shanghai.xinmin.cn/xmsq/2015/07/07/28061538.html.

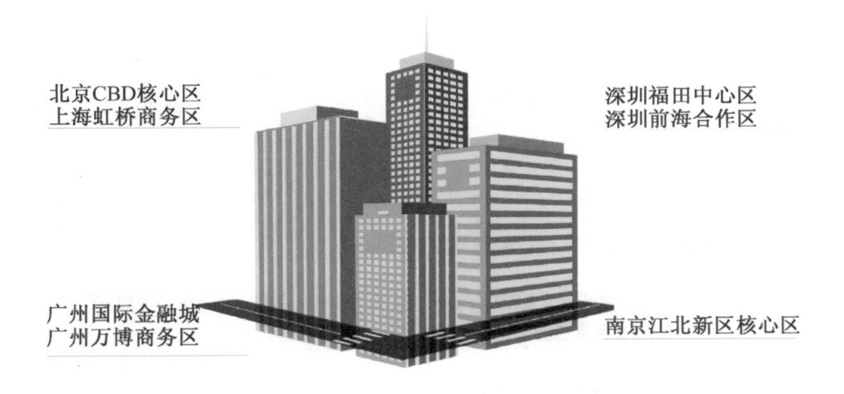

图 2-41　重点地区地下空间开发代表案例

代表工程：珠海横琴综合管廊。自贸区政策与横琴原有的利好政策叠加，带来了更好的发展机遇。建设地下综合管廊，成为当地节约集约利用土地的方法之一。作为目前国内单项工程建设长度最长、一次性投资最大的横琴环岛市政地下综合管廊，全长 33.4 km，呈"日"字形环状，实现了管线的"立体式布置"，替代了传统的"平面错开式布置"，管线布置紧凑合理，减少了地下管线对道路以下及两侧的占用面积，显著节约了城市用地。

图 2-42　横琴综合管廊实景

图片来源：www.wisusp.com

2.2.4　地下空间未来发展趋势及问题预警

1）地下空间未来发展趋势

（1）地铁仍然是持续引导城市地下空间资源进一步规模化、深层化、复合化、网络化开发利用的动力源。

(2) 城市市政公用设施地下化、集约化、管廊化发展趋势将进一步扩大。

(3) 城市防灾设施的功能综合、设施一体、上下整合趋势不断显现。人防工程的平战结合、地下空间的兼顾设防、城市防灾设施的地下化,这三种设施的有机整合、平战(灾)结合、统一规划、同步建设、综合利用,将成为未来城市地下空间开发利用的重要内容。

(4) 伴随着生态与低碳、数字与智慧城市的规划建设和发展,城市的能源设施地下化和地下空间信息化、智能化共享平台建设将成为新的发展趋势,将实现地下空间信息动态管理和资源共享。

(5) 城市重点地区地下空间设施之间的连通整合,将成为城市地下空间开发建设的重中之重。

2) 地下空间未来发展主要问题

(1) 城市普遍存在地下空间开发建设滞后于城市实际需求的状况,中国城市地下空间发展不均衡,东部地区与西部地区城市地下空间开发差距巨大,尤其是西部地区城市地下空间开发相对滞后。

(2) 综合管廊建设热点热度非常高,国内多个城市进行试点建设,但目前缺乏对整个城市综合管廊的整体布局进行统筹规划及对综合管廊建设、投融资、运营管理等内容的体系和对策研究。

(3) 地下空间相关法制建设滞后于城市发展需求,如地下空间土地权属的确权制度、地下空间产权登记制度、地下空间信息管理制度等有待进一步完善。

(4) 除极少数城市外,大多数城市缺乏地下空间信息普查和集成,更未能形成地下空间信息的实时动态更新和信息共享。

(5) 缺乏地下空间规划、建设的安全评价体系。

2.3 2015 年地下空间各类设施建设

2.3.1 地下交通设施

1) 地下轨道交通

截至 2015 年底,中国已开通运营地铁的城市有 27 个(含港、台)(图 2-43)。运营总里程达 3 659 km,车站 2 473 座。

2015 年全年新增运营线路 19 条,里程达 314.61 km,车站 236 座。新增开通运营城市 2 个，分别为青岛、南昌。

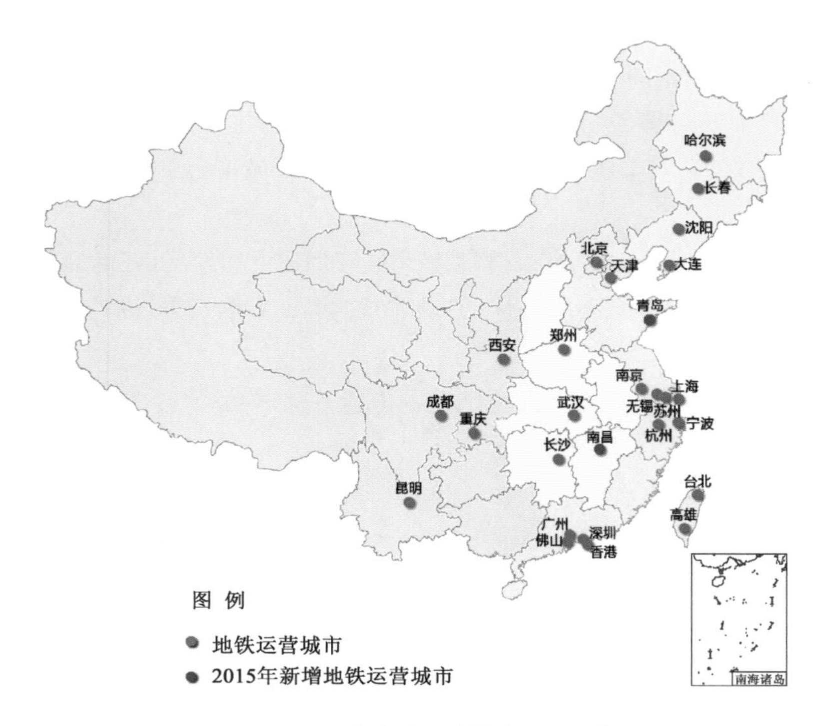

图 2-43　2015 年度全国地铁建设与运营图

2015 年新增线路最多的城市为上海（3 条）；新增里程最多的城市为南京（44.87 km）；新增车站最多的城市为大连（32 座），如图 2-44 所示。

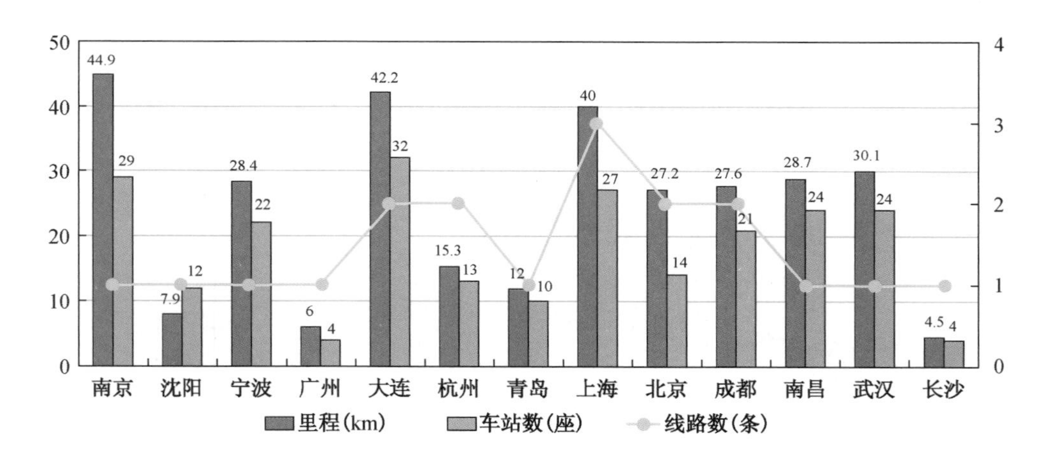

图 2-44　2015 年全年地铁新增建设与运营统计

资料来源：中国轨道交通网（www. rail-transit. com）

2）其他地下交通设施

2015 年开工建设地下交通设施的城市总计 39 个，项目总数量为 64 个，项目构成如图 2-45 所示，投资构成如图 2-46 所示。

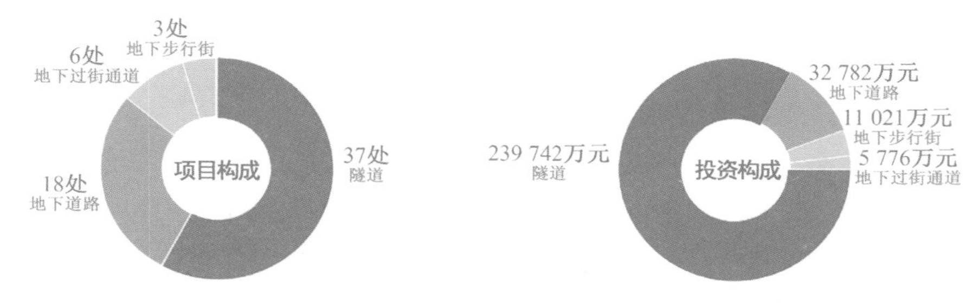

图 2-45　2015 年度地下交通项目构成　　　图 2-46　2015 年度地下交通投资构成

从空间分布上看，呈现出“大均衡、小集中”的局面，尤其长江沿岸形成一条比较明显的发展轴线（图 2-47）。

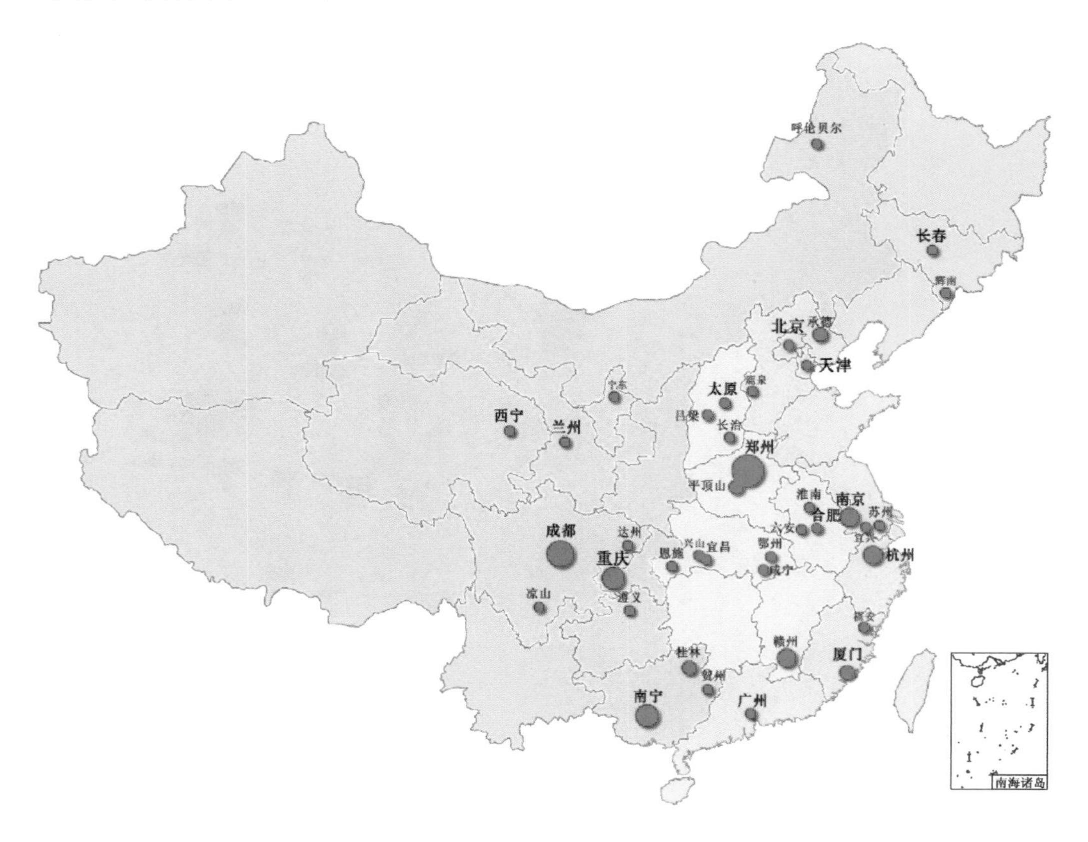

图 2-47　2015 年地下交通项目分布

以隧道建设为主导，强调城际乃至省级之间交通联系，体现了区域一体化、协同发展的态势。

2.3.2 地下市政设施

2015 年开工建设地下市政设施的城市总计 42 个，项目总数量为 281 个。

1）综合管廊：政策偏好，盲目建设

2015 年度，地下综合管廊在中国大陆遍地开花(图 2-48)。兴建综合管廊的城市之间并不存在经济和区位的差距，大量中西部的经济不太发达的城市也在积极建设综合管廊。同时可以看到，受益于政府强大的财政支持，这些建设综合管廊的城市当中不乏一些县一级的小城市。由此可以得出以下结论：财政上的充盈并不是推动综合管廊建设的最重要的因素，政策扶持与观念更新才是最重要的因素。

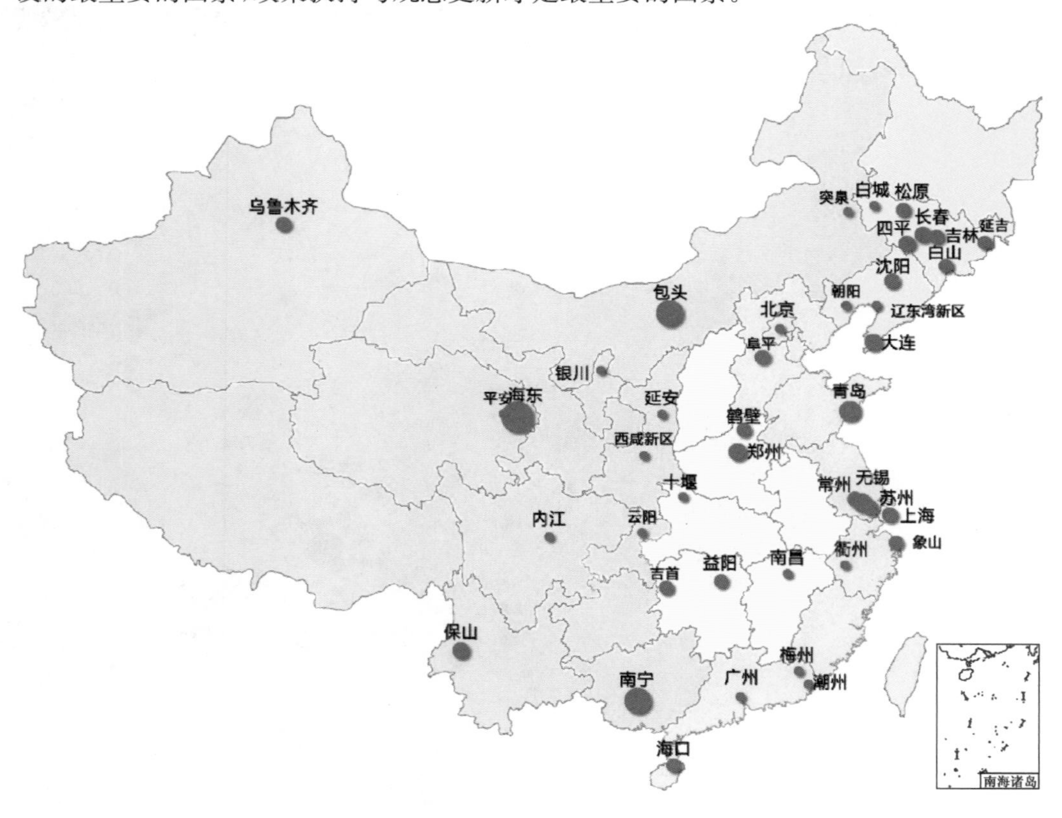

图 2-48 2015 年综合管廊建设城市分布图

2）市政站点：经济偏好，自然生长

与综合管廊建设显著不同的是，市政站点的分布趋势非常明显，大部分集中在秦皇岛—南宁以东(图 2-49)。个别城市呈现项目扎堆的情况。

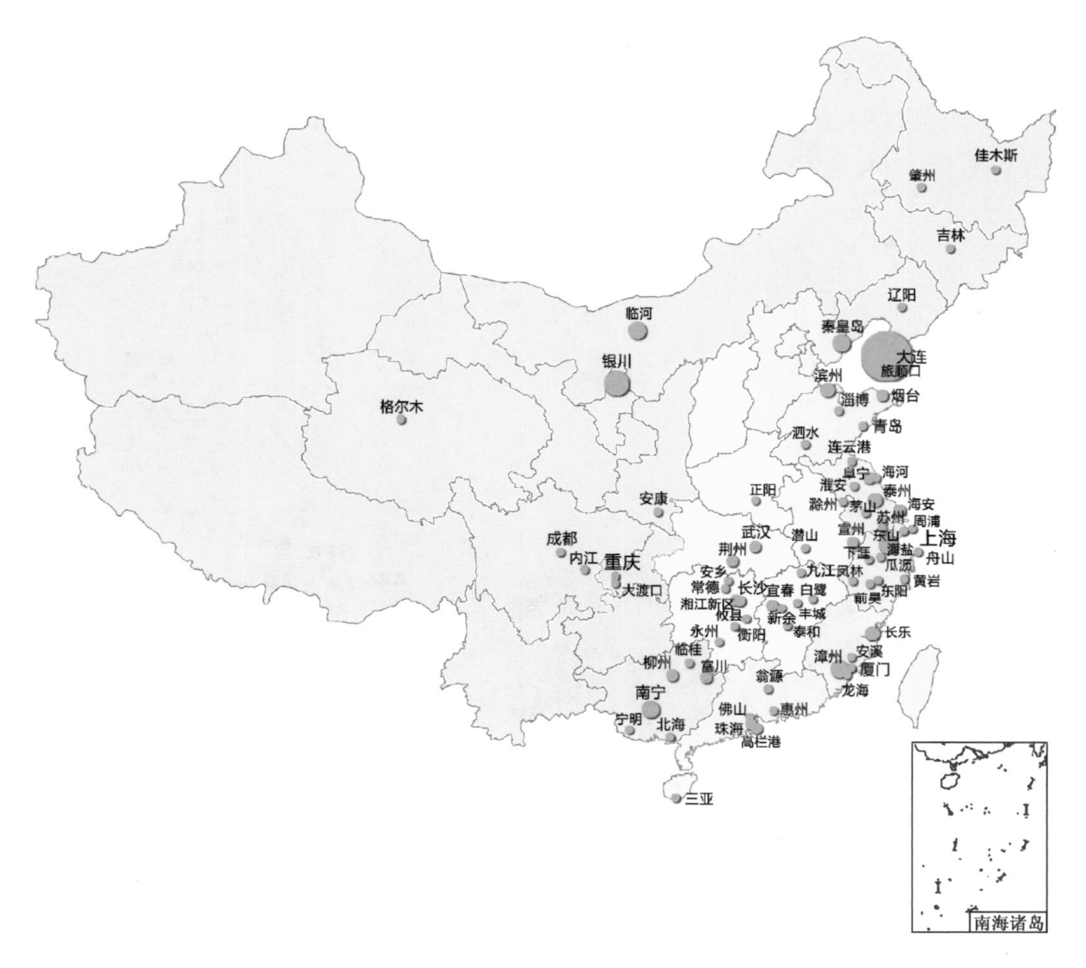

图 2-49　2015 年度市政站点建设城市分布图

2.3.3　地下综合空间

2015 年开工建设地下综合空间的城市总计 27 个，项目总数量为 74 个（图 2-50、图 2-51、图 2-52）。

图 2-50　2015 年度各级城市地下综合空间项目数量　　图 2-51　2015 年地下综合空间项目分布

2015 年地下综合空间大部分分布在直辖市和省会城市，大部分结合交通枢纽、广场建设。地下综合空间的建设与其需求紧密相关。

从大的区位来看，长三角地区为地下综合空间建设热点地区，投资环境优于其他区域，其建设项目数量占全国将近一半。

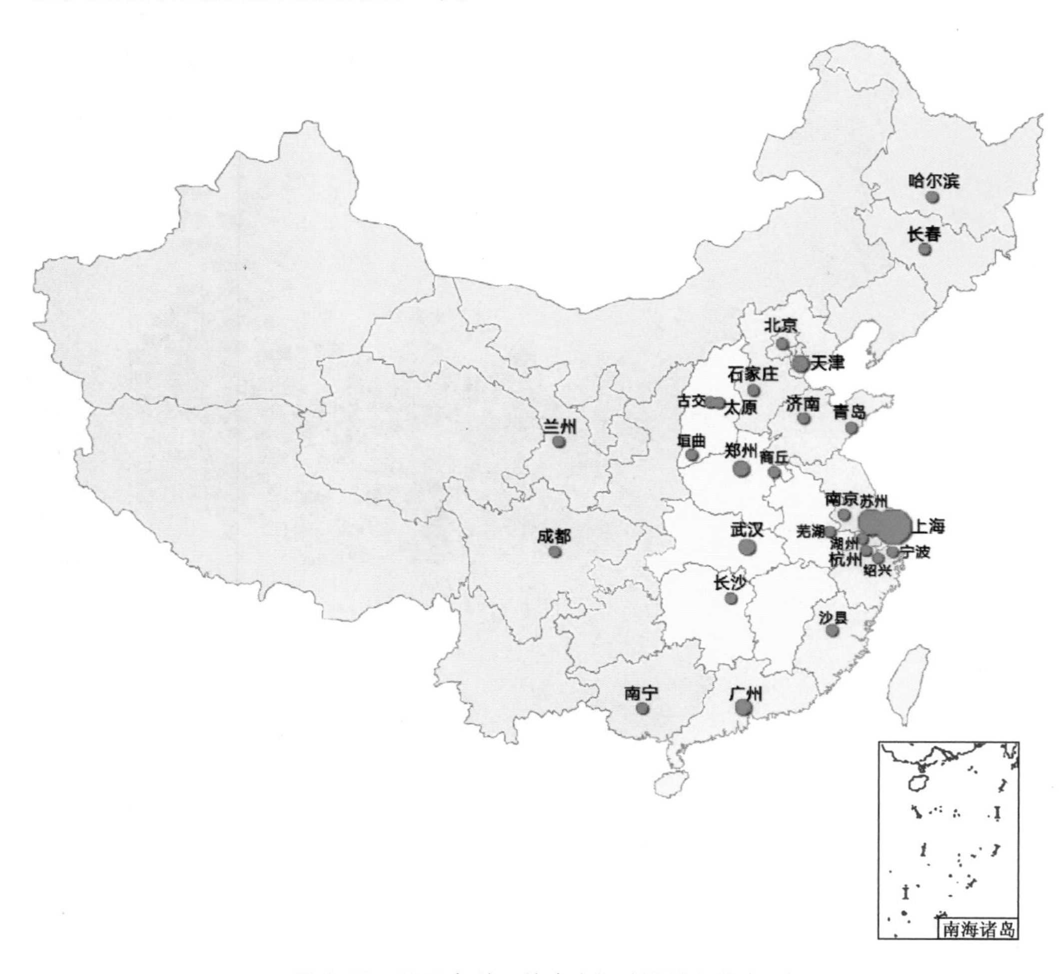

图 2-52　2015 年地下综合空间建设城市分布图

B3 行业与市场

Blue book

唐菲 常伟 张智峰

3.1 地下轨道交通

轨道交通是集多专业、多工种于一身的复杂系统，是关系各城市广大市民日常出行的重要民生工程，在城市发展中起着越来越重要的作用。其行业所涉及的产业链庞大，主要包含基础建设领域的土木工程、隧道工程以及工程机械，轨道车辆制造以及电气设备，公共运营运输等。

3.1.1 企业发展

截至2015年底，从事轨道交通行业的注册企业(仅统计轨道交通行业中下游企业，包含机车车辆制造、设备制造及修理、配件制造、维护管理、投资和运营管理等)共有1 147家，平均年增长率超过18%。

2009年，国务院办公厅发布《装备制造业调整和振兴规划》，将城市轨道交通列入十大领域重点工程，此后国发〔2009〕33号文件、国发〔2009〕42号文件，将东北地区和广西的轨道交通作为经济社会发展重点项目。在此背景下，2010年轨道交通行业新注册企业数量陡增，中西部企业快速增长。随后3年，增长率逐年下降，回归理性。

2013年，《国务院关于加强城市基础设施建设的意见》中将轨道交通系统作为全面提升城市基础设施水平的手段之一，从而改善民生、保障城市安全、拉动投资。国务院、国家发改委以及地方政府相继颁布了地铁建设及开发政策等，此后再次掀起“地铁热”，国内轨道交通行业需求，尤其是制造与运营需求猛增，2014年、2015年注册企业数量再次陡增。如图3-1—图3-3所示。

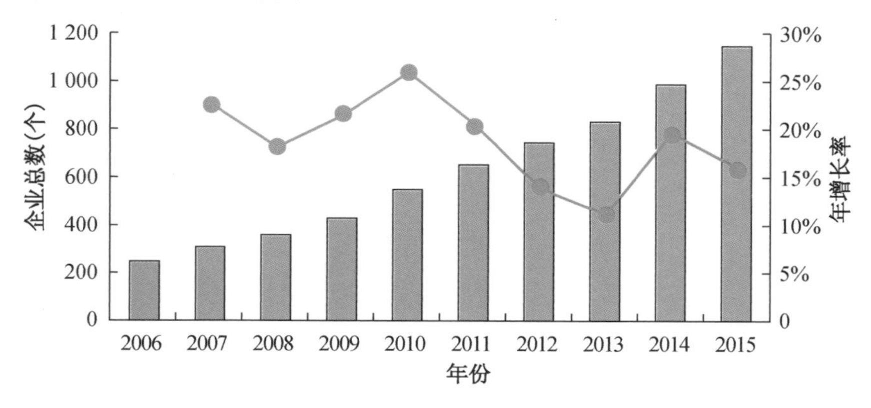

图3-1 2006—2015年从事轨道交通行业的企业数量情况

资料来源：九次方大数据平台

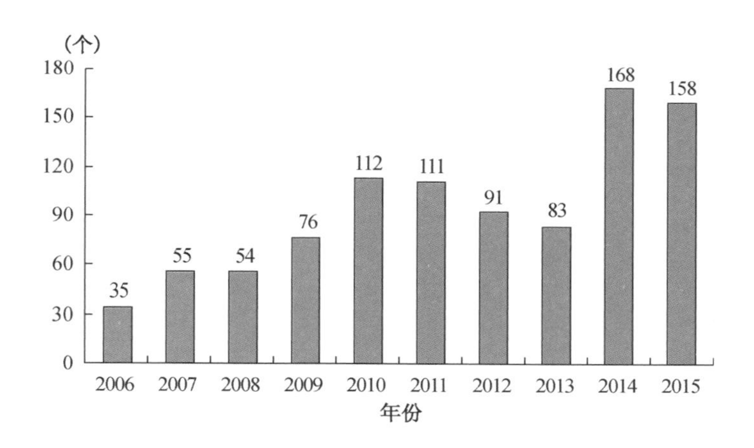

图 3-2　2006—2015 年历年新增注册企业情况

资料来源：九次方大数据平台

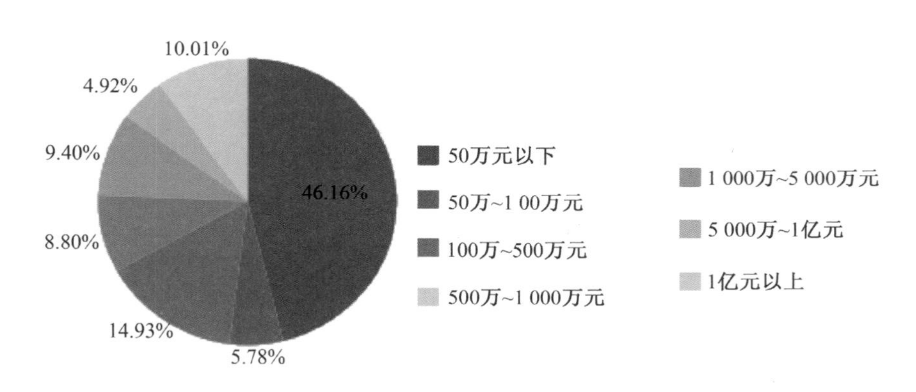

图 3-3　企业注册资金情况

资料来源：九次方大数据平台

国家政策性文件促进了轨道交通行业发展，预计“十三五”期间，注册企业年增长率将保持在 10%以上。

3.1.2　运营单位

1）概况

截至 2015 年底，国内共有 27 个城市（含港、台）开通地铁，28 个运营单位，其中北京、深圳地铁各有两个运营单位。

2015 年新增青岛地铁集团有限公司和南昌轨道交通集团有限公司两个运营单位。

上海申通地铁集团有限公司是中国第一家从事轨道交通投资经营的上市公司。

深圳地铁 4 号线是国内第一条采用“建设—运营—移交”BOT 方式由港铁（深圳）

投资、建设、运营的轨道交通项目。

2）数量及构成

根据中国轨道交通网数据整理，截至2015年底，中国城市轨道交通新增运营里程334.68 km（含地铁、轻轨、有轨电车），车站259座，其中青岛、南昌为首条地铁线路开通运营。

根据各城市地铁运营单位数据资料计算，26个运营单位①可提供维持地铁正常运营的工作岗位15万个，平均每公里可提供45个工作岗位（图3-4）。15万个工作岗位中管理人员和专业技术人员约占14%，其余均为生产操作员工。工作岗位中人员学历结构如图3-4所示。

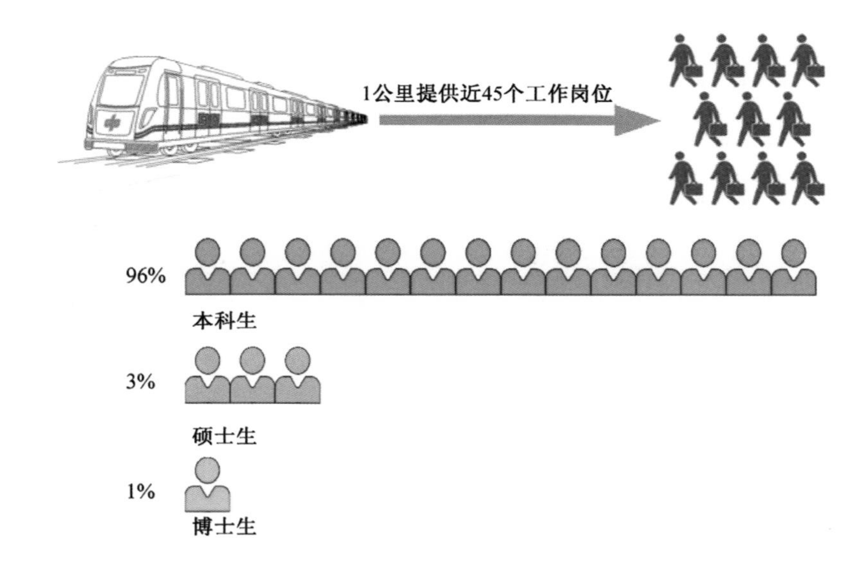

图3-4　地铁运营可提供工作岗位情况和工作岗位中人员学历结构情况

根据“十三五”规划纲要，“十三五”期间，中国将新增城市轨道交通运营里程约3 000 km，轨道交通行业专业技术人才需求量进一步扩大。初步推算，至2020年新增工作岗位需求达15万个，其中管理人员和专业技术人员需求达2万人。

3.1.3　新供给新动力

2015年，在一系列鼓励地下空间开发的国家政策文件指导下，各城市推动轨道交通与其周边地下商业等公共服务设施的综合开发利用，依托轨道交通建设的地下综合商业项目数量显著增多。

---

① 此处统计及以下内容仅含中国内地26个运营单位。

地铁商铺一般分为三个部分：地铁过道商铺、地铁商业街（城）、地面物业。地铁过道商铺是指建造在地铁过道或地铁售票站附近的商铺。地铁商业街（城）是指在地铁车站附近，通过地下通道连接的地下商铺群。车站内商铺面积（过道商铺）与车站站厅公共空间的面积比例在9%～10%之间①。而地铁商业街（城）的商铺面积比例在30%～40%之间。参见表3-1、表3-2。

表3-1 港铁过道商铺面积比例一览表

站点名称	太古	金钟	香港	旺角
站点类型	一般站	换乘站	枢纽站	换乘站
站厅公共区域面积（m^2）	2 061.3	1 577.8	22 215	3 240
站厅商业面积（m^2）	181	404	2 702	334
商业面积/站厅公共区域面积	9%	25%	10%	10%

表3-2 日本地下商业功能类型面积及比例一览表

城市	地下街面积（m^2）	公共通道		商店		停车场		设备用房	
		面积（m^2）	占总面积比例	面积（m^2）	占总面积比例	面积（m^2）	占总面积比例	面积（m^2）	占总面积比例
东京	223 082	45 116	20.2%	48 308	21.6%	91 523	41.1%	38 135	17.1%
横滨	89 622	20 047	22.4%	26 938	30.1%	34 684	38.6%	1 993	8.9%
名古屋	168 968	46 979	27.8%	46 013	27.2%	44 961	26.6%	31 015	18.4%
大阪	95 798	36 075	37.7%	42 135	43.9%	—	—	17 588	18.4%
神户	34 252	9 650	28.1%	13 867	40.5%	—	—	10 735	31.4%
京都	21 038	10 520	50.0%	8 292	39.4%	—	—	2 226	10.6%

“十三五”期间，新增轨道公里数与目前运营总里程相似，已开通轨道交通城市的一般站与换乘站的数量比值关系约10：1（表3-3）。轨道一般站的建筑面积为0.8万～1.0万m^2，换乘站的建筑面积为1.2万～1.5万m^2。

据慧龙数据系统统计，每间商铺的内部空间均在15～30 m^2之间，最大不会超过40 m^2，可以提供2～3个就业人员。国内新增车站内商铺面积与车站站厅公共空间的面积比例取8%，估算至2020年，中国新增轨道车站内商铺营业就业岗位约25万个。

① 流通业发展建设处．关于新加坡香港地铁商业的考察报告[EB/OL]．青岛市商务局（2014-10-16）．http://www.qdbofcom.gov.cn:8080/jjg7dybg/173320.htm.

表 3-3　国内已开通地铁城市一般站与换乘站一览表

地区	城市	一般站		换乘站		城市车站数量小计(座)
		车站数量(座)	占地铁站总数量比例	车站数量(座)	占地铁站总数量比例	
东北地区	哈尔滨	18	100%	—	—	18
	长春	48	98%	1	2%	49
	沈阳	42	98%	1	2%	43
	大连	42	95%	2	5%	44
东部地区	北京	281	84%	53	16%	334
	天津	82	96%	3	4%	85
	青岛	10	100%	—	—	10
	南京	114	94%	7	6%	121
	无锡	43	98%	1	2%	44
	苏州	45	98%	1	2%	46
	上海	297	85%	54	15%	351
	杭州	45	90%	5	10%	50
	宁波	49	98%	1	2%	50
	深圳	118	90%	13	10%	131
	广州 佛山	122	94%	22	17%	144
中部地区	郑州	20	100%	—	—	20
	武汉	96	94%	6	6%	102
	长沙	20	100%	—	—	20
	南昌	24	100%	—	—	24
西部地区	西安	38	97%	1	3%	39
	成都	67	96%	3	4%	70
	重庆	112	93%	8	7%	120
	昆明	32	97%	1	3%	33
合计		1 765	91%	183	9%	1 948

注：淮安仅开通地面有轨电车，港、台数据未列入统计。
资料来源：各城市地铁维基百科数据，其中换乘站未重复计算。

而结合地铁站建设的地下商业街，商铺面积比例一般为30%～40%之间。至2020年，新增3 000 km的轨道线，可提供大量的商机和就业岗位。

轨道交通综合开发,将促进国内消费结构升级,形成新供给新动力,满足日益增长的生活性服务需要,成为拉动经济增长和促进社会和谐的持续动力。

3.1.4 2015 年轨道交通行业之最

1) 发车频率大的城市

地铁作为一种快捷、畅通、准点、发车频率高的公共交通工具,能够缩短通行时间,增大单位时间通行距离,带动巨大的客流量,逐步改变城市居民出行交通结构。全国 24 个地铁开通城市,日均开行列次居前三位的城市为上海、北京和广州,见图 3-5。

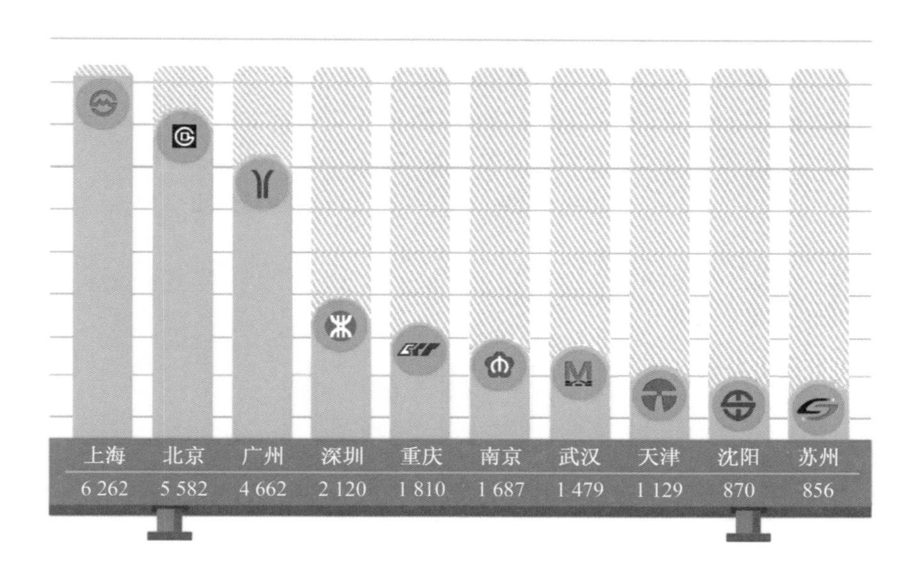

图 3-5 日均开行总列次 TOP10 城市(列次 /d)

2) 地铁票价和通勤支出

据在线调查,在已开通地铁的 24 个城市中,地铁单线里程票价最便宜的城市为:沈阳、哈尔滨(4 元);其次是郑州、昆明、西安(5 元)。

2015 年 1 月,中新网刊发了一个引自百度“我的 2014 年上班路”的互动活动,数据显示,通勤距离基本与地铁线网总里程成正比关系,世界地铁线里程最长的上海、北京毫无争议地“赢”得通勤距离最长的前两名,公交通勤距离分别为 21.9 km 和 20.8 km[①]。“通勤路上舟车劳顿,加之超时工作”严重影响了上班族的幸福感,这虽是各

① 陈伊昕.全国 50 城市上班族通勤调查:北京平均单程 19.2 km[N/OL].中国新闻网(2015-01-26).http://www.chinanews.com/sh/2015/01-26/7005909.shtml.

在线、平面媒体对这一现象的感叹，但如将一些更精细的数据加以梳理，则更能反映上班族切实的生活压力。

本书试图通过对一些基础数据客观理性地分析研究，从推动中国现代化进程，承担经济持续稳定发展重任的城市上班族的一个侧面，即透过地铁票价和通勤支出的关系，折射出中国城市社会和经济发展过程中存在的一些现象和特征，探寻主导城市地下空间开发利用的内在驱动力来自何方，厘清经济与社会发展对城市地下空间开发需求层次的影响和趋势。报告选取北京、上海、重庆、沈阳、西安、郑州、广州、深圳等区域代表性城市，以 2015 年人均交通通信消费支出、通勤距离和地铁票价作为分析数据，设定地铁为主要公交通勤方式，梳理归纳出以下几个特征。

(1) 2015 年上班族公交通勤支出最高的前三名城市为：北京、上海、深圳。

从支出额度上看，北京、上海、深圳三个城市年公交通勤支出达 2 500 元，见图 3-6。

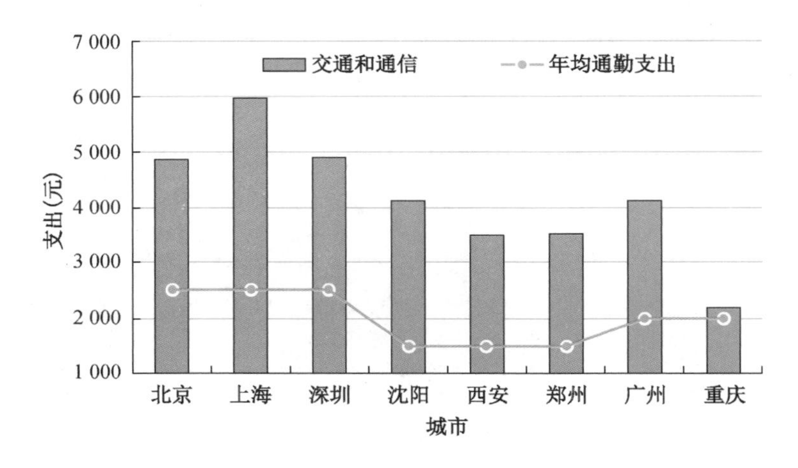

图 3-6　8 城市年交通通信支出和通勤支出分析

(2) 2015 年上班族通勤成本最高的城市为：重庆。

地铁票价的定制与城市居民生活息息相关，应重点考虑居民交通成本与生活成本，根据部分城市人均可支配收入、消费支出等数据可以看出(表 3-4)，虽然北、上、深的通勤支出最高，但如果按人均可支配收入、消费支出与用于上班通勤的交通支出进行比较，可支配收入并不高的重庆用于通勤的交通成本最高，并且这一现象在开通地铁的中西部城市中较为突出。如果说导致这一现象的直接原因是地铁建造运营成本与城市居民可支配收入之间的空间差距，那么其产生的连带效应将会波及城市的众多方面，如通勤工具、出行方式、消费支出结构等等。据报告编写组调查，除深圳外，如果算上联乘优惠，大部分已通地铁城市同距离的公交巴士日均通勤成本仅为地铁的 50%左右，部分上班通勤族无力享受地铁所带来的公交政策上的优惠，这势必导致城市上班通勤族社会行为的分化，通过快速公交系统整合优化公交资源配置的城市公交发展政策实施操作上面临较大困境，而因地铁所带来的公共财政包袱又使城市建设供给雪上加霜。

目前，中国轨道交通仍处于快速发展阶段，路网规模、客流情况及运营成本变化较大。以地铁为范式的城市公共交通发展政策，票价制定机制将会直接影响城市公交发展战略进程。根据中国公交票价定价经验，一般 3～5 年为一个周期，开通地铁的城市可结合公共交通定期成本监审数据、公共交通发展情况、社会可承受能力等因素，适时更订这一周期，并对公共交通价格及计算方法进行整体评估和调整。

表 3-4 部分城市消费支出与通勤数据一览表

数据指标＼城市		北京	上海	深圳	沈阳	西安	郑州	广州	重庆
人均可支配收入(元)		52 859	52 962	44 633	36 643	33 188	31 099	46 735	27 239
人均消费支出(元)		36 642	36 946	32 359	25 870	26 275	21 692	35 753	19 742
	交通和通信支出(元)	4 860	5 986	4 886	4 104	3 476	3 506	4 114	2 189
	所占比重	13.3%	16.2%	15.1%	15.9%	13.2%	16.2%	11.5%	11.1%
平均单里程(km)		21.9	20.8	15	12.2	12.8	11.6	17.8	15.5
平均站间距(km)		1.753	1.68	1.611	1.268	1.366	1.337	1.627	1.78
年均通勤支出(元)		2 500	2 500	2 500	1 500	1 500	1 500	2 000	2 000
通勤支出占通信交通支出比重		51.4%	41.8%	51.2%	36.5%	43.2%	42.8%	48.6%	91.4%
日均单里程公交巴士票价(元)		2.5	3.2	5	3.2	2	1.6	2.4	1.8
是否出台联乘优惠政策			※					※	※

注：法定假日休息日共 115 天，按 250 个工作日计算年均数据。

资料来源：

1. 北京市统计局，国家统计局北京调查总队. 2015 年北京市居民人均消费支出同比增长 8.7%[EB/OL]. 北京市宏观经济与社会发展基础数据库. http://www.bjhgk.gov.cn/ww/documentDital.action?docCode=t20160120_333078.
2. 谢银波. 去年深圳居民人均可支配收入 44 633 元[N/OL]. 晶报(2016-2-25). http://jb.sznews.com/html/2016-02/25/content_3464886.htm.
3. 叶青，王若若. 2015 沈阳民生账单 这些数字和您有关[N/OL]. 沈阳日报(2016-01-08). http://www.shenyang.gov.cn/zwgk/system/2016/01/08/010139874.shtml.
4. 陕西省统计局. 西安：居民收入持续增长消费水平不断提高[EB/OL]. 陕西省统计局网站. http://www.shaanxitj.gov.cn/site/1/html/126/131/139/12538.htm.
5. 郑州市统计局. 2015 年郑州市国民经济和社会发展统计公报[EB/OL]. 河南省统计局网站. http://www.ha.stats.gov.cn/sitesources/hntj/page_pc/tjfw/tjgb/sxsgb/articleb0f2faedb41f4d7a943297ce 378b2d08.html.
6. 侯爱敏. 过去 5 年郑州人的钱都花哪儿了[N/OL]. 郑州日报(2016-3-30). http://roll.sohu.com/20160330/n442769465.shtml.
7. 广州市统计局. 2015 年广州市国民经济和社会发展统计公报[N/OL]. 广州统计信息网. http://www.gzstats.gov.cn/tjgb/qstjgb/201604/P020160401484601437996.doc.
8. 重庆市统计局. 2015 年重庆市国民经济和社会发展统计公报[N/OL]. 重庆统计信息网. http://www.cqtj.gov.cn/tjsj/sjzl/tjgb/201603/t20160311_423854.htm.
9. 平均地铁站间距数据来源：http://mic-ro.com.

3）客流繁忙的城市

2015年已开通轨道交通城市的总线网数量、长度不同，线网密度、平均站间距离也差别较大，因此客流繁忙的城市单从日均客流量或单日最高客流量等指标不能反映实际问题，故采用每公里日均客流强度指标评判轨道交通运输单位效能（图3-7）。

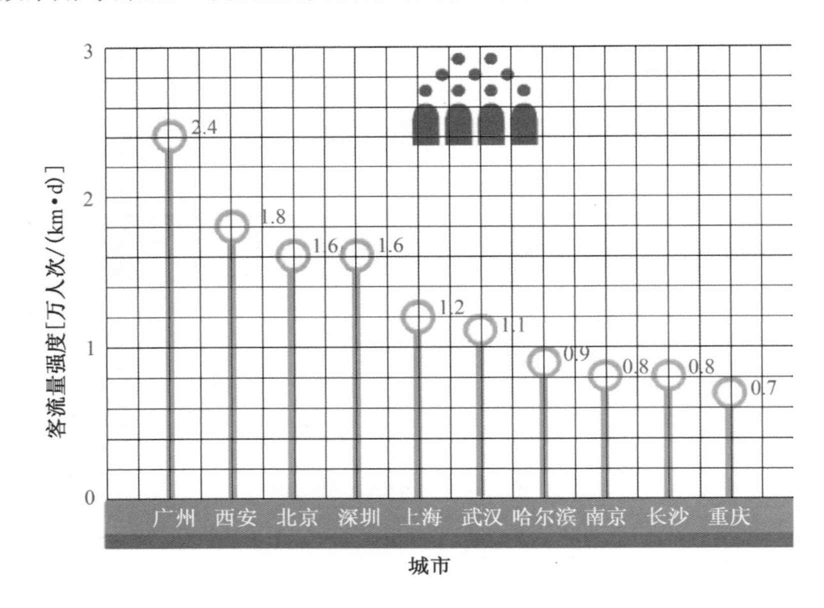

图3-7　每公里日均客流量强度TOP10城市[万人次/(km·d)]

客流繁忙的城市排名与其轨道交通建设发达程度基本吻合，而运营里程较短的三座省会城市西安、哈尔滨、长沙凭借其高运输效能进入前十。

西安和哈尔滨是中国历史文化名城和热门旅游城市，地铁作为主要公共交通工具需求较大。地铁穿越老城区主要行政中心与公共服务设施，沿线遍布景点，尤其是哈尔滨地铁连接火车站、众多大学与医院。截至2015年底，长沙地铁仅运营一条线路，但是由于地铁连接2座火车站并跨越湘江贯通城市东西，居民出行使用率较高，因而显示出较高的单位效能。

4）运营单位综合排名TOP5

（1）最繁忙的运营单位：

广州市地下铁道总公司；

上海申通地铁集团有限公司；

北京市地铁运营有限公司；

深圳市地铁集团有限公司；

重庆市轨道交通（集团）有限公司。

(2) 岗位最多的运营单位：

上海申通地铁集团有限公司；

北京市地铁运营有限公司、北京京港地铁有限公司；

广州市地下铁道总公司；

南京地铁集团有限公司；

深圳市地铁集团有限公司、港铁轨道交通(深圳)有限公司。

3.1.5 勘察设计单位

中国城市轨道线网咨询和规划设计业务方面，虽然领头羊仍是北京城建设计发展集团以及“中”字头勘察设计单位，但几家独大的局面不复存在，多家分天下的市场格局已初步形成。

综合各单位资质、人员实力、业务营业额、业务比例等各方面指标，地铁勘察设计市场竞争优势强的单位主要有 12 家，参见表 3-5。

表 3-5 全国主要地铁勘察设计单位

序号	勘察设计单位名称
1	北京城建设计发展集团有限公司
2	中铁第一勘察设计院集团有限公司
3	中铁二院工程集团有限责任公司
4	铁道第三勘察设计院集团有限公司
5	中铁第四勘察设计院集团有限公司
6	中铁第五勘察设计院集团有限公司
7	上海市隧道工程轨道交通设计研究院
8	中铁上海设计院集团有限公司
9	上海市城市建设设计研究总院
10	中铁隧道勘测设计院有限公司
11	广州地铁设计研究院有限公司
12	中铁工程设计咨询集团有限公司

由图 3-8 中 12 个地铁勘察设计单位的总部、分院(需涉及地铁勘察)以及业务分布的规律来看，地铁勘察设计的市场具有独特性。总部分布在中西部城市的单位，业务分布局限性较大，业务主要分布在 800 km 辐射圈内，少量业务分布在东部地区。

总部分布在北、上、广的单位，业务范围较广，灵活性强，地域对其业务开展影响较小，市场面广，中部、西部、东部及东北地区均有业务涉及。

图 3-8　主要地铁勘察设计单位所在地及业务分布

这 12 个设计单位，尤其是"中"字打头的设计单位，其业务主要以地铁勘察设计总包为主，辅以站点设计；而地方单位，则以站点设计为主，如上海市隧道工程轨道交通设计研究院、广州地铁设计研究院等。参见图 3-9—图 3-11。

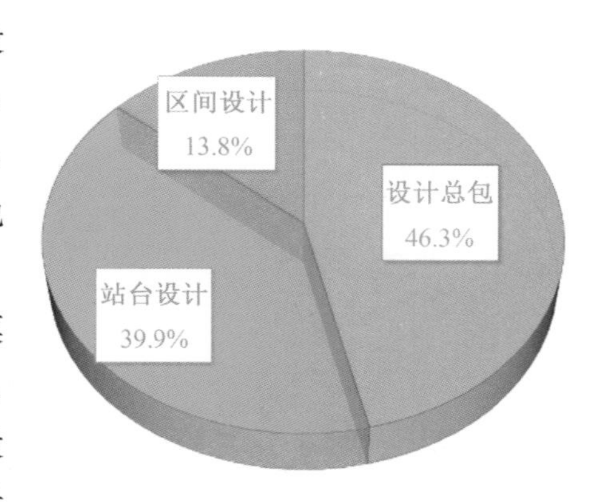

图 3-9　12 家设计单位地铁勘察设计业务结构

近年来，中国内地提倡向香港的地铁运营模式学习，未来地铁周边的物业开发将会是热门。地铁勘察设计将不再局限于线路走向及站点设计等内容，周边地块地下空间开发及综合体设计等内容将会是一个巨大的市场。

地方设计院的优势在于熟知所在地的水文地质、文化底蕴、发展建设等，在站点设计及周边地下空间开发规划等方面，能够充分融合当地特色，贴近实际需求。

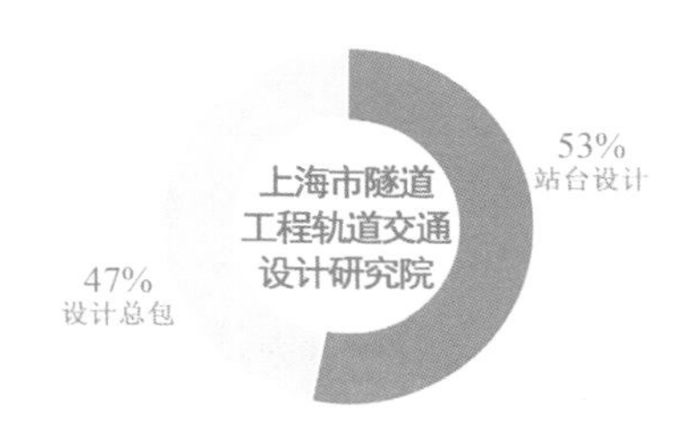

图 3-10 上海市隧道工程轨道交通设计研究院地铁勘察设计业务结构

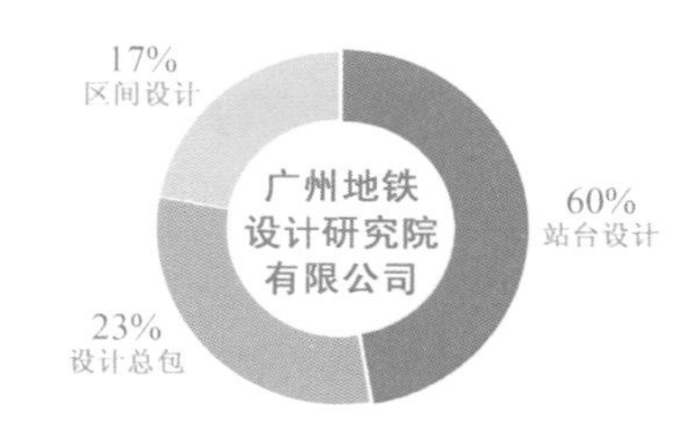

图 3-11 广州地铁设计研究院有限公司地铁勘察设计业务结构

地下空间设计院在地下空间开发、设计等方面有着丰富的经验，能够从地下空间资源、需求特征、文化意向、基础设施、历史文化保护等方面综合考虑进行规划设计，尤其是在站点、枢纽节点与周边地块地下空间开发，针对功能布局、开发强度、地铁站点类型等元素和道路等级、流量等问题，突出地下空间开发重点内容和控制指标等。

各单位的网站内容中，从团队的专业性、技术力量、人员配备以及专业市场的稳定性等方面来看，近几年地下空间规划市场中，占有一定份额的单位有(排名不分先后)：

TEC 隧道股份 上海市地下空间设计研究总院有限公司
SHANGHAI UNDERGROUND SPACE ARCHITECTURAL DESIGN & RESEARCH INSTITUTE

慧龙规划网 · 地下空间

上海市政工程设计研究总院（集团）有限公司
SHANGHAI MUNICIPAL ENGINEERING DESIGN INSTITUTE (GROUP) CO.,LTD.

3.1.6 市场投资

1) 2015 年城市轨道交通新增开工投资

(1) 总投资额

根据国家发改委、中国轨道交通网数据统计，2015 年新增开工轨道交通的投资额按季度呈阶梯状递进攀高(图 3-12)。

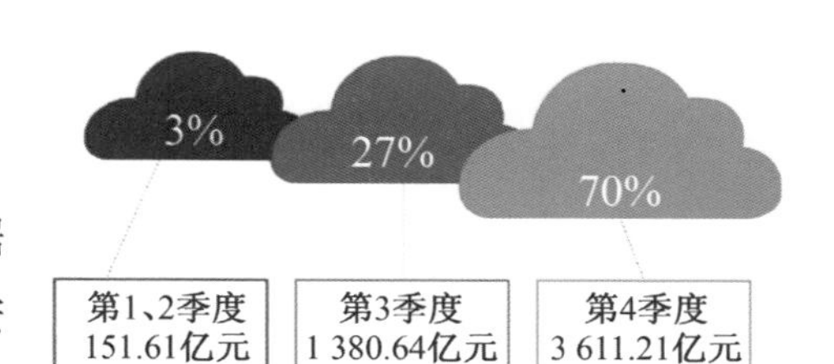

图 3-12 2015 年新增开工轨道交通投资额季度分析图

数据来源：中国轨道交通网；有轨电车、市域铁路不计入统计

根据中国轨道交通网数据统计，截至 2014 年底，全国共有 17 条线路开工建设，在此背景下，2015 年第一、二季度开工的新线

路有所回落，开工线路少，里程短，因此投资额也相对较少。

但随后第三季度轨道交通市场突飞猛进，市场份额过千亿元，达 1 380 亿元；之后第四季度轨道交通市场再攀高峰，由于有 17 条全新线路开通，车站多，投资大，市场份额高达 3 600 亿元，投资额占全年的 70%。

(2) 各城市投资情况

2015 年全国共 18 个城市新增开工建设轨道交通，投资总额高达 5 143 亿元，城市单位里程投资均额接近，为 6.8 亿～7.0 亿元。其中投资额最高的是成都市，全年有 2 条全新线路开工，建设里程最长，投资额达 835 亿元；投资额最低的是杭州市，全年新开工里程最短，投资额约 79 亿元(图 3-13)。

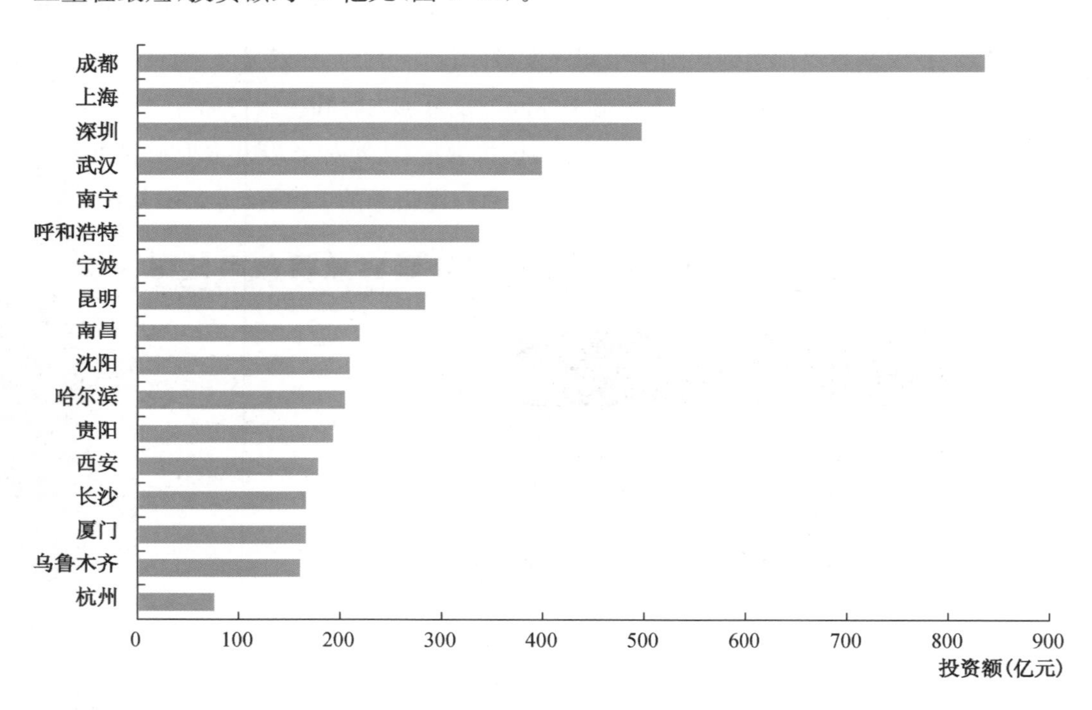

图 3-13　2015 年中国城市轨道交通新增开工城市投资概况图

资料来源：中国轨道交通网，有轨电车、市域铁路不计入统计

2) 2015 年获批城市轨道交通项目投资

(1) 概况

据国家发改委批复的城市轨道交通项目投资数据统计，2015 年全国共有 15 个城市的轨道交通近期建设规划项目获批(表 3-6)，投资总额达 1.09 万亿元，其中资本金比例 30%～50%，由各市财政资金解决，资本金以外的资金利用国内银行贷款等融资方式解决。总里程 1 597.5 km，其中地下部分里程为 1 211.6 km，经济技术指标为6.85亿元/km。

15 座城市中，北京市获批的二期建设规划中轨道交通投资额最高，达 2 100 亿元，其里程也为所有城市中最长，总长度达 262.9 km；广州获批的轨道交通 7 号线一期工程投资最低，约 90 亿元，其建设里程最短，总长度为 13.3 km。

获批城市轨道交通中，经济技术指标最高的城市为深圳、北京，均超过了 8 亿元/km，车站密度大、建设市场容量大是这两个城市的轨道交通经济技术指标高于其他城市的主要原因。

表 3-6 2015 年全国获批的城市轨道交通建设规划

获批城市轨道交通项目	总里程（km）	地下段里程（km）	投资金额（亿元）	车站数（座）	单位里程投资（亿元/km）	单位里程车站数（座/km）
济南市城市轨道交通近期建设规划（2015—2019 年）	80.6	46.6	437.2	34	5.42	2.37
成都市城市轨道交通近期建设规划（2013—2020 年）调整方案	79.1	65.6	467.2	25	5.91	3.16
南宁市城市轨道交通近期建设规划（2015—2021 年）	75.1	75.1	529.37	59	7.05	1.27
呼和浩特市城市轨道交通近期建设规划（2015—2020 年）	51.4	42	338.81	43	6.59	1.20
南昌市城市轨道交通二期建设规划（2015—2021 年）	82.3	76.3	610.9	60	7.42	1.37
南京市城市轨道交通第二期建设规划（2015—2020 年）	157.2	156.7	1 202.2	104	7.65	1.51
长春市城市轨道交通近期建设规划（2010—2019 年）	28.7	15.3	148.6	23	5.18	1.25
武汉市城市轨道交通第三期建设规划（2015—2021 年）	173.5	133.1	1 148.9	103	6.62	1.68
北京市城市轨道交通第二期建设规划（2015—2021 年）	262.9	188.7	2 122.8	120	8.07	2.19
天津市城市轨道交通第二期建设规划（2015—2020 年）	228.1	157.7	1 794.33	150	7.87	1.52
深圳市城市轨道交通第三期建设规划（2011—2020 年）	85.1	72.8	730.6	65	8.59	1.31
广州市轨道交通 7 号线一期工程（2015 年）方案调整	13.3	13.3	89.63	7	6.74	1.9
大连市城市轨道交通第二期建设规划（2015—2020 年）	170.1	66.8	529.04	49	3.11	3.47
石家庄市城市轨道交通近期建设规划（2012—2021 年）调整方案	20.8	20.8	131.96	12	6.34	1.73
福州市城市轨道交通第二期建设规划（2015—2021 年）	89.3	80.8	654.4	61	7.33	1.46

资料来源：中华人民共和国国家发展和改革委员会官网。

(2) 投资梯队

2015 年国家发改委的公开数据显示,当年获批城市轨道交通项目的所在城市中武汉、南京、天津、北京四个城市投资额最高,获批建设里程最长。其中,北京、天津、武汉进一步落实建设发展规划,轨道交通发展日趋成熟,建设量仍较大;南京正处于轨道交通建设快速发展期,近 2 年建设强度大。其他城市获批的是一条线或方案调整规划,建设里程短,车站密度小,因此投资额也相对低。

据此,将当年获批轨道交通项目的城市按照投资总额的大小分为 3 个梯队(图 3-14):

第一梯队,投资总额在 1 000 亿元(含)以上,主要城市包括武汉、南京、天津、北京;

第二梯队,投资总额为 500 亿(含)~1 000 亿元,主要城市包括大连、南宁、南昌、深圳;

第三梯队,投资总额在 500 亿元以下,主要城市包括广州、长春、呼和浩特、济南、成都、石家庄、福州。

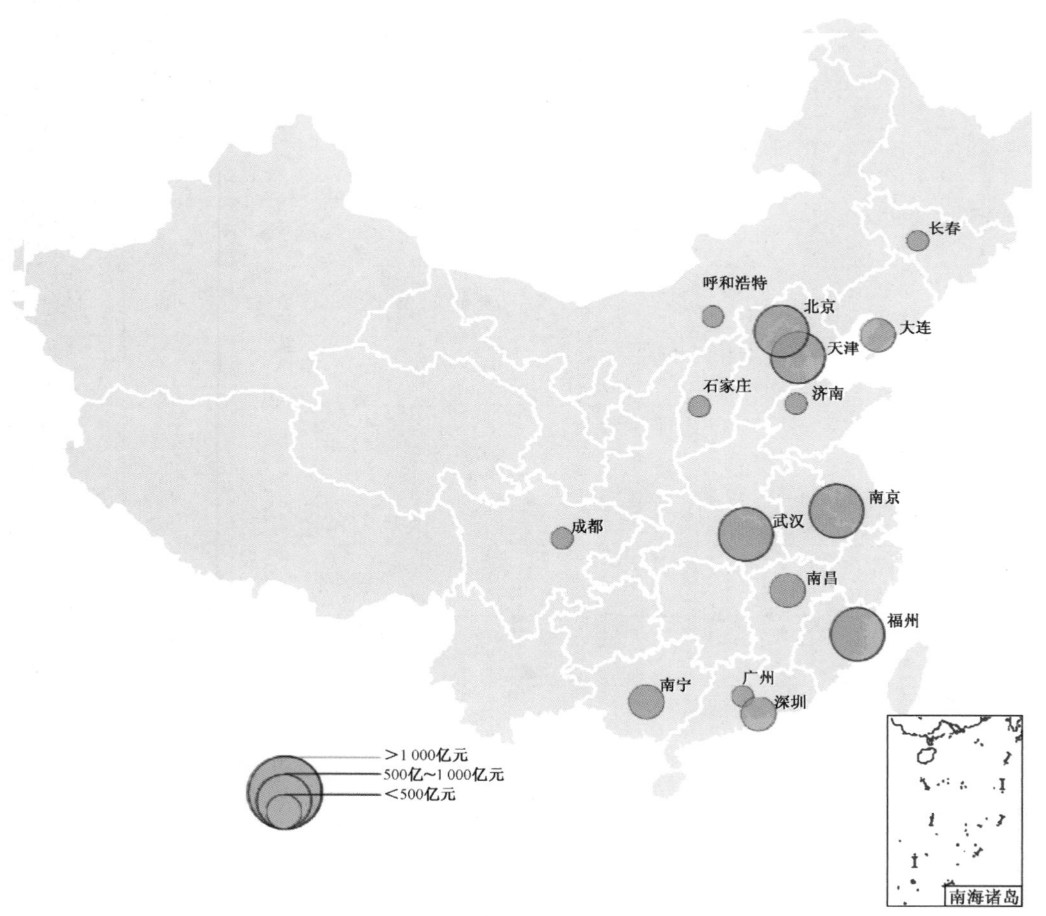

图 3-14　2015 年国家发改委批复的城市轨道项目投资分级图

3.2 地下市政行业与市场

3.2.1 城市地下综合管廊

2013 年以来，国务院先后印发了《国务院关于加强城市基础设施建设的意见》(国发〔2013〕36 号)、《国务院办公厅关于加强城市地下管线建设管理的指导意见》(国办发〔2014〕27 号)，作为城市基础设施建设的重要着力点，城市地下综合管廊建设得到国务院高度重视。2015 年国务院颁发了《国务院办公厅关于推进城市地下综合管廊建设的指导意见》(国办发〔2015〕61 号)，并着手部署开展城市地下综合管廊建设试点城市申请的工作。

1) 行业发展概况

21 世纪初，北京、上海、广州等城市结合重点地区探索建设地下综合管廊。近年来，石家庄、沈阳、青岛、无锡、珠海、武汉、深圳、郑州、长沙、海口、合肥、苏州、西安、厦门、哈尔滨等大中城市都在积极规划设计和开展地下综合管廊建设实践，取得了较好的综合效益(图 3-15)。作为城市重大基础设施和生命线工程的综合管廊，中国目前的总体建设长度和建设密度与国外仍有一定的差距。

图 3-15 截至 2015 年底已建地下综合管廊城市分布

2015 年，住房和城乡建设部、财政部共同确定了沈阳、哈尔滨、长沙、海口、厦门、包头、苏州、十堰、六盘水、白银等 10 个城市开展试点，计划 3 年内建设地下综合管廊 389 km，总投资 351 亿元。

据初步统计，2015 年全国共有 69 个城市启动地下综合管廊建设项目约 1 000 km，总投资额约 880 亿元（图 3-16）。此外，吉林省已与住房和城乡建设部签订协议，将吉林省设立为全国城市地下综合管廊试点省，在全省组织开展城市地下综合管廊试点工作，2015—2020 年计划建设完成 1 000 km 地下综合管廊，总投资1 000 亿元。①

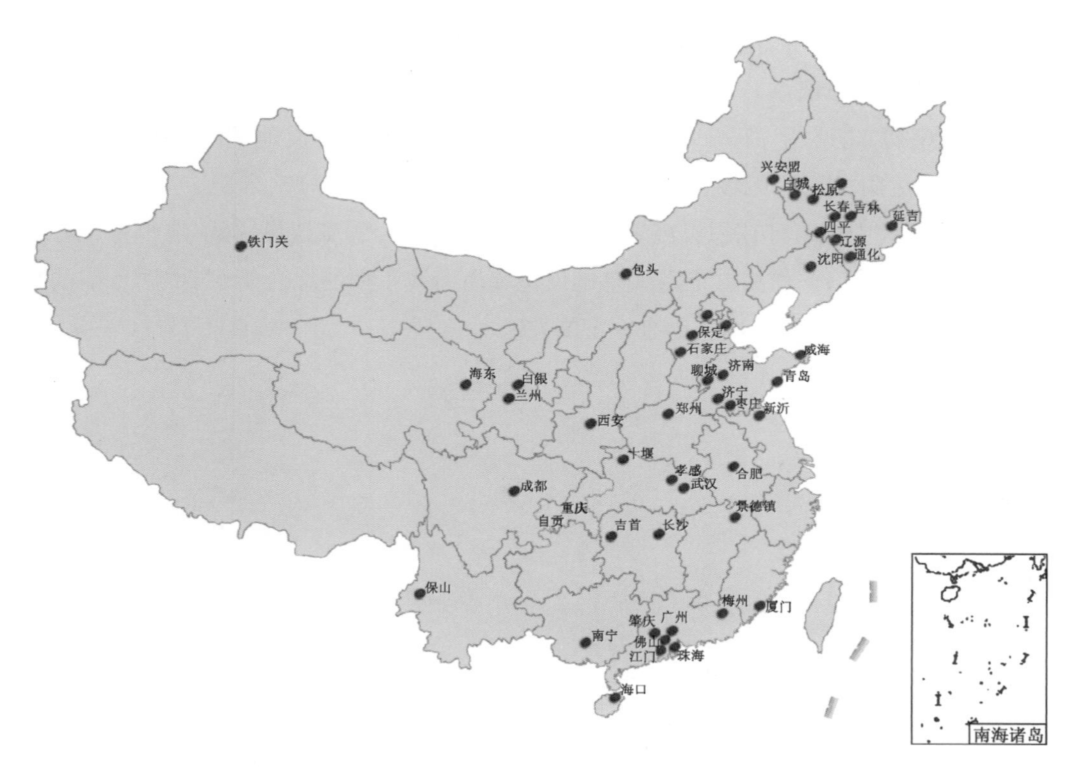

图 3-16　截至 2015 年底在建地下综合管廊城市分布

2）2015 年地下综合管廊大事件

2015 年地下综合管廊大事件如图 3-17 所示。

① 住房和城乡建设部. 国务院政策例行吹风会材料 城市地下综合管廊建设稳步推进[EB/OL]. 中国网(2015-07-31). http://www.china.com.cn/zhibo/zhuanti/ch-xinwen/2015-07/31/content_36193850.htm.

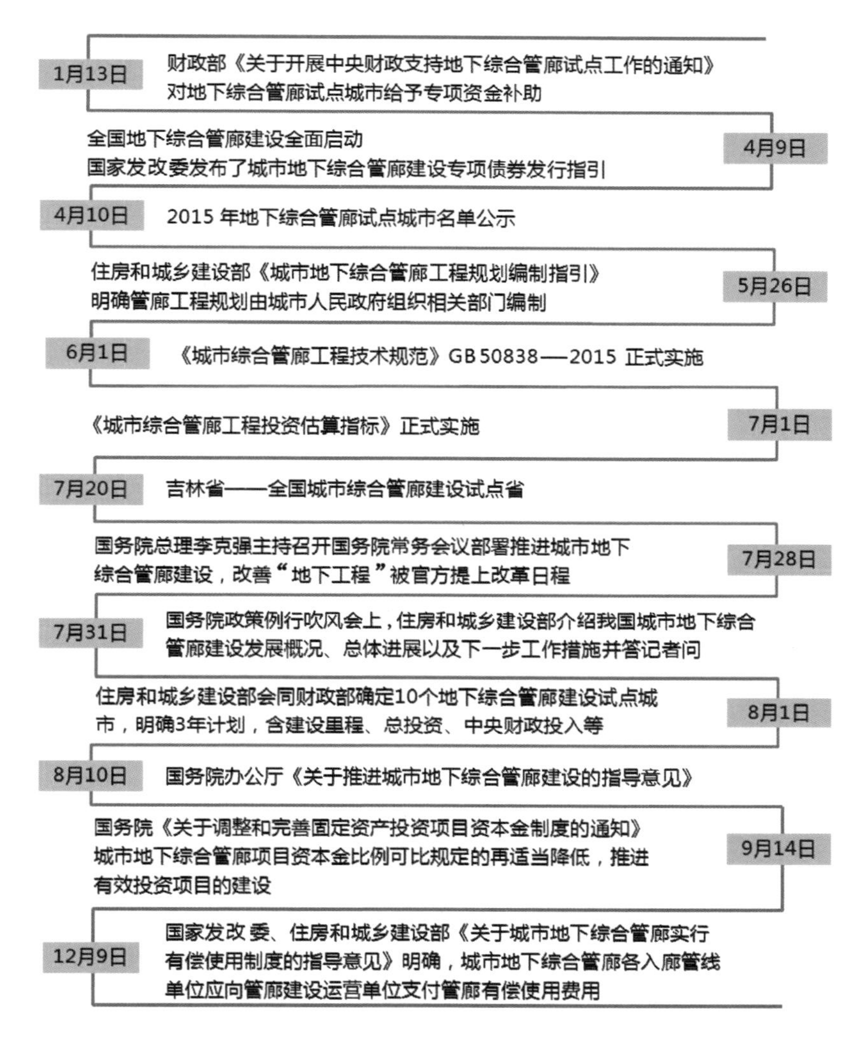

图 3-17　2015 年地下综合管廊大事件

3）地下综合管廊经济指标

地下综合管廊在廊体单位公里造价在 0.56 亿～1.31 亿元之间(图 3-18)。地下综合管廊分为廊体和管线，廊体造价与断面面积和舱位数量有关，按照国家试行投资标准估算，断面面积 10～20 m^2、1 舱位的廊体 1 km 造价约为 0.56 亿元；断面面积 35～45 m^2、4 舱位的廊体 1 km 造价约为 1.31 亿元，断面面积越大、舱位数量越多，造价越高①。

① 兴业银行. 谈谈“地下管廊”万亿投资背后的数据真相[EB/OL]. 证券研究报告(2015-08-16). http://55188.com/thread-7118480-1-1.html.

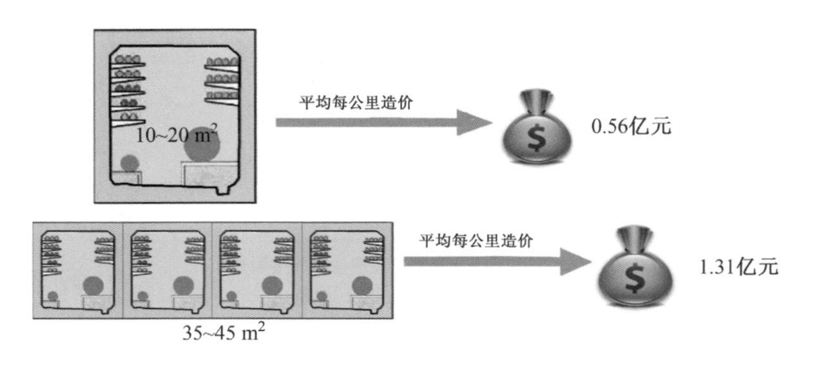

图 3-18　地下综合管廊廊体单位公里造价示意图

在“十三五”期间，国内将大规模建设综合管廊，但各个城市不应一味地攀比综合管廊建设的长度和大小，应根据城市发展需求、空间布局、土地利用、道路布局以及道路内各种管线改、扩建计划，合理确定综合管廊断面形式、舱体大小以及尺寸。

4）拉动经济有效增长

以断面面积 20～35 m²、2 舱的廊体为计算标准（图 3-19），每公里地下综合管廊的施工成本占比约为 49.83%，材料费用占比约为 35.06%，其余为设备购置费与基本预备费（基本预备费是指在投资估算阶段不可预见的工程费用）①（图 3-20）。

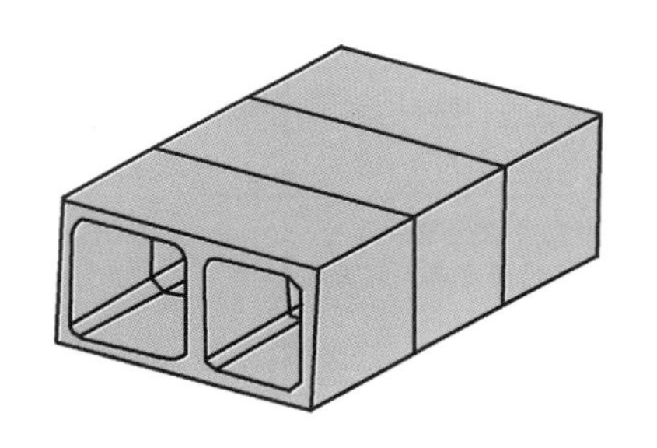

图 3-19　综合管廊 2 舱廊体断面

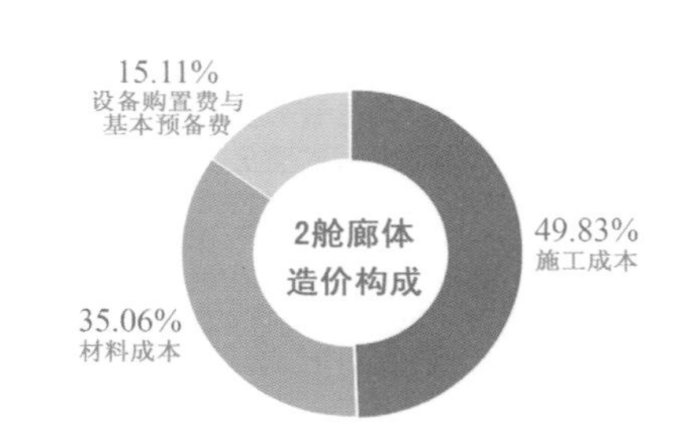

图 3-20　综合管廊 2 舱廊体造价构成

综合管廊建设对拉动经济增长作用明显。“十三五”期间，吉林省将新建 1 000 km 的综合管廊，假设每年新建 200 km，2 舱位的廊体 1 km 造价约为 0.8 亿元，总计就是 160 亿元投资。全国有 4 个直辖市，23 个省，5 个自治区，全国每年约有 4 000 亿元的投资额；再加上综合管廊的建设对钢材、水泥、机械设备以及人力等方面的需求，拉动经济增长的作用显著。

① 张旭东. 最全投资小报告：六点读懂万亿级地下管廊大市场[EB/OL]. 第一财经（2015-09-23）. http://www.yicai.com/NEWS/4689519.HTML.

5）规划设计单位

综合管廊的规划设计涵盖管廊线网布局、管廊样式的选择、入廊管线的考虑、建设时序、经济造价以及与地下空间设施避让等多方面内容，综合性、专业性极强，同时对地下空间方面知识储备要求较高。

中国地下综合管廊规模化建设发展刚起步，相对于管廊建设成熟的国家和地区，整体规划设计水平良莠不齐。总览目前国内的地下综合管廊规划设计单位，大部分为市政设计出身，缺乏专业从事地下综合管廊的理论研究机构与设计团队。市政设计院虽然在市政管线及场站规划设计经验丰富，但综合管廊的从业经验通常较为欠缺。

6）市场投资

（1）2015—2017 年试点城市投资

2015 年，国务院确定了 10 个地下综合管廊建设试点城市，并计划 3 年内建设地下综合管廊 373.2 km（2015 年开工 190 km），总投资 351 亿元，其中中央财政投入 102 亿元，地方政府投入 56 亿元，拉动社会投资约 193 亿元[①]。参见表 3-7、图 3-21。

表 3-7 2015—2017 年试点城市地下综合管廊建设一览表

城市	3 年建设长度（km）	建设条数（条）	总投资（亿元）	中央财政补贴（亿元）	采用 PPP 模式额外奖励资金（亿元）	省市配套资金（亿元）	社会投资（亿元）
白银	26.3	7	22.38	9	1.2	3	9.18
哈尔滨	25.0	12	30.00*	12	1.2	—	—
苏州	31.2	5	39.30	9	—	—	—
厦门	22.7	—	19.61	9	—	9	—
海口	43.2	—	38.47	12	—	17.23	9.24
六盘水	40.0	15	29.94	9	1.2	—	—
沈阳	36.2	3	53.48*	12	1.2	—	—
包头	34.4	—	23.37	9	—	4	10.37
长沙	62.6	15	55.95	12	1.2	—	—
十堰	51.6	13	50.51	9	1.2	3	16.1
合计	373.2	70	363.01	102	7.2	36.23	44.89

注：表中数据均来自各城市官网公开数据，部分数据暂缺；表中加“*”的数据为估算值。

① 中国政府网．国务院政策吹风会：住房和城乡建设部副部长陆克华、旅游局副局长吴文学介绍推进地下综合管廊建设及促进旅游消费和投资有关政策答记者问[EB/OL]．中华人民共和国住房和城乡建设部（2015-07-31）．http://www.mohurd.gov.cn/jsbfld/201507/t20150731_223141.html.

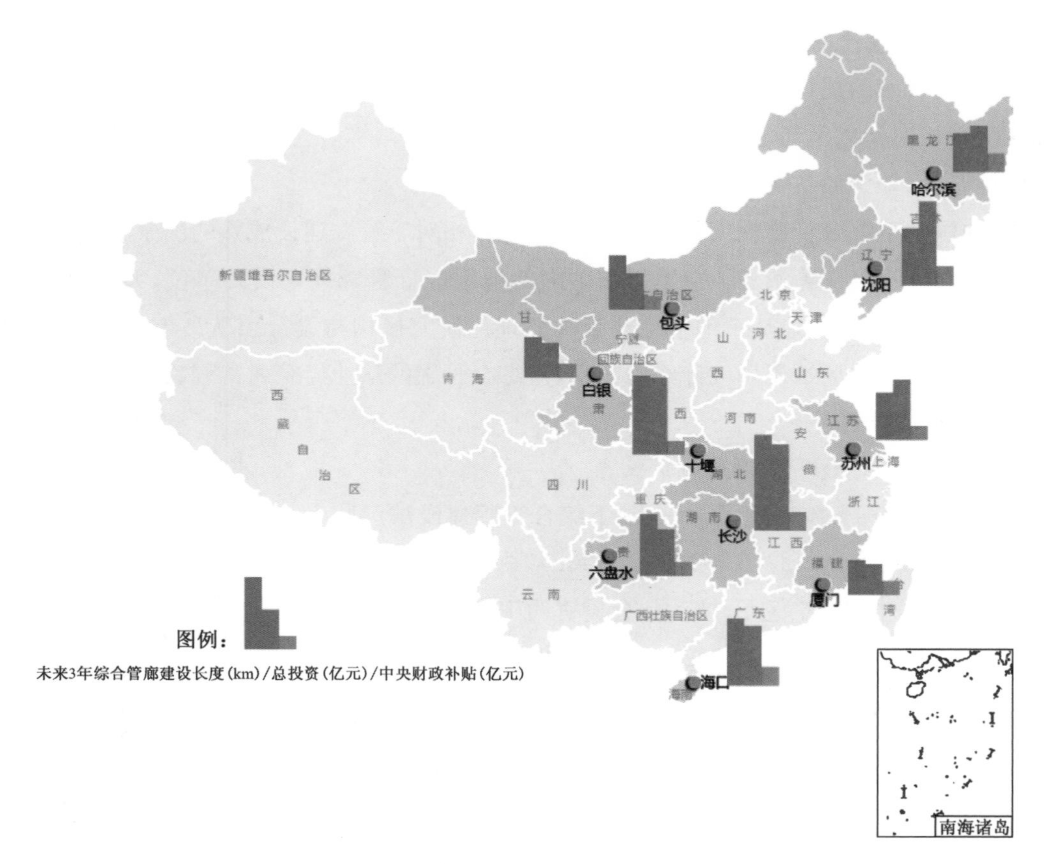

图 3-21　2015—2017 年试点城市地下综合管廊建设概况及投资统计

2015 年是“十二五”规划收官之年，同时也是“十三五”规划谋划之年，随着“十三五”规划的推进，各地开始新一轮城市总体规划修编，根据住房和城乡建设部最新印发的《城市地下综合管廊工程规划编制指引》，要求“管廊工程规划期限应与城市总体规划期限一致，建设目标和重点任务应纳入国民经济和社会发展规划”。全国各地掀起一股“地下市政管线排查”狂潮，为城市地下综合管廊规划编制工作奠定了基础。

(2) 2015 年试点城市投资情况

2015 年，10 个试点城市已开工建设 87 km，总投资 98 亿元。其中沈阳 2015 年度地下综合管廊建设长度最长、总投资最高，建设进度遥遥领先于其他试点城市，但相对于试点城市三年建设目标，总进度仍显滞后。参见图 3-22、图 3-23。

2015 年是地下综合管廊试点城市申请首创之年，沈阳、哈尔滨、海口、十堰、厦门、包头、苏州、白银、长沙、六盘水是首批地下综合管廊建设试点城市，虽然成功申请，但由于各地 PPP 模式的经验不足，导致前期准备工作过长，社会资本对地下综合管廊的投资多数仍处于观望，不熟悉政策导向，项目难以落地，难免建设滞后。

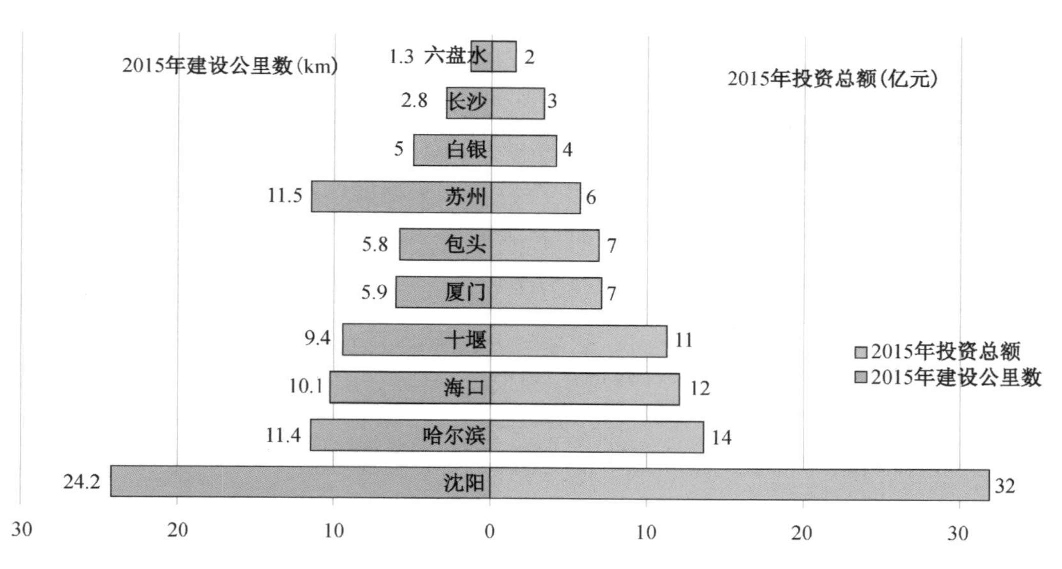

图 3-22 2015 年试点城市地下综合管廊投资额与建设里程比较

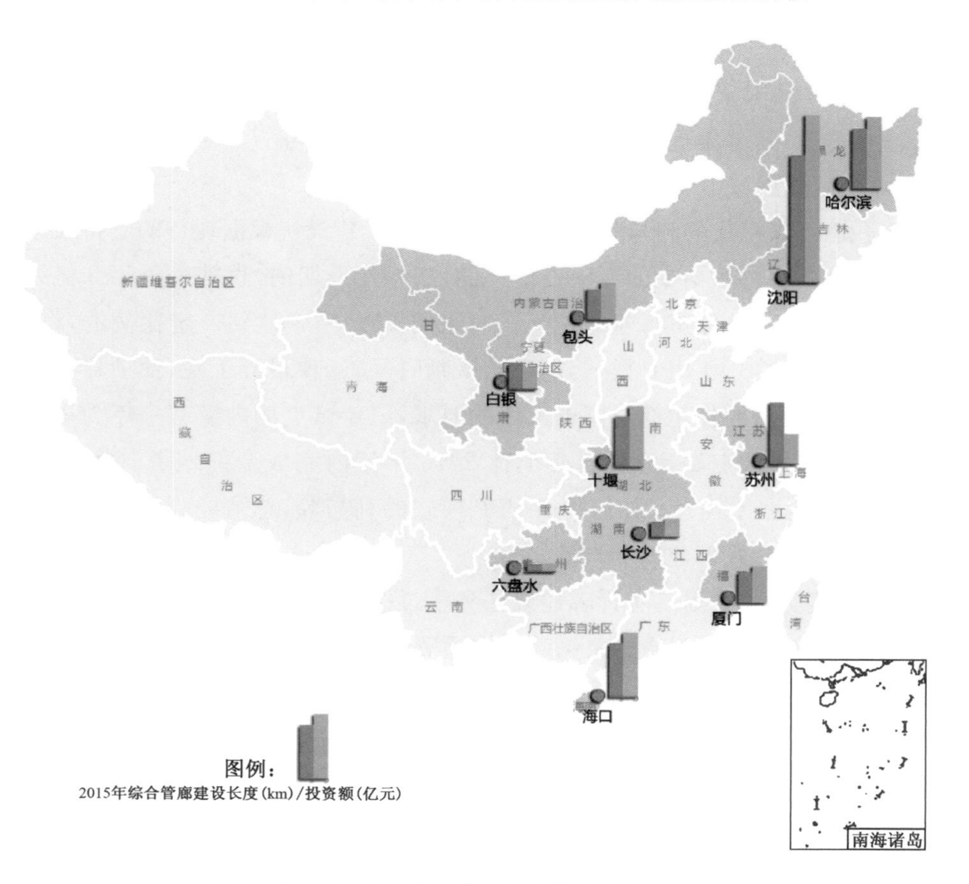

图 3-23 2015 年试点城市地下综合管廊投资与建设统计

(3) 小结

① 政策推动,社会资本为地下综合管廊建设注入新动力

2015 年 11 月 26 日,国家发改委、住建部联合发布了《关于城市地下综合管廊实行有偿使用制度的指导意见》,其中规定,各入廊管线单位应向管廊建设运营单位支付管廊有偿使用费用,该费用包括入廊费和日常维护费,主要用于弥补管廊建设成本和日常维护管理成本。由于有了入廊费和平时的维护费等收入回报,调动了社会资本参与管廊建设的积极性。

② 地下综合管廊债券的发行为管廊建设注入强心剂

2015 年 3 月 31 日国家发改委办公厅发布的《城市地下综合管廊建设专项债券发行指引》中明确表示"鼓励地下综合管廊项目发行可持续债券","对于具有稳定偿债资金来源的地下综合管廊建设项目,可按照融资—投资建设—回收资金封闭运行的模式,开展项目收益债券试点"。专项债券的发行,开创了地下综合管廊建设融资期限长、规模大、成本低的先河,为地下综合管廊建设资金落实提供了保障。

2015 年 10 月国家发改委首次批复陕西省西咸新区沣西新城综合管廊(一期)项目收益专项债券发行,募集规模不超过 5 亿元,发行期为 10 年[①]。

③ 对今后试点城市建设地下综合管廊的启发

A. 平衡 PPP 模式的利与弊,推进地下综合管廊建设。根据现行的支持政策,试点城市能够得到中央财政给予的专项资金补助,三年建设期内,直辖市每年 5 亿元,省会城市每年 4 亿元,其他城市每年 3 亿元。对采用 PPP 模式达到一定比例的,将按上述补助基数奖励 10%。但 PPP 模式,前期的谈判时间长,项目开工晚,使项目在 2015 年建设比较滞后,而按照住建部对试点工作的要求,三年试点期内应有一年为运营期,这意味着,对于部分试点城市来说,必须在 2016 年年内完成全部地下管廊建设,这让 2016 年的工作压力比较大。如何平衡 PPP 模式的利与弊,总结经验教训,推进综合管廊建设进度,是今后管廊建设的当务之急。

B. 资金落实后,更要落实管廊建设任务。过去一年,国家对地下综合管廊建设十分重视,地下综合管廊项目有中央财政的专项资金支持、贷款支持,由政府保底,资金的落实已经没有问题,根据 2015 年试点城市地下综合管廊的建设进度,目前管廊建设滞后,建设任务还没落实好。如何将管廊建设任务按时保质地落实,是今后管廊建设亟待解决的问题。

---

① 魏晓飞. 沣西新城 5 亿元项目收益专项债获批[N/OL]. 华商报电子版:B4(2015-10-16). http://ehsb.hsw.cn/shtml/hsb/20151016/549233.shtml.

C. 建立健全管廊建设的运营收费机制。建立科学的收费机制是当务之急。国内综合管廊建设刚起步，运作体制和管理机制都处于探索阶段，从政策上讲，国家主张管廊建设运营收费，但收费的体制和机制建立是难题。

合理确定各类管线的入廊费用及管廊维护费用、争取央企性质管线权属单位对地方综合管廊建设的政策支持、制定促进管线权属单位积极入廊的配套政策规定，是目前亟待解决的几大问题。

④ 避免行业无序竞争

自“管廊热”兴起之后，地下综合管廊市场上跟风式地迅速涌现了一大批规划编制单位以及施工建设单位。但是尚未发展成熟的综合管廊市场并不能容纳过多技术团队，其中不乏并不具备地下综合管廊规划设计、施工资质和水平的单位，甚至有些团队对地下综合管廊的施工标准并不熟知，但是为了赶上地下综合管廊市场发展的大潮、赶上国家政策补贴的秋风，纷纷进军地下综合管廊市场，因此委托单位在招标规划编制单位和施工单位时，要重质量、抓水平，避免行业的无序竞争。

3.2.2 其他地下市政基础设施

为了从根本上有效减轻环境污染状况，实现资源的高效利用和循环利用，增强国际竞争力，循环经济、低碳经济已成为中国经济发展主流模式。以下选取 2 个最具代表性的有关地下空间的基础设施，剖析其行业与市场发展。

1) 地源/水源热泵系统

地源/水源热泵系统通过吸收大地的能量，包括土壤、井水、湖泊等天然能源，冬季从大地吸收热量，夏季向大地释放热量，再由热泵机组向建筑物供冷供热。该系统和常规的供热空调系统相比大约节能 50%，是一种利用可再生能源、高效节能、无污染的新型空调系统，可广泛应用于商业楼宇、公共建筑、住宅、学校和医院等建筑物。

地源热泵使用的城市分布如图 3-24 所示，水源热泵使用的城市分布如图 3-25 所示。

(1) 行业发展

据空调制冷大市场统计数据显示，2012 年全国地源/水源热泵机组市场总量约为 33.8 亿元，同比增长 25.3%，是 2012 年中央空调市场增长最快的产品之一，并连续 5 年以超过 20%的增长率不断扩大市场。中国地源/水源热泵经过十多年的发展，目前中国地源热泵的应用排名仅次于美国，居世界第 2 位，现已广泛应用于办公楼、宾馆、学校、医院、饭店、商场、别墅、住宅等领域。

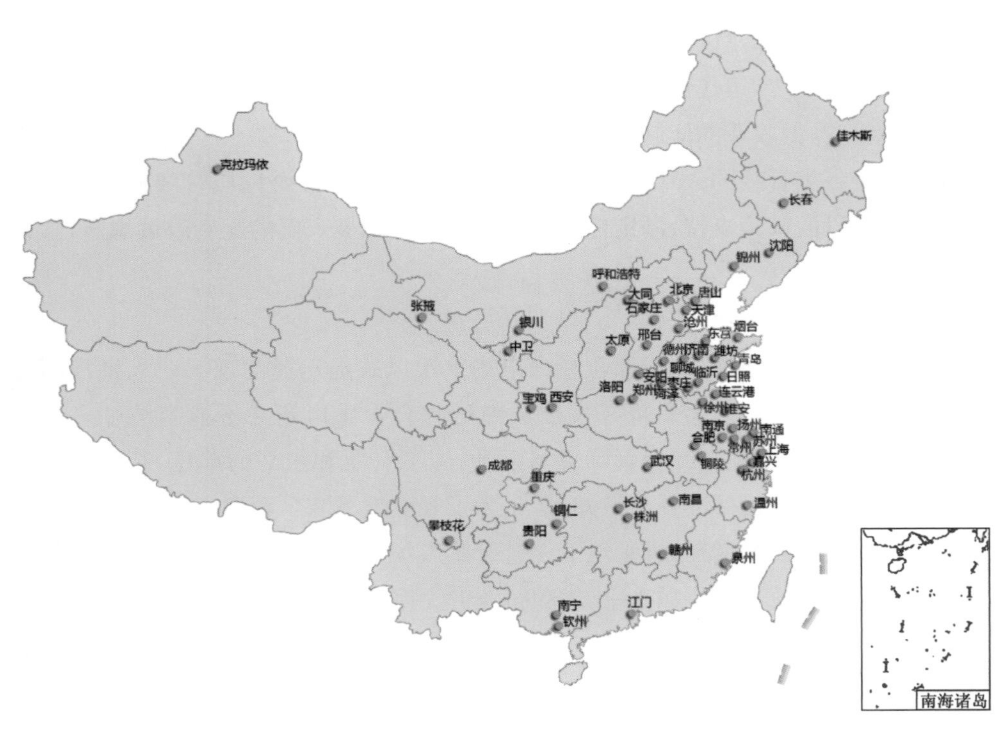

图 3-24　地源热泵使用城市分布图

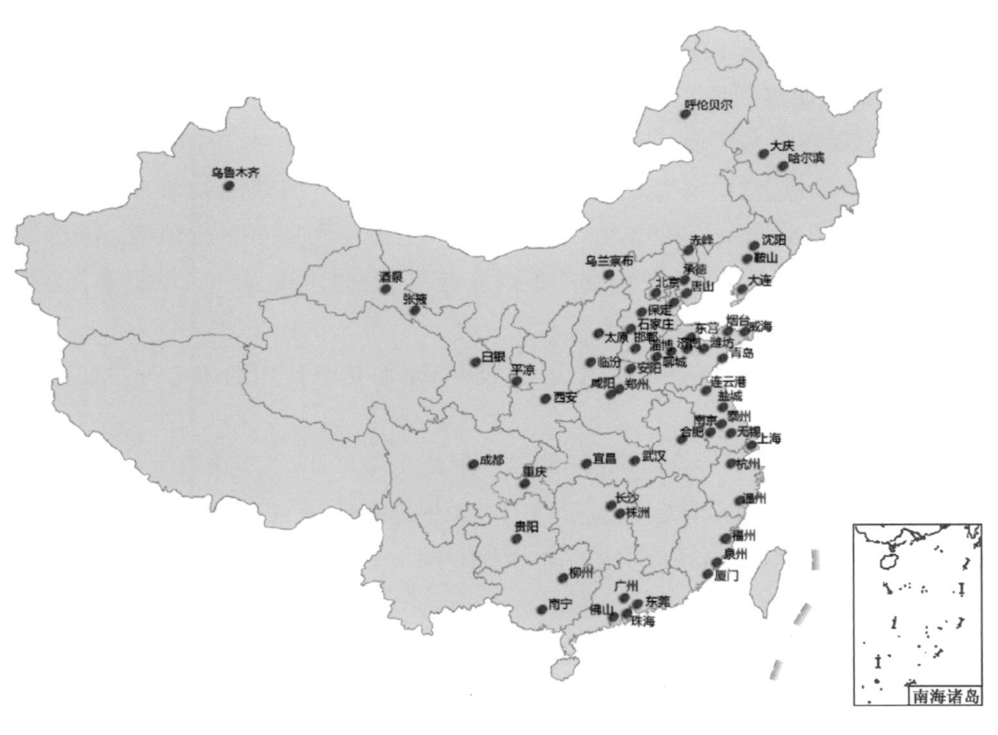

图 3-25　水源热泵使用城市分布图

2015年底,《中共中央关于制定国民经济和社会发展第十三个五年规划的建议》中提出"创新、协调、绿色、开放、共享"的发展理念,描绘出未来5年中国发展新蓝图。在绿色发展篇章中明确提出,"推进能源革命,加快能源技术创新,建设清洁低碳、安全高效的现代能源体系。提高非化石能源比重……加快发展风能、太阳能、生物质能、水能、地热能",在随后国家相关部委出台了一系列鼓励新能源产业发展的政策文件。因此,作为绿色低碳的新能源利用的重要途径之一,以地源/水源热泵系统为主导的地下能源利用行业,在相当长的时间内仍会保持稳定发展的市场前景。

为推动行业发展,中国启动了"十三五"国家能源发展规划编制,国家能源局委托中国能源研究会地热专业委员会进行了浅层地热能开发利用产业发展研究,"初步结论是,'十三五'期间,新增完成地热供暖面积9.5亿m^2,其中地源热泵新增7亿m^2"。

预计"十三五"期间,中国地源热泵系统将有更大的市场潜力,其应用将更加广泛,尤其是在地下工程中。同时地源热泵系统将带动施工材料以及其他相关市政行业的发展,拉动经济有效增长。

目前,国内从事地源/水源热泵行业的企业及情况如表3-8、图3-26—图3-28所示(排名不分先后)。

表3-8 国内主要地源/水源热泵企业

序号	企业名称	序号	企业名称
1	北京永源热泵有限责任公司	7	山东科灵空调设备有限公司
2	浙江陆特能源科技有限公司	8	山东富尔达空调设备有限公司
3	北京中科华誉能源技术发展有限责任公司	9	上海富田空调冷冻设备有限公司
4	美意(上海)空调设备有限公司	10	麦克维尔中央空调有限公司
5	宁波沃弗圣龙环境技术有限公司	11	克莱门特捷联制冷设备(上海)有限公司
6	恒有源科技发展集团有限公司	12	上海白蝶管业科技股份有限公司

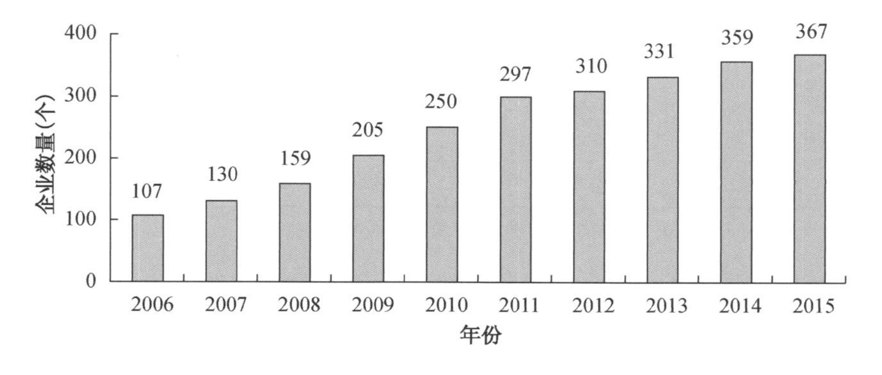

图3-26 2006—2015年从事地源热泵行业企业情况

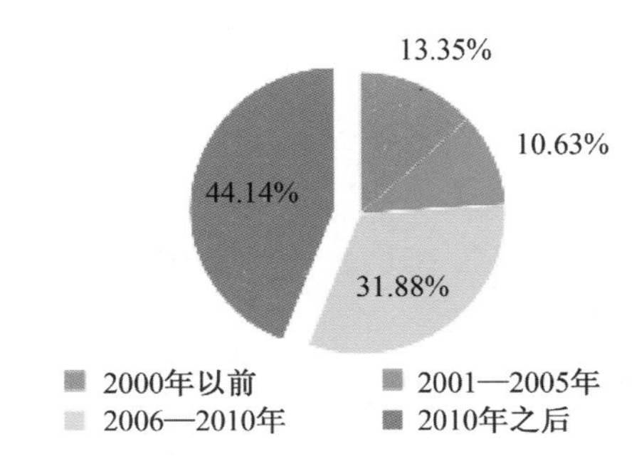

图 3-27　2006—2015 年从事地源热泵行业企业注册情况

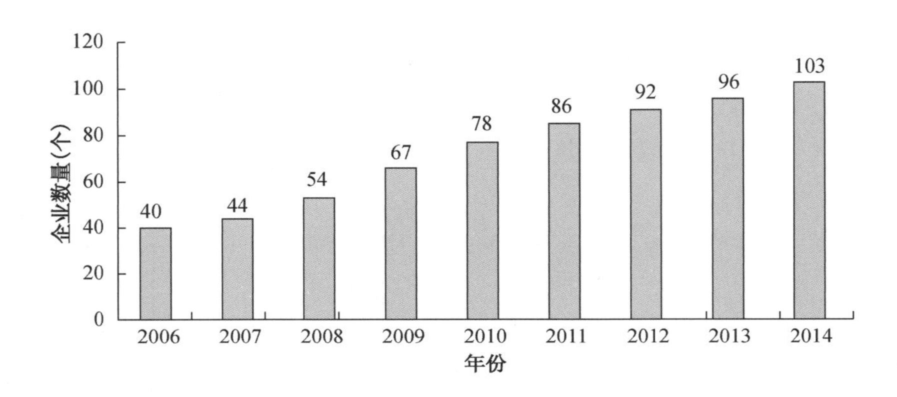

图 3-28　2006—2015 年从事水源热泵行业企业历年新注册情况

资料来源：九次方大数据平台

(2) 市场与前景

① 近 5 年市场发展

根据近 5 年数据统计①，“十二五”期间，地源/水源热泵市场容量呈现不同程度的下滑趋势，2015 年尤为明显，下降幅度达到 27.3%(表 3-9)。

表 3-9　地源/水源热泵市场近 5 年发展概况一览表

分类 \ 年份	2011	2012	2013	2014	2015
地源/水源热泵市场总量(亿元)	45.4	40.5	37.8	35.9	28.2
增长率	—	−12.2%	−7.2%	−5.3%	−27.3%

数据来源：各省/城市招标网站、城乡规划建设局、管理委员会官网。

随着地源/水源热泵产品质量问题的增多以及政策补贴的减少，市场需求急速降

① 各省/城市招标网站、城乡规划建设局、管理委员会官网。

温。地源/水源热泵经过了最初几年盲目跟风式的疯狂发展，近两年来市场已经逐渐回归理性[①]。地源/水源热泵市场热度由之前的无序快速扩张逐渐步入到一个相对持续稳定发展的阶段。

② 2015 年市场分布

根据慧龙数据系统的市场统计数据(图 3-29、图 3-30)，2015 年，中国的地源/水源热泵发展格局(主要市场)和城市经济发展、房地产市场、城市地下空间的发展基本保持一致，即经济发达、市场成熟、中产阶层集中的地区和城市对其市场需求较大；另较为明显的特征是城市地理区位对地源/水源热泵市场需求也有较大影响，经济发展较好的北方高纬度地区的地源/水源热泵发展较快。

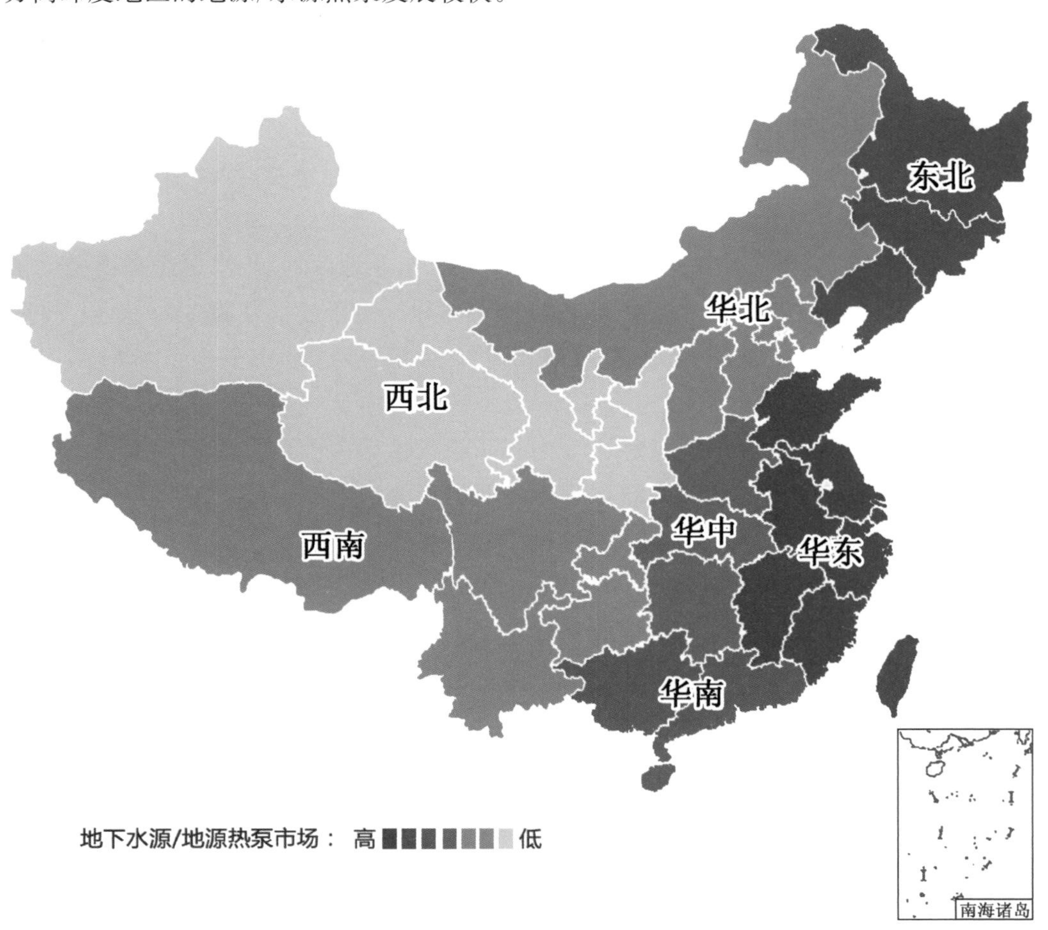

图 3-29　2015 年地源/水源热泵区域分布等级图

① V家独报告. 低迷 2015，模块机组、水地源热泵机组市场双双下滑[N/OL]. 20 区(2016-02-19). http://www.20qu.com/jingxuan/2016/219/1119768.html.

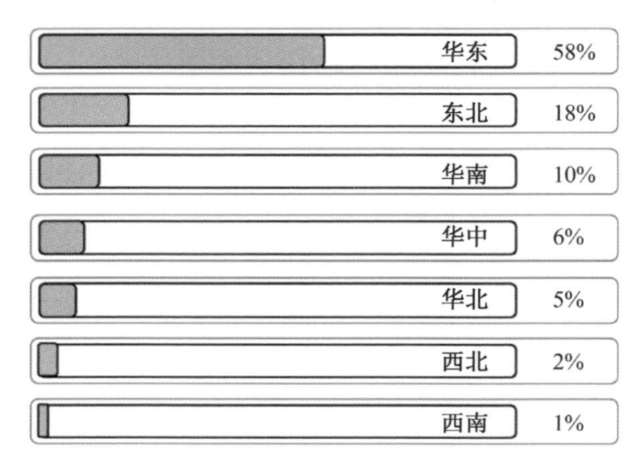

图 3-30　2015 年地源/水源热泵分区域百分比分析图

华东地区是中国市场化发育最为成熟的地区，对国家宏观经济政策的敏感度和响应度高于国内其他地区；在经历了较长时期的非理性扩张和增长后，该地区地源/水源热泵市场销售额增长率虽有所下降，但仍保持较快的发展速度。2015 年，受市场环境和地区政策影响，强制安装的城市逐年减少，华北、东北地区地源/水源热泵市场增幅减弱，呈明显下降趋势。中国西北、西南等中西部地区由于地形地貌、水文地质条件、经济发展等因素制约，地源/水源热泵市场处于初起步阶段，在全国市场份额仅占3%左右。

随着中国城镇化进程不断向纵深发展，城市居民生活水平不断提高，对高生活品质的追求和绿色节能型产业的倾斜政策等内外部因素的推动，“十三五”期间，中国的地源/水源热泵市场仍将处于一个较为稳定的增长阶段。

2）真空垃圾管道收集系统

真空管道垃圾收集系统是由瑞典某公司于 1961 年发明的，最早用于医院垃圾收集，从 1967 年开始在住宅区装配使用。该系统在亚洲的应用主要集中在日本、新加坡和我国香港地区。

由于真空气力管道输送垃圾系统的设备大部分需进口，所以建设和运行、维护费用非常昂贵，因此垃圾管道收集系统目前在国内的应用范围十分有限，但它在开发区、奥运村、高层住宅小区、别墅群、飞机场、大型游乐场等地区应用优势明显①。

目前我国内地运用该技术的城市主要分布在北京、上海、广州等几个城市（图 3-31）。

① 杨章印，钟亚力. 浅谈真空管道垃圾收集系统[EB/OL]. 环境卫生工程(2007-03-10). http://www.cn-hw.net/html/32/200703/1924_2.html.

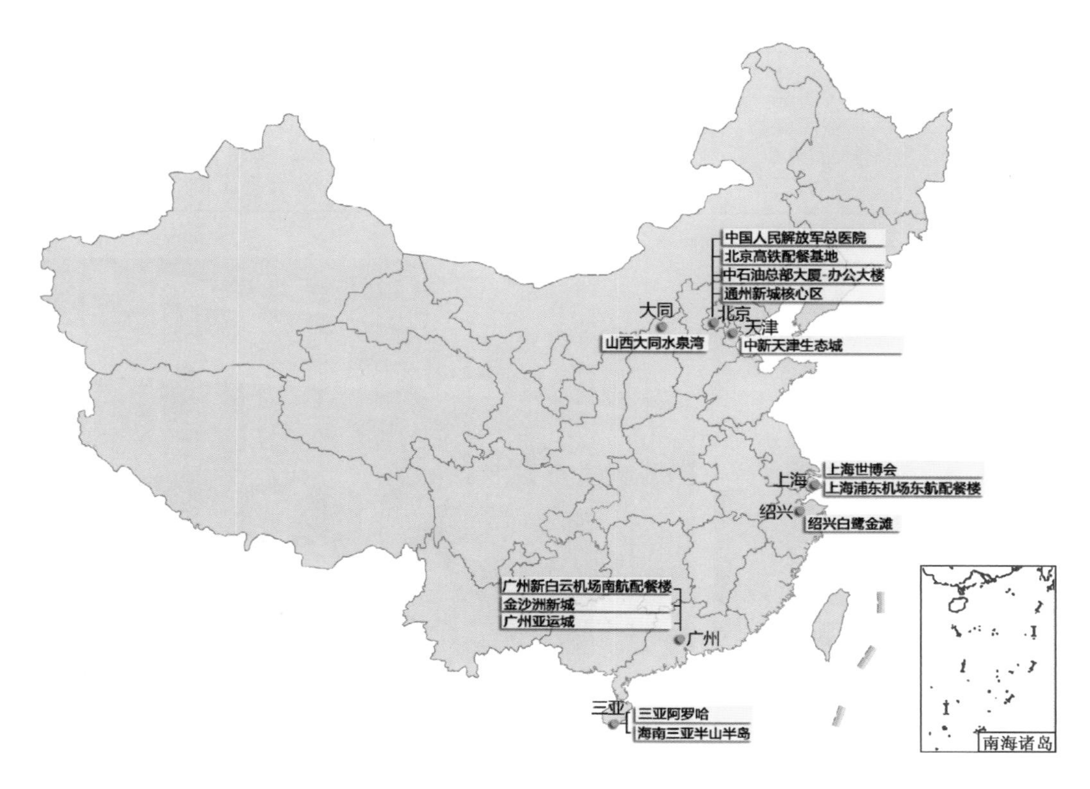

图 3-31 垃圾管道收集系统使用城市分布图

据市场分析,专业从事垃圾管道收集系统制造行业的国内外代表性企业有上海翼先工程技术有限公司、北京建都环保科技股份有限公司等,其中瑞典的环境技术公司恩华特集团是真空垃圾管道收集系统的全球领导者。参见表 3-10、图 3-32。

表 3-10 使用恩华特垃圾收集系统各城市数据一览表

项目所在国家	荷兰	西班牙	瑞典	阿联酋	中国
项目所在城市	阿尔梅勒市	维多利亚	斯德哥尔摩	阿布扎比	香港
项目完成时间	2008 年	2002 年	2003 年	2009 年	2009 年
系统类型	固定式真空系统	固定式真空系统	固定式真空系统	固定式真空系统	固定式真空系统
系统子类型	SVS 500	SVS 500	SVS 350	SVS 500	SVS 500
应用领域	城市中心,办公室	历史悠久的城市中心,购物中心	疗养院	主题公园,酒店	办公室,校园
设计能力	每天 30 t	每天 9 t	—	每天 30 t	每天 2.5 t
进风口数量	196	200	7	36	162
管总长(m)	8 500	5 000	40	6 000	2 390

续表

项目所在国家	荷兰	西班牙	瑞典	阿联酋	中国
垃圾类型	一般废弃物，食品/有机废弃物，纸张	一般废弃物，混合型可回收纸	一般废弃物	一般废弃物，饮食/有机废弃物	混合型可回收纸

图 3-32　阿姆斯特丹地下垃圾收集装置

图片来源：www. wisusp. com

3.3　城市地下空间规划行业与市场

3.3.1　2015 年地下空间规划行业

1）编制机构分布

随着城市机动化、立体化建设不断发展，自 21 世纪初以来，城市地下空间规划的重要性已逐渐被社会及规划行业广泛认知。

长期以来，中国的城市地下空间开发在产权归属、管理主体、技术规范等方面缺乏国家层面的顶层设计，城市地下空间规划在现行城乡规划体系中定位不明，同时也受从事地下空间规划编制人员的专业素质良莠不齐等因素的制约，城市地下空间规划研究和编制机构主要集中在北京、上海、南京、深圳等少数城市的院校和科研单位。依托土木工程、城市规划、人民防空等传统行业发展而来的这些编制单位凭借自身在特定行业内的技术优势,经过长期规划实践和理论探索,已初步形成具有中国特色的城市地下空间规划体系,成为中国城乡规划体系的重要组成部分。

因我国城市地下空间开发主要集中于大中型城市(图 3-33),据已公开的数据显示,2015 年地下空间规划的编制机构主要由两类性质的单位承担:一是各地城乡规划编制单位单独或合作形式;一种是由地下空间规划专业机构单独或合作形式承担规划编制。从规划编制的分布上看,仍主要集中在城市地下空间开发利用较为发达的地区,伴随着停车、地铁、人防等领域的快速发展,在 2015 年度中,中西部地区推进城市地下空间规划、地下专项规划的编制也出现较快发展。

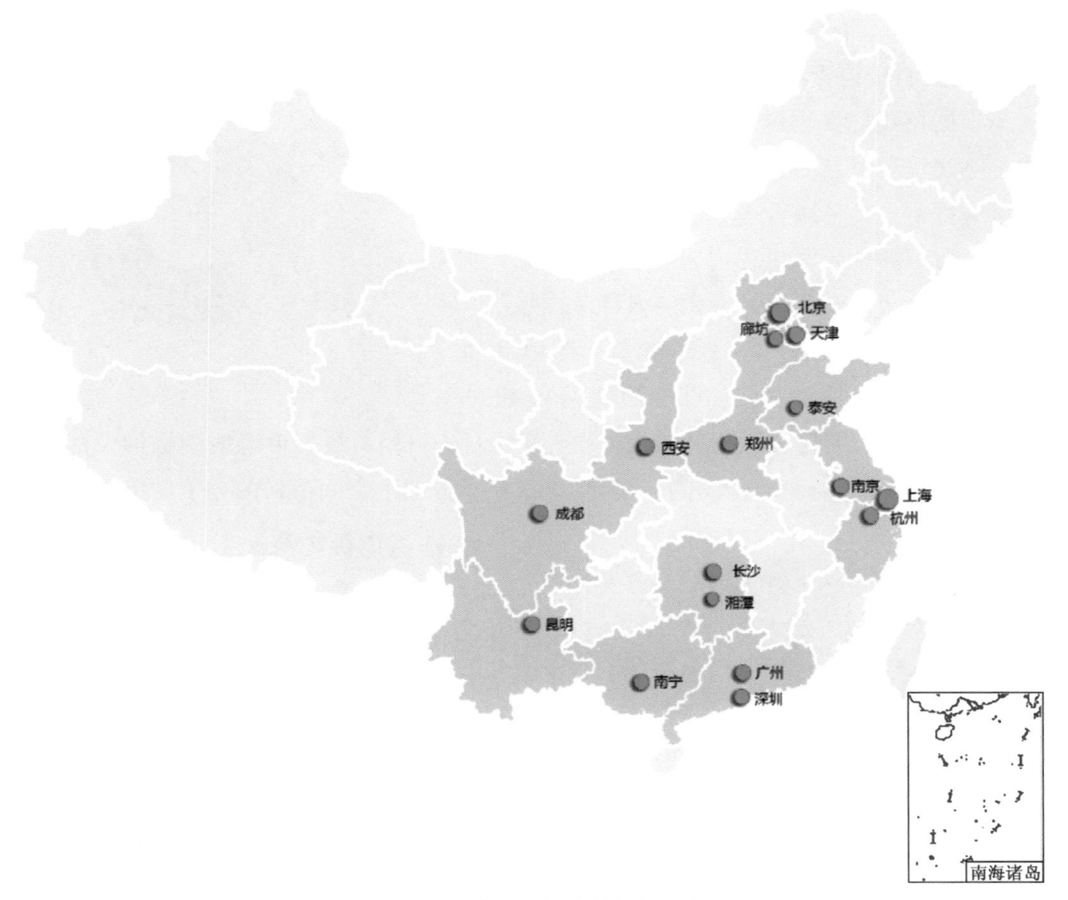

图 3-33 地下空间编制机构分布

2) 编制机构性质

2015 年众多参与地下空间规划的编制机构中,国有企业(不含央企)延续近年来的趋势,承揽了最多的地下空间编制项目,占机构总数的 37%;事业单位紧随其后,占比 26%(图 3-34)。

国有企业、事业单位资源优势突出、设计水平高，在承揽地下空间项目上具有绝对的市场竞争优势。

虽然近年在地下空间规划公开招标中，给予中小民营企业优惠政策的项目增多，但对参与编制机构的准入门槛高。资质等级要求高、提供较高级别的业绩证明等限制因素使得部分民营企业无法参与地下空间规划编制，其市场份额较2014年并无较大变化。

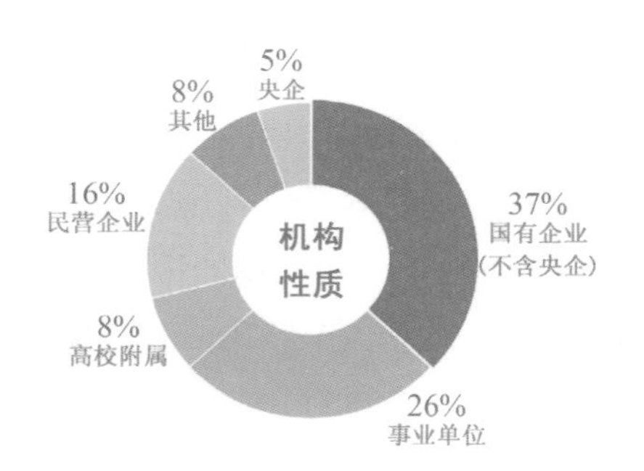

图3-34　地下空间编制机构性质

3）编制机构资质

根据招投标要求以及公开信息统计，在承担地下空间规划编制的单位中，大部分地下空间编制机构均要求具备城乡规划乙级以上编制资质，少数项目因涉及人防工程内容，同时要求或单独由乙级以上人防工程设计资质的设计单位承担。

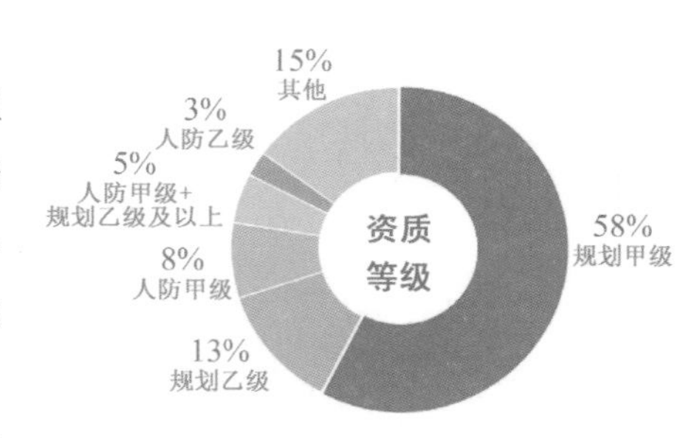

图3-35　地下空间编制机构资质等级

资质等级越高、越全，编制机构承揽项目的优势越突出，根据2015年的统计数据①，超过60%的招标单位明确要求投标单位资质为甲级（图3-35），规划甲级编制机构设计人员的多样化和专业化、设备配套的齐全化，是其在承揽地下空间项目的竞争优势。

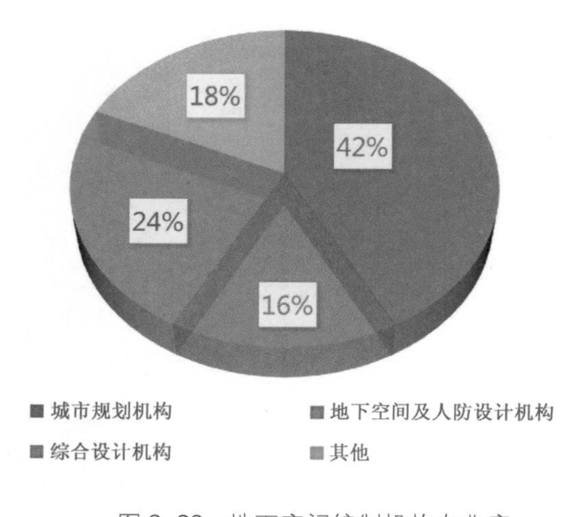

图3-36　地下空间编制机构专业度

4）编制机构专业度

根据慧龙数据系统统计，2015年地下空间项目中，由专业从事地下空间规划的单位或机构承担编制工作的占16%（图3-36）。

目前国内专门从事地下空间规划编制的机构并不多，在市场竞争激烈的今天，专业化机构应努力提高其综合影响力，依托高设计水平突出竞争优势；综合设计机构及其他设计机构受“地下综合管廊热”、“市政管线排查热”的带动，地下空

① 数据来源：各省招标网站、规划建设局、设计单位官网。

间规划市场的开拓潜力也在增大。

大部分城市规划编制机构是项目所在地城市的省、市地方规划设计院，凭借其独特的资源优势，使其在承揽地下空间规划时占据绝对的市场竞争优势(表 3-11)。

表 3-11　2015 年城市地下空间规划项目主要编制机构一览表

所在城市	编制机构名称
北京	中国城市规划设计研究院
	中国建筑标准设计研究院有限公司
	北京清华同衡规划设计研究院有限公司
上海	上海市地下空间设计研究总院有限公司
	上海市政工程设计研究总院(集团)有限公司
	上海同济城市规划设计研究院
	上海同技联合建设发展有限公司
广州	广东省建筑设计研究院
	广州市交通规划研究院
南京	江苏省城市规划研究院
	南京慧龙城市规划设计有限公司
南宁	广西南宁人防科研设计院
郑州	河南省城乡规划设计研究总院有限公司
深圳	深圳市城市规划设计研究院有限公司
天津	中国市政工程华北设计研究总院有限公司
杭州	杭州市城市规划设计研究院
西安	西安市政设计研究院有限公司
昆明	昆明市规划设计研究院

注：表中所列机构不分先后。
资料来源：各省招标网站、规划建设局、城乡住建局、设计单位官网。

5) 智力配备

编制机构的智力配备直接影响其承揽地下空间项目的市场广度，高级人才储备越齐全，其规划市场的竞争优势就越突出。

2015 年参与地下空间规划及研究项目编制的团队中，教授级高工、高级职称人员占总人数的 16%，中级职称人员占总人数的 21%，其中取得注册城市规划师资格的约占 5%(图 3-37)。

以从业人员的学历水平统计，2015 年参与项目的各团队中硕士及以上学历超过总人数的 1/5，本科学历占 3/5（图 3-38）。

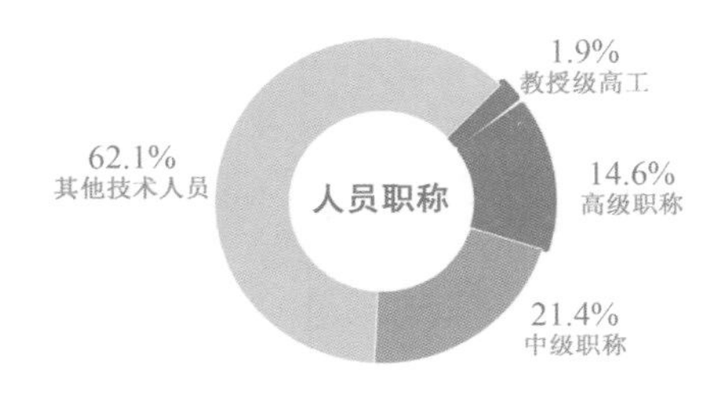

图 3-37　地下空间从业人员职称百分比

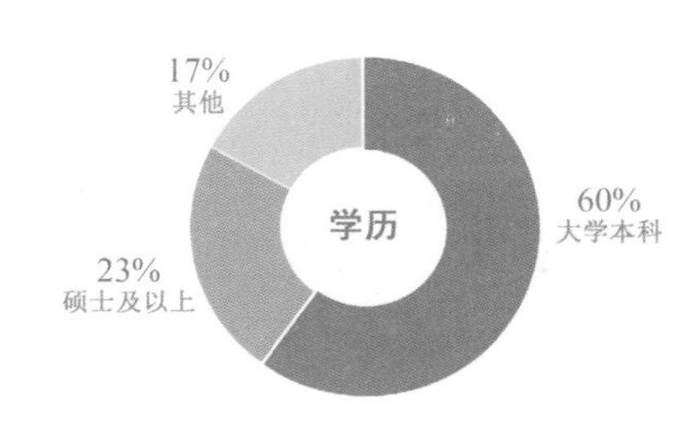

图 3-38　地下空间从业人员学历结构

资料来源：各规划编制单位官网

智力资源配置是编制机构的核心竞争力。根据 2015 年公开招标信息数据统计，超过 60%的地下空间项目招标单位明确要求投标单位项目负责人的个人资质为注册规划师和高级规划师。

6）编制机构排名

结合本节内容，按照编制机构的专业度、智力配备、资质等级、单位性质等权重高低顺序，对 2015 年地下空间规划与研究项目编制机构的综合实力进行排名，如图 3-39 和表 3-12 所示。

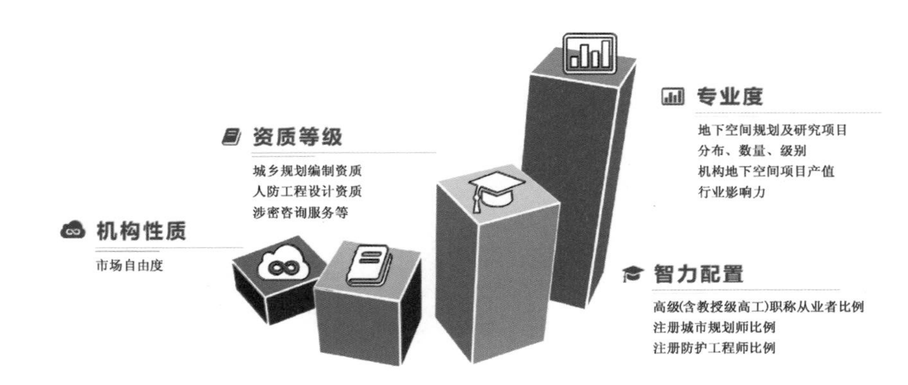

图 3-39　地下空间编制机构排名要素分析

表 3-12　2015 年编制机构综合排名

排名	编制机构名称
1	上海市地下空间设计研究总院有限公司
2	上海市政工程设计研究总院（集团）有限公司
3	南京慧龙城市规划设计有限公司

续表

排名	编制机构名称
4	上海同济城市规划设计研究院
5	深圳市城市规划设计研究院有限公司
6	中国城市规划设计研究院
7	中国建筑标准设计研究院有限公司
8	广西南宁人防设计研究院
9	杭州市城市规划设计研究院
10	上海同技联合建设发展有限公司

注:以政府采购公开数据、各编制机构官网为准,解放军理工大学地下空间研究中心因公开数据不全暂未列入。

3.3.2 2015年地下空间规划市场

1) 市场动态

2015年各省市招标网站、规划建设局的公开数据显示,全年地下空间规划市场①编制费约6 057万元,同比减少16%。

2015年作为"十二五"的期末,契合中央政府发布的"发挥新消费引领作用"、"促进消费结构升级"等指导意见,各城市的"十三五"规划正在紧锣密鼓的编制过程中,部分城市的总体规划开展新一轮的修编。因此,2015年大多城市未开展地下空间规划编制或将编制计划延后,总编制费用为近五年来最低,整个规划市场持续萎缩。随着"十三五"开局之年各城市总规的完善,预计2016年各城市地下空间规划将全面启动,规划市场需求快速增长,将打破连续2年的低迷走势。

2015年地下空间规划市场投资份额主要集中在第二季度和第三季度(图3-40、图3-41),约占全年项目数目总量的70%;其中第二季度6月委托/招标项目总数达到最高,为9项,市场份额达到峰值,约1 500万元。

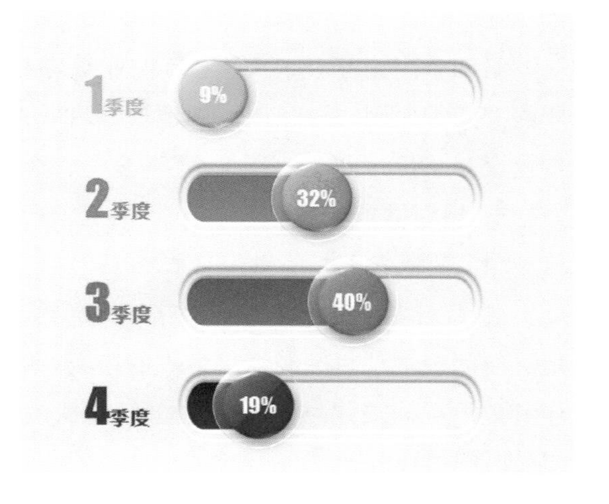

图3-40 2015年各季度委托/招标项目数量百分比

① 统计数据仅限地下空间专项规划、详细规划等,不含建筑设计、人防设计、轨道设计等。

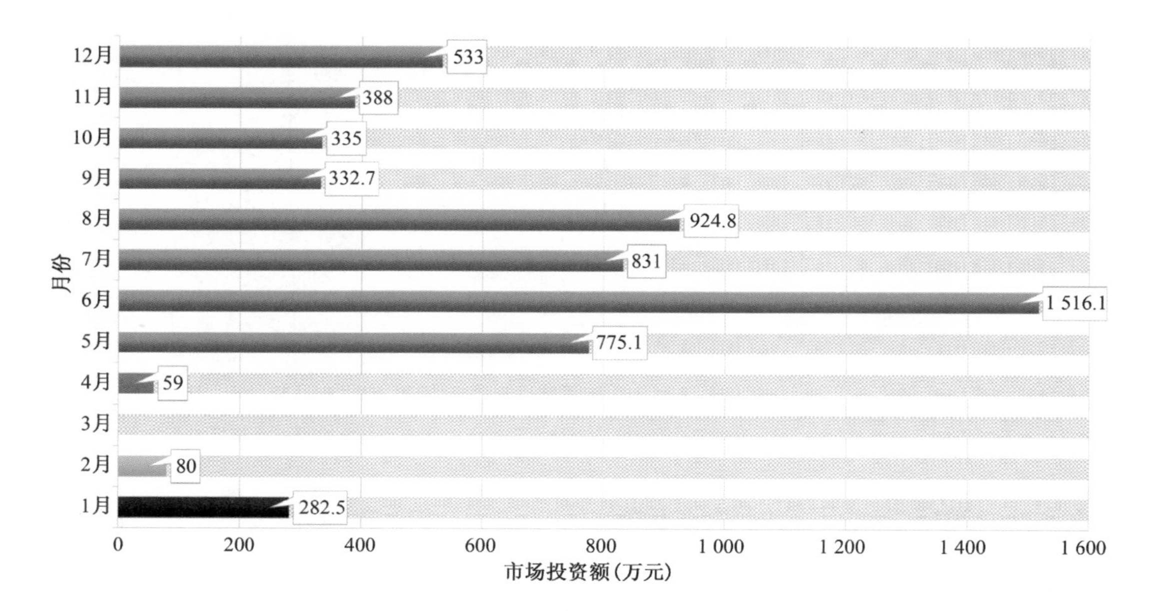

图 3-41 2015 年各月城市地下空间规划市场份额

数据来源：各省招标网站、规划建设局、设计单位官网

由于地下空间规划设计周期为 6～8 个月，第一季度受“两会”、假期及委托/招标单位年度计划的制订等因素影响，委托/招标的项目数目为四季度中最少，仅占全年项目数量的 9%。

第四季度由于委托/招标单位业绩考核、年终总结等原因，委托/招标的项目数目减少，约占全年总量 20%。

2) 规划需求市场

(1) 区域需求

延续“十二五”发展趋势，东部区域仍然是地下空间规划项目编制需求最大的市场，2015 年其地下空间规划项目数量占全年总量的一半(图 3-42)。

西部区域 2015 年地下空间规划需求较往年有显著提高，一跃成为第二大需求市场，2015 年其地下空间规划项目数量占全年总量的 2/5(图 3-43)。

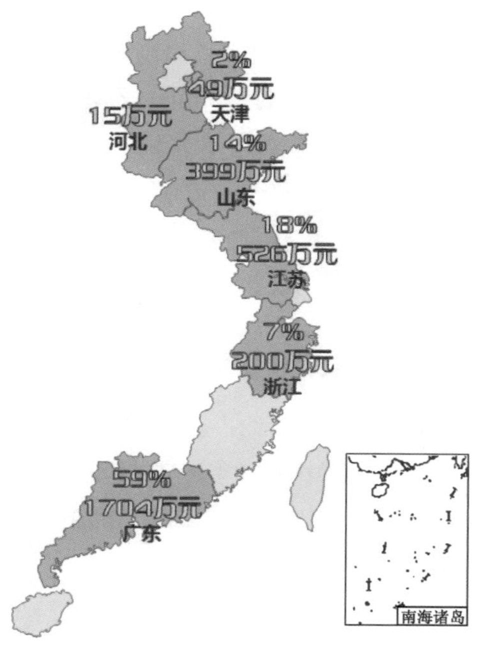

图 3-42 东部区域需求市场分析图

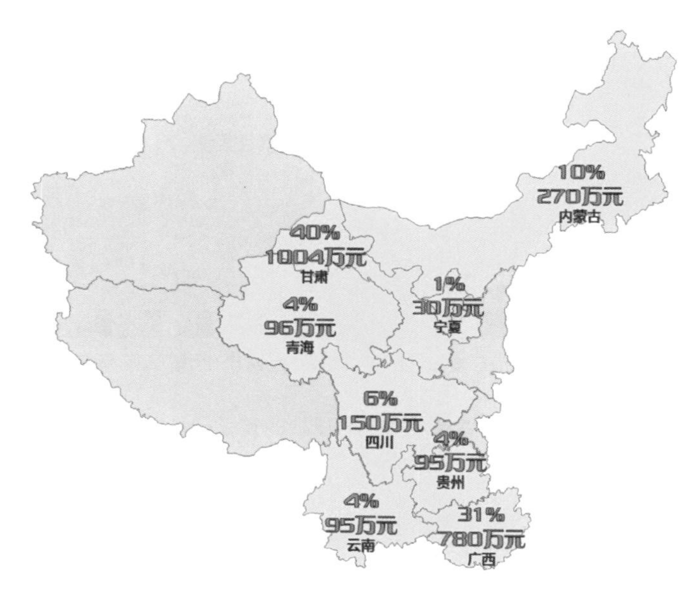

图 3-43　西部区域需求市场分析图

（2）省级行政区需求

2015 年地下空间规划的需求市场主要集中在广东省、江苏省、甘肃省以及广西壮族自治区，这 4 个省级行政区地下空间委托/招标编制地下空间项目数量约占全国的 55%（图 3-44、图 3-45）。

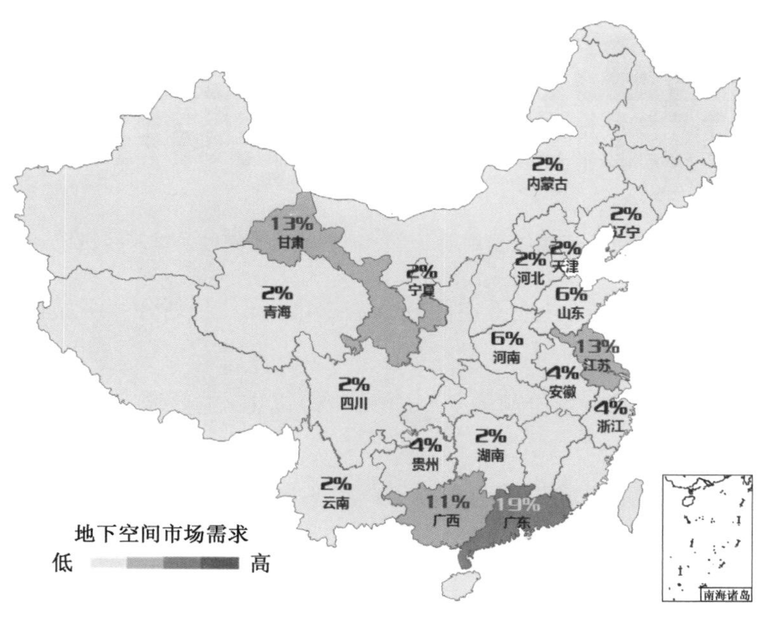

图 3-44　2015 年各省级行政区地下空间市场需求分级及委托/招标项目百分比

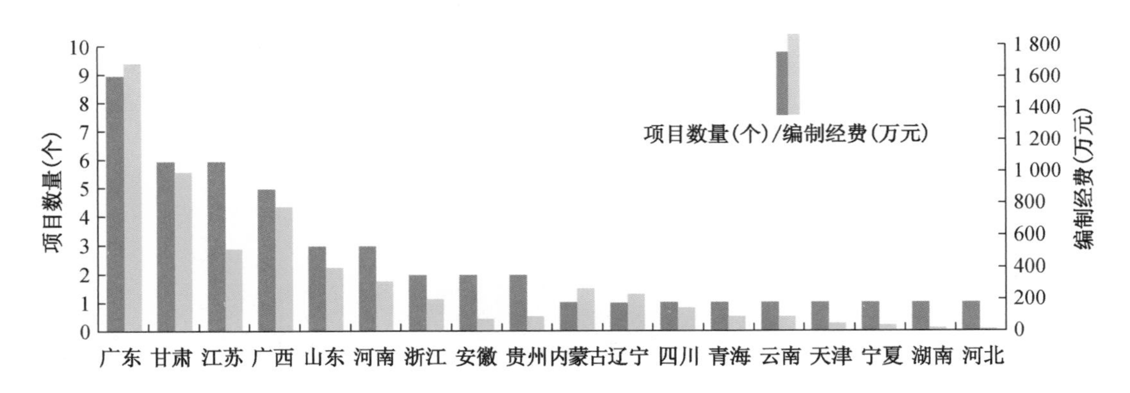

图 3-45　2015 年组织编制地下空间规划的省级行政区编制经费统计

(3) 城市/区县需求

2015 年编制地下空间规划的城市/区县共 29 个，其中广州市编制费用最高，为 921 万元；其次为南宁和深圳，编制费用均约 780 万元(图 3-46)。

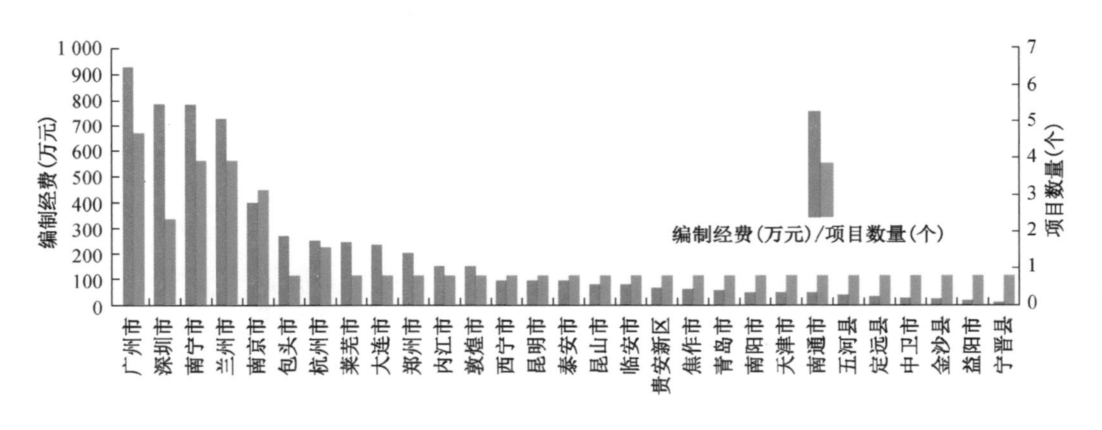

图 3-46　2015 年组织编制地下空间规划的城市或地区编制经费统计

根据 2015 年各城市/区县地下空间规划需求市场份额，划分 3 级城市需求梯队(图 3-47)：

一级梯队，规划需求市场份额为 300 万元(含)以上，主要城市为广州、深圳、南京、兰州、南宁；

二级梯队，规划需求市场份额为 100 万(含)～300 万元，主要城市为郑州、莱芜、大连、包头、内江、敦煌；

三级梯队，规划需求市场份额为 100 万元以下，主要城市/区县为焦作、南阳、青岛、泰安、南通、昆山、益阳、中卫、金沙县、宁晋县、定远县、五河县、临安、贵安新区。

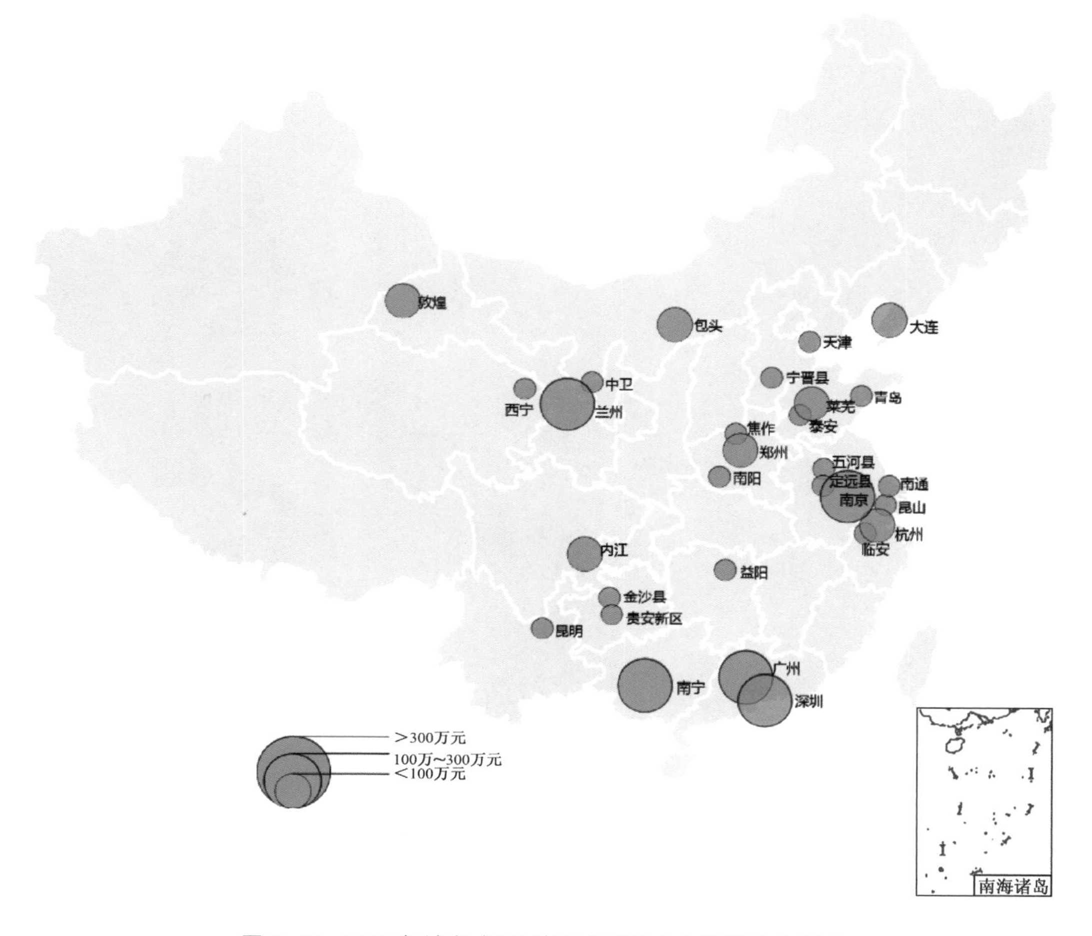

图 3-47　2015 年城市/区县地下空间需求市场梯队分级图

3）规划采购方

（1）类型

根据各省市政府采购项目的招标公告、中标公告等公开数据统计，2015 年地下空间规划项目中 34％的规划采购方为当地规划局，由城乡建设管理局、人防办、民防部门组织的规划编制项目也占了较大的比例（图 3-48）。

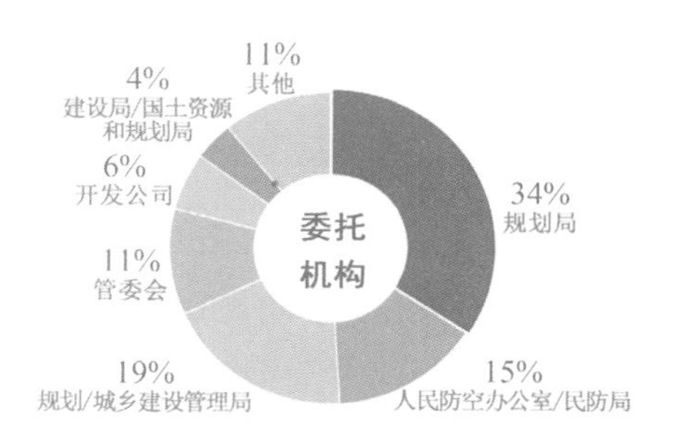

图 3-48　地下空间委托机构类型百分比

智力资源配置高、硬件配备齐全、专业度高、从事规划经验丰富是规划局、城乡建设管理局等规划采购方选择地下空间规划供应方的重要因素。

(2) 分布

2015 年地下空间规划项目主要集中分布在东部区域和西部区域，由于相关政策颁布实施、城市发展需求，2015 年西部区域组织编制地下空间规划项目达 18 项(图 3-49)。

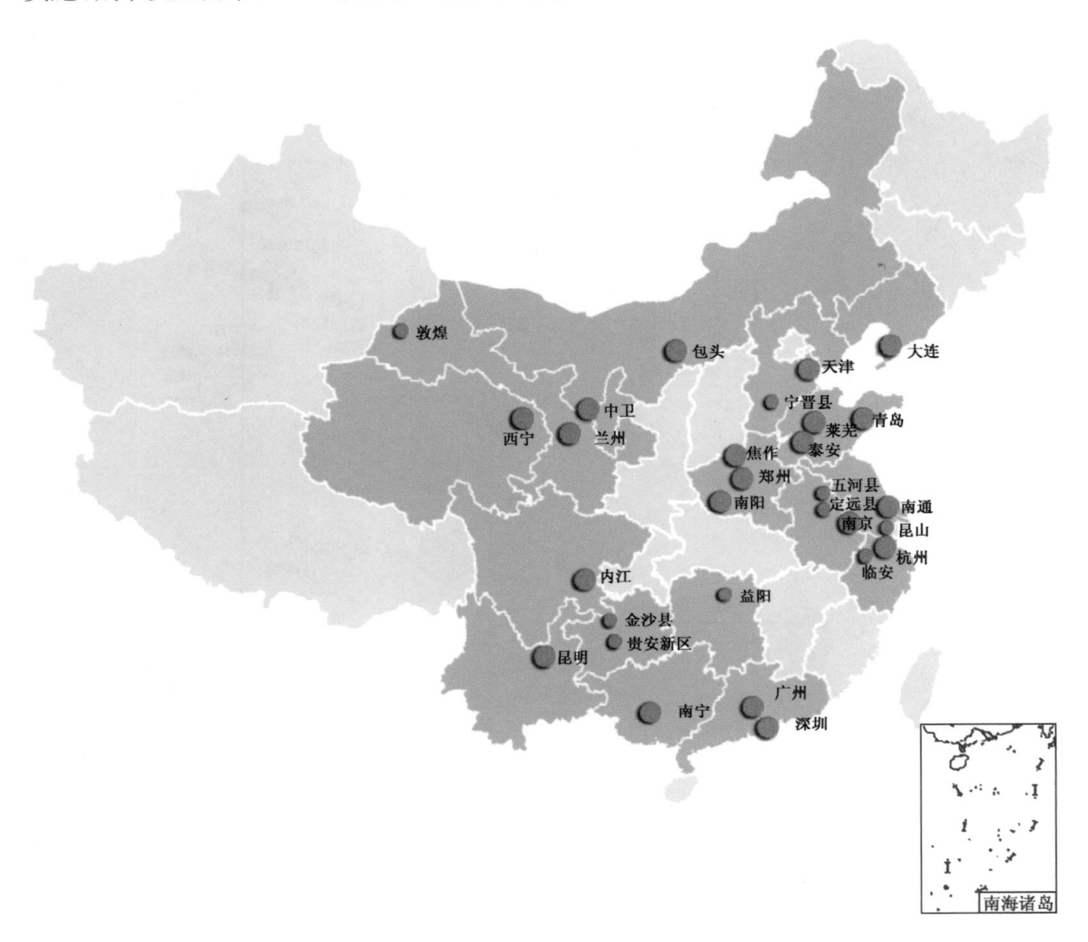

图 3-49 地下空间委托机构分布

资料来源：各省招标网站、规划建设局、设计单位官网

4) 规划供应方

(1) 省/直辖市/自治区分布

2015 年地下空间规划编制的供应市场主要集中在北京、上海、江苏、广东等经济比较发达区域，约占全年承揽地下空间编制项目总数量的 70%(图 3-50—图 3-52)。

(2) 区域分布

东部区域仍然是地下空间规划项目编制供应最大的市场，占 2015 年地下空间项目编制市场份额的 78%(图 3-53)。

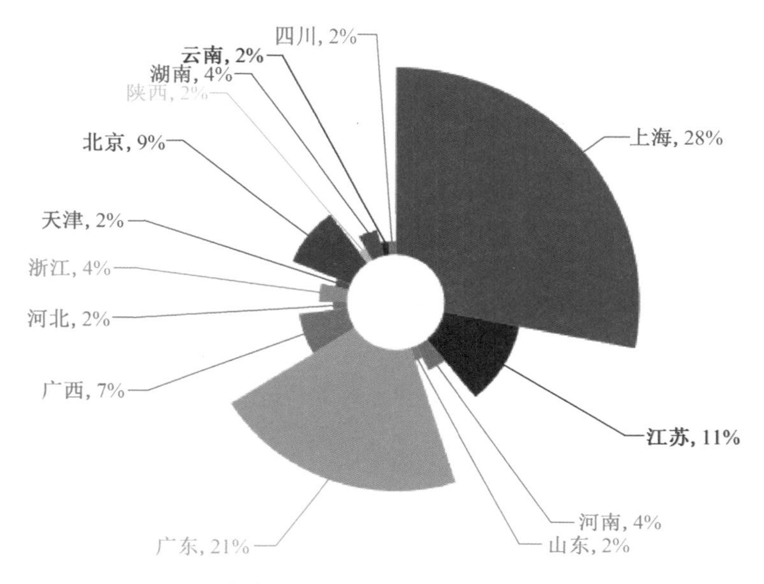

图 3-50　2015 年各省 / 直辖市 / 自治区供应方编制项目百分比

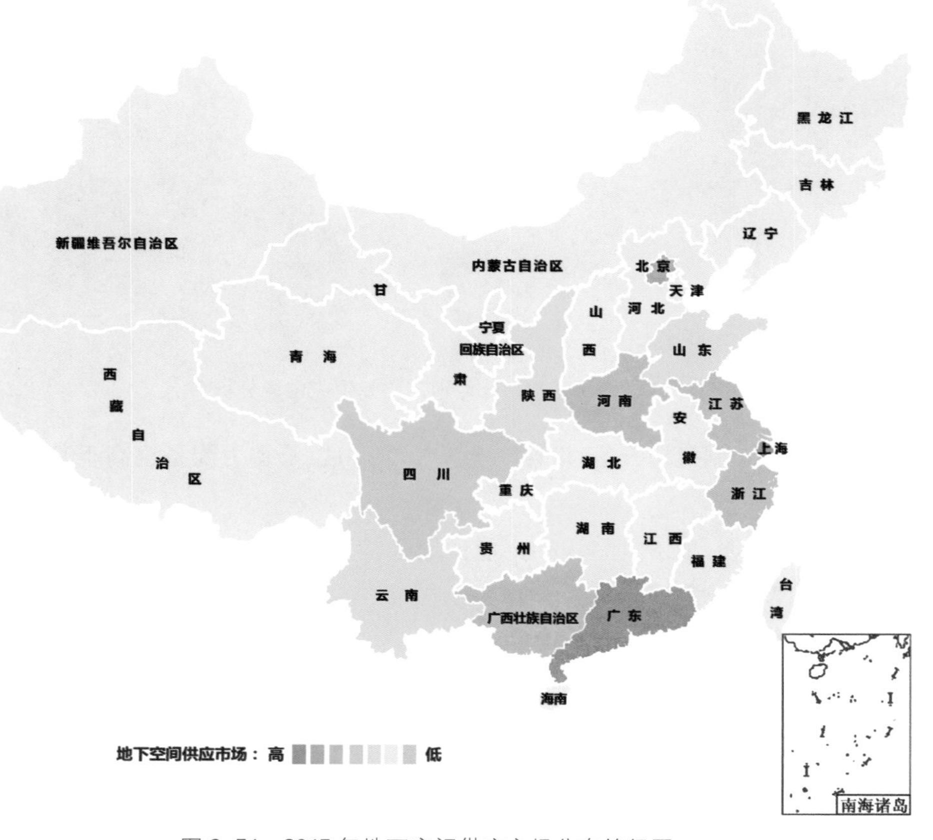

图 3-51　2015 年地下空间供应市场分布等级图

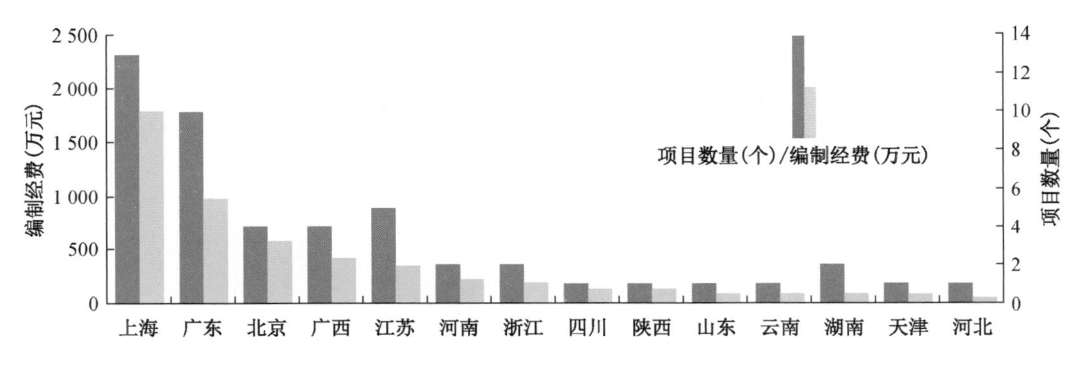

图 3-52　2015 年各省/直辖市/自治区地下空间供应商编制经费统计

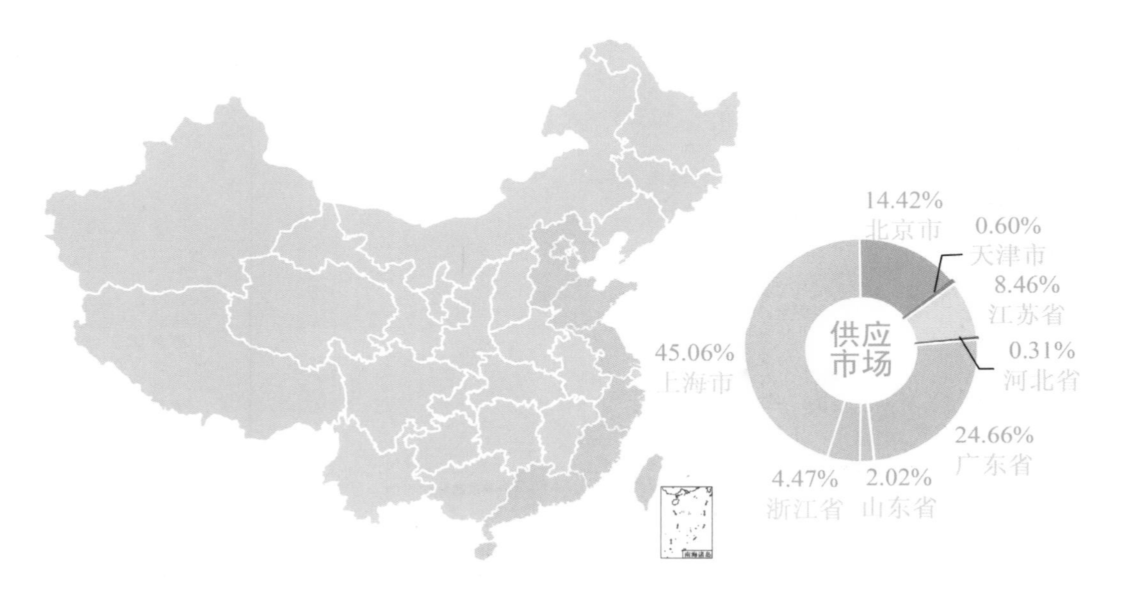

图 3-53　东部区域地下空间供应市场分析图

上海、广东编制机构云集，设计水平、业务能力以及智力配备也高于其他东部区域城市。

统计数据表明，地下空间规划产值地域性的集聚效应十分明显，主要集中在长三角、珠三角以及京津冀区域。

(3) 地下空间供应市场梯队

根据 2015 年各城市/区县地下空间规划项目的供应市场份额，地下空间供应市场梯队划分为三级(图 3-54)：

一级梯队规划供应市场份额为 500 万元(含)以上，主要城市为上海、广州、北京；

二级梯队规划供应市场份额为 100 万(含)～500 万元，主要城市为南京、南宁、深圳、郑州、成都、杭州；

三级梯队规划供应市场份额为 100 万元以下，主要城市/区县为天津、长沙、西安、昆明、泰安、湘潭、廊坊。

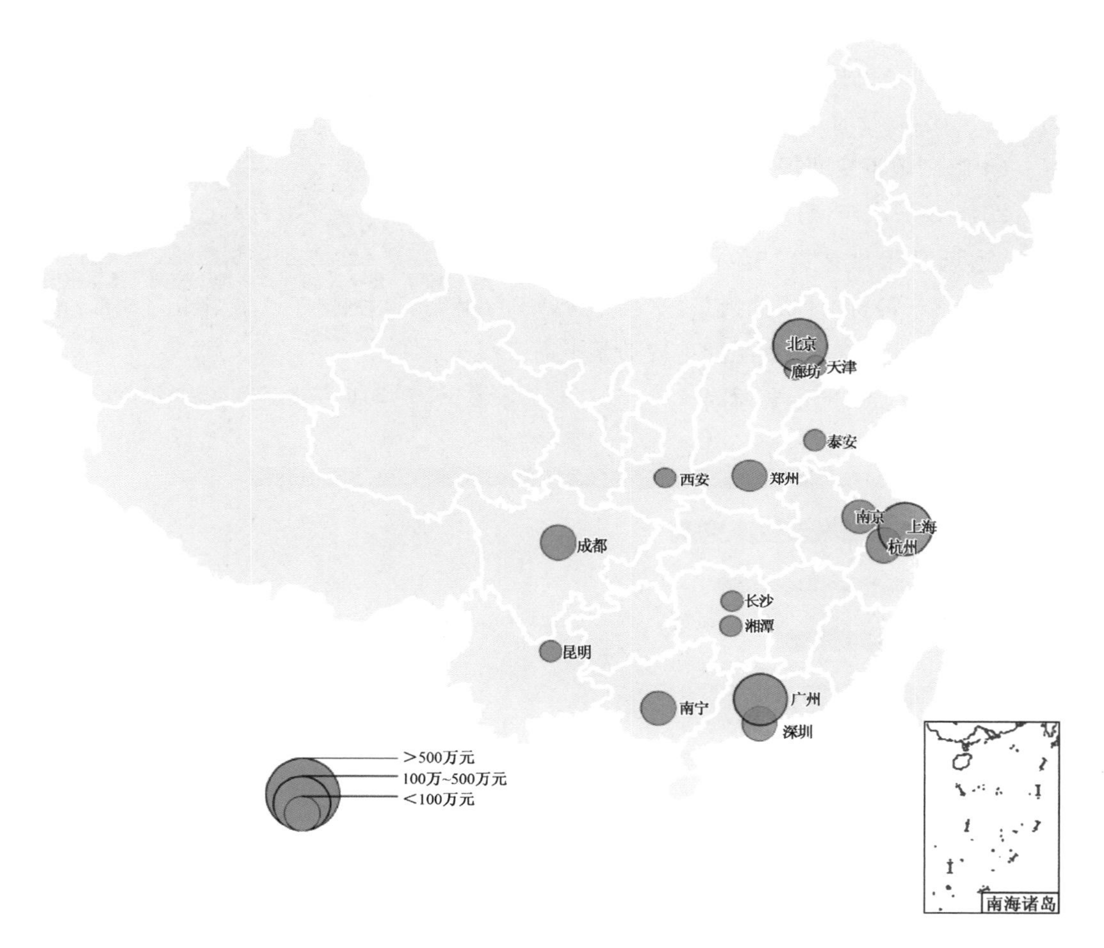

图 3-54 2015 年城市/区县地下空间供应市场梯队分级图

5）地下空间规划市场类型

根据 2015 年政府采购公开数据统计，地下空间规划超半数的项目是地下空间总体规划，约 1/5 的项目是地下空间控制性详细规划、地下空间设计，地下空间研究及其他项目占 1/5(图 3-55)。

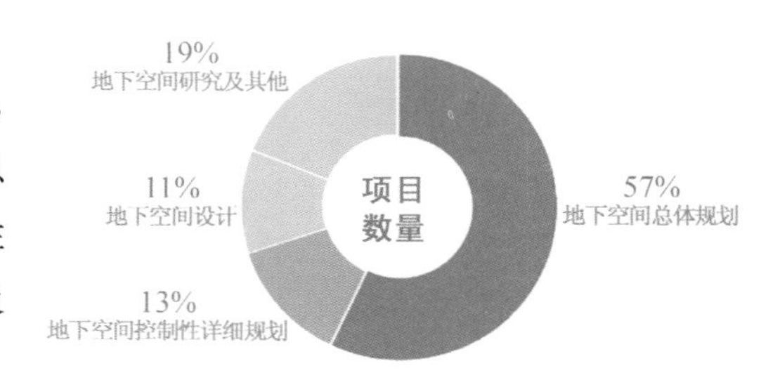

图 3-55 2015 年各类型地下空间项目数量百分比

随着城市的不断发展和国家城市建设政策的更新与实施，新一轮的城市总体规划的修编带动了地下空间总体规划市场的发展，总产值约 3 200 万元(图 3-56)。

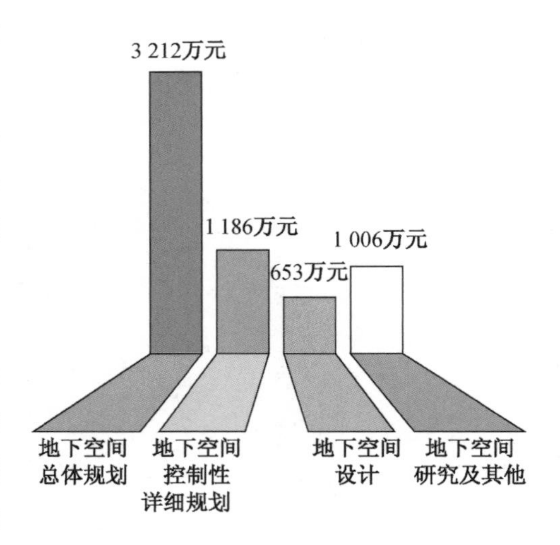

图 3-56　2015 年地下空间分类型市场份额

地下空间总体规划受规划层次的限制，仍需要下位控制性详细规划的补充和配合，因此地下空间控制性详细规划主要集中在城市中心、新区以及城市经济技术开发区。

6）编制地下空间规划的城市产值排名

2015 年城市产值以上海(2 118.7 万元)为首，远远高于排在第二位的广州(811.72 万元)(图 3-57)，设计机构云集、平均单个项目金额大、智力配备高、资源配备齐全是上海遥遥领先其他城市的主要原因。

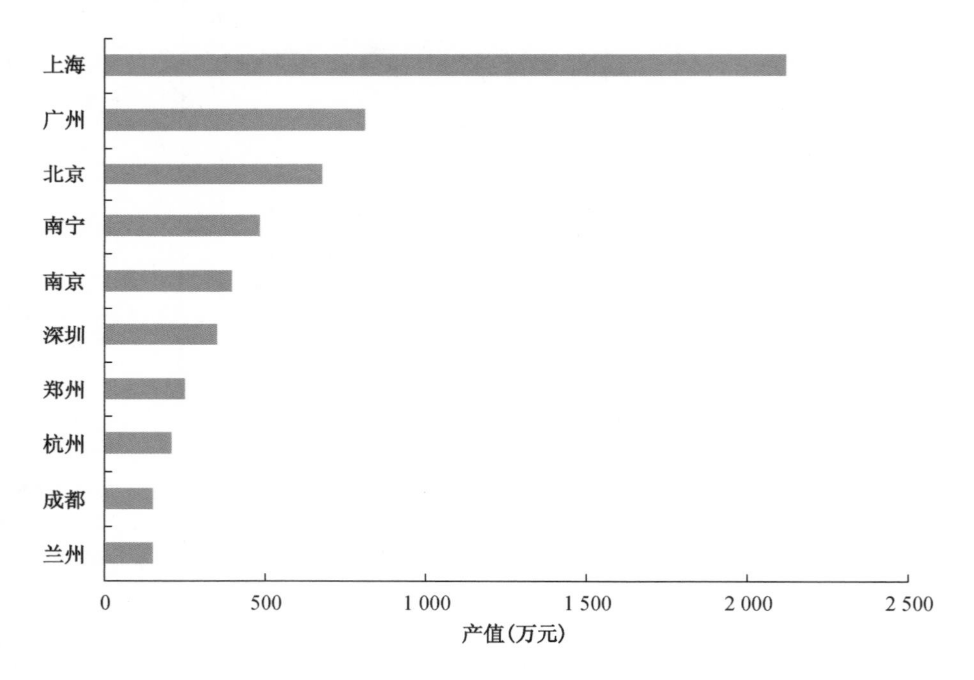

图 3-57　2015 年编制地下空间规划的城市产值排名

注：联合体中设计单位产值份额按照下述比例进行计算：
(1) 两家联合按照 6∶4；
(2) 三家联合按照 4∶3∶3。

3.3.3 小结

随着“地铁”、“地下综合管廊”、“海绵城市”主题的持续升温，城市地下空间规划市场的发展面临着新的机遇与挑战。

1）机遇

从近两年地下空间建设类型和规划编制数量来看，“综合管廊”、“地铁”、“地下停车”已成为推动城市地下空间快速发展的三驾马车，是推进中国供给侧结构性改革的生力军。综合管廊、地铁、地下停车等领域的地下空间开发和综合利用，能够“扩大有效供给，满足有效需求”，为带动地下空间规划行业市场发展，挖掘市场潜力，规范市场准则提供了发展机遇，成为地下空间规划行业的不断创新和健康发展的新途径。

2）挑战

（1）规划编制有市场无规范。出台的相关技术标准规范往往不完善，导致规划市场无序发展。

（2）编制机构有资质无专业。部分编制地下空间规划的机构拥有较高的智力配置资源，具有资源城乡规划甲级资质，但缺乏专业的技术团队与专业素养，规划成果的水准参差不齐，无法有针对性地指导城市地下空间建设。

（3）专业机构有能力无市场。部分具备专业技术团队的编制机构，由于规划编制项目准入门槛高，如较高的资质等级要求、国家示范区项目业绩等，导致在规划市场竞争中毫无优势。

有资质的编制机构亟须提高其专业水平；专业机构提高智力配备，争取获得资质，提升市场竞争力等等，都是今后若干年内地下空间规划行业需要消化融合，稳定有序发展所面临的挑战。

B
lue book

4 法治体系

王海丰　刘宏

4.1 中国城市地下空间法治概览

自1997年建设部颁布实施《城市地下空间开发利用管理规定》以来，中国城市地下空间的法治体系经过20年的探索和实践已逐渐成熟，从近年来的立法事例和各界人士的推动呼吁来看，亦有力图通过顶层法治设计来进一步规范城市地下空间开发建设的共识。

截至2015年年底，全国各省市先后颁布涉及城市地下空间开发利用的法规、规章、规范性政策性文件等共140余部，其中，直接针对城市地下空间开发利用管理的法治文件约50余部，涉及城市地下空间开发利用的法律文件80余部。

据图4-1统计分析，可将中国城市地下空间法治体系建设归纳为三个阶段，即：1997—2007年的法治探索阶段；2008—2012年扩散增长阶段；据2013—2015年年末立法事件的数量和类型统计推断，至“十三五”期末(2020年)中国城市地下空间法治体系建设将进入全面发展阶段。

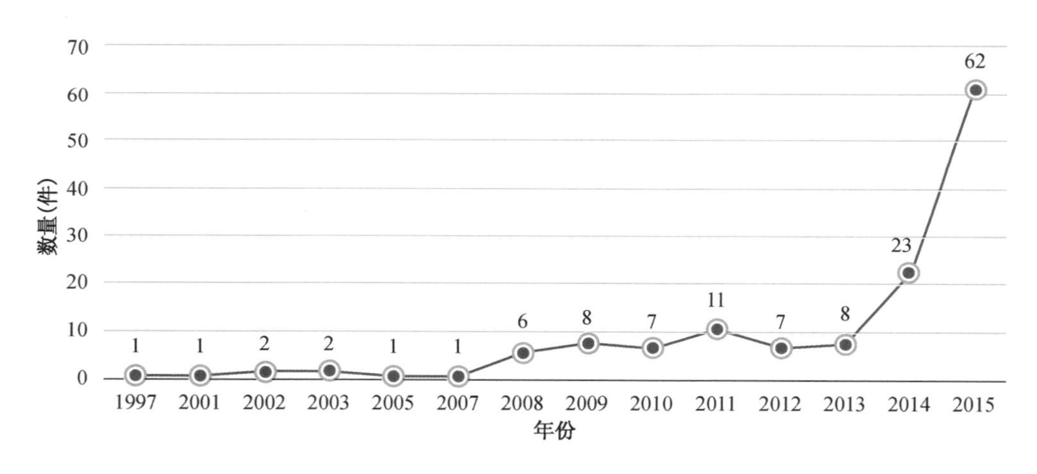

图4-1　中国历年城市地下空间相关政策法规统计

资料来源：《中国城市地下空间法律法规资料汇编(2015)》(南京慧龙城市规划设计有限公司编)

值得一提的是，2013年以来城市地下空间法治体系建设呈膨胀式发展主要受中国政府大力推动城市地下综合管廊建设所引发。从这一现象来看，可以将中国的城市地下空间法治体系建设归纳为以下几个特征：

(1) 中国城市地下空间开发利用日益受到各级政府和社会公众的关注和重视。

(2) 中国城市地下空间法治体系建设，在空间分布上，与中国的城镇化发展、城市地下空间开发的社会化市场化呈同步势态发展；在立法推动力上，受国家宏观政策影响和制约较大。

(3) 中国城市地下空间法治体系由于尚无顶层法律支撑,各类立法实践的形式要件多于内容要件;法治文件层级较低,政府或行政主管部门颁布的规章、政策性文件多于地方性法规,且同步配套保障实施政策性、规范性执行细则偏少。

(4) 指导和规范城市地下空间开发的国家标准、规范严重滞后于中国城市地下空间的快速发展,多为较低层次的技术规范、操作规程。

4.2 2015 年中国地下空间法治体系

4.2.1 《立法法》的修正对地下空间法制建设的影响

2015 年 3 月 15 日被称为“迈向良法之治的里程碑”的《中华人民共和国立法法》(以下简称《立法法》)修改草案通过全国人民代表大会审议并于同日颁布实施。《立法法》的修订为我国推动改革发展、化解社会矛盾、完善立法制度、规范行政权力运行,尤其是城市建设和管理方面“意义深远”,为健全和完善中国的法治体系发挥着引领推动和制度保障的关键作用[①]。《立法法》修正案被社会最关注的两个内容,即立法“扩权”——设区城市被授予立法权;“限权”立法——对设区城市立法权设置两个限制性条件,简单概括为:一仅限于“城乡建设与管理、环境保护、历史文化保护等方面”(第七十二条);二由省、自治区人大综合所辖设区市人口、地域、经济社会以及立法需求、立法能力等因素,确定设区市行使立法权的步骤和时间[②]。

近年来的中国城市地下空间开发伴随着建设,从一个侧面印证了此次《立法法》修订调整的必要性和迫切性。

随着中国城镇化发展的深入推进,城市地下空间开发在城市建设中具备独特的资源优势和不可替代的作用,在土地存量有限的城市、老旧城区更新改造等领域,目前的地下空间法律法规数量少、针对性与可操作性不强,《立法法》的修改赋予了设区市关于属城乡建设与管理范畴的城市地下空间开发建设的地方立法权限,将中国地下空间法制建设提升到一个全新的高度。以《立法法》的修改为契机,加强地下空间法律体系的建设,同时根据实际情况可作出适当的修改和调整,表明中国城市地下空间法制建设正

---

① 霍小光,杨维汉,陈菲,等. 迈向良法之治的里程碑——写在修改立法法决定通过之际[EB/OL]. 新华网(2015-03-15). http://news.xinhuanet.com/politics/2015lh/2015-03/15/c_1114645030.htm.

② 李建国. 关于《中华人民共和国立法法修正案(草案)》的说明[N/OL]. 人民日报:04(2015-03-09). http://paper.people.com.cn/rmrb/html/2015-03/09/nw.D110000renmrb_20150309_1-04.htm.

逐步走向正轨。

4.2.2 立法热门——地下综合管廊方面密集出台

中国第一部城市地下综合管廊法规——《珠海经济特区地下综合管廊管理条例》，于 2015 年 12 月 25 日由珠海市第八届人民代表大会常务委员会第三十一次会议通过。

2015 年出台的一系列促进城市综合管廊、地下管线建设的相关政策法规有 30 余件(图 4-2)，占 2015 年出台城市地下空间政策法规文件总数量的 49%，表明近几年城市综合管廊将成为地下空间建设发展的热点。

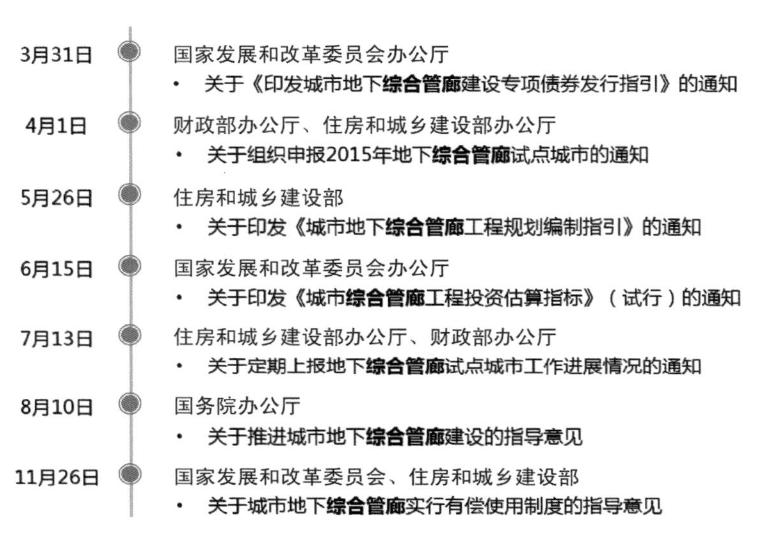

图 4-2 2015 年国务院各部、委出台有关综合管廊政策法规历程

4.3 2015 年地下空间法制建设

4.3.1 效力类型与发布主体

2015 年我国出台涉及城市地下空间开发利用的法律法规、规章、规范性文件共 65 件，其中，直接针对地下空间开发利用管理的为 14 件，间接涉及或相关的政策法规为 51 件。

法律效力类型层面，涉及城市地下空间的法律法规偏少，占总数量 3.1%(图 4-3)，表明当前中国城市地下空间整体立法层次不高，立法效率需要进一步提高。

发布主体层面，2015 年出台城市地下空间政策法规的部门中，以地方人民政府为主(图 4-4),反映中国城市地下空间立法上缺乏统一立法、覆盖范围小、法律调整效力层次低,相配套的法律法规缺位。

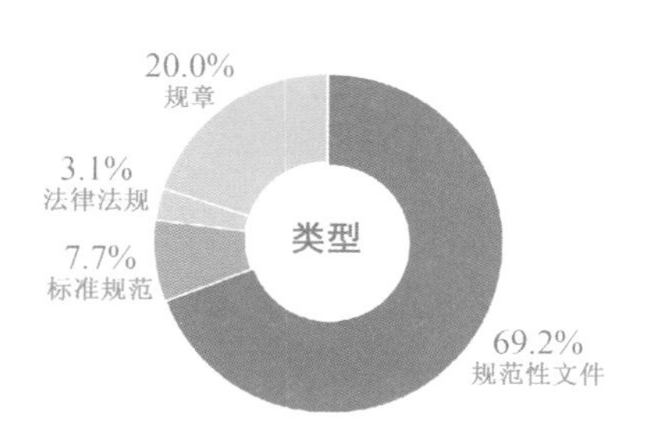

图 4-3 涉及城市地下空间开发的政策法规类型统计分析图

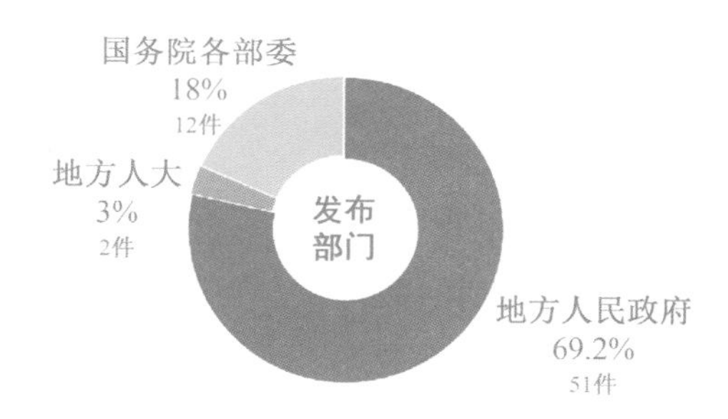

图 4-4 涉及城市地下空间开发的政策法规发布主体分析图

4.3.2 主题类型

2015 年中国出台的城市地下空间政策法规主要包括地下空间开发利用管理、综合管廊与地下管线建设管理、地下空间土地与产权登记、地下空间安全等类型。土地、产权、投融资等主题显著增多,打破了长期以来中国地下空间法制建设只注重开发利用管理的格局,类型多样化趋势较 2014 年更加明显。

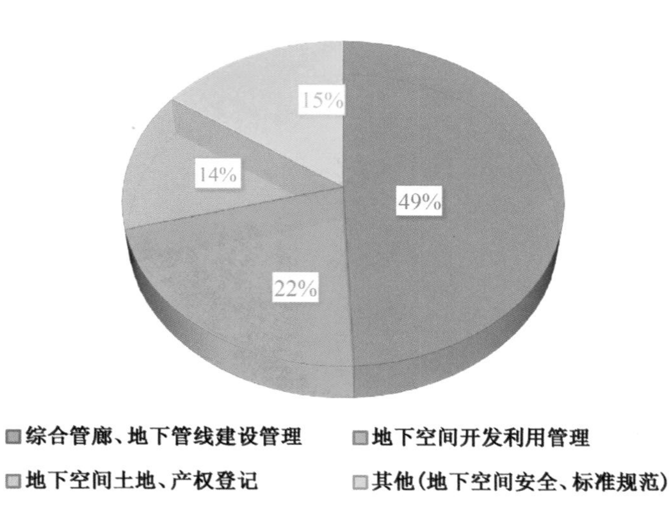

图 4-5 涉及城市地下空间开发的政策法规主题类型分析

除了受到加强地下基础设施建设的宏观政策影响外,法制建设由综合性地下空间政策法规,向地下公共空间、地下轨道交通(地铁)、地下综合管廊等专业化领域、更深层次的多方面地下空间政策法规转变。

4.3.3 适用范围

2015年中国新增有关地下空间的法律法规、规章中，适用于全国范围的为12件，14个省、直辖市出台适用于省级行政区的为20件，31个城市出台适用于该城市或区县的为32件。参见图4-6。

综观2015年新增地下空间法律法规、规章的适用范围所处的行政区分布，以沿长江、黄河流域、东南沿海的省份和城市占多数。城市地下空间政策法规的颁布，在一定程度上与城市经济发展水平、城市建设、地下空间开发利用程度正相关。

总览至2015年年底，中国地下空间法律法规、规章完善度较高的区域一般以经济水平相对较好，地下空间开发利用相对发达的城市为主。

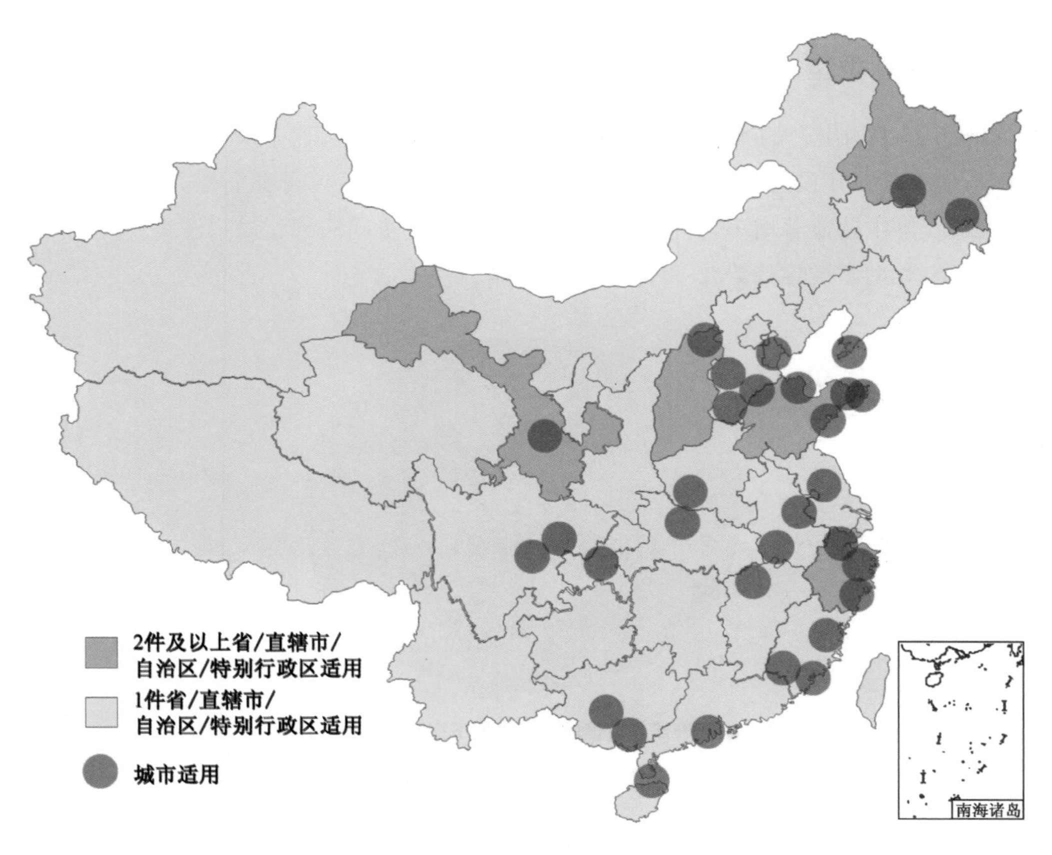

图4-6 2015年中国涉及城市地下空间发展政策法规分布图

B

Blue book

5 地下空间管理

肖秋凤　张智峰

5.1 地下空间管理机制与体制

5.1.1 管理机制现状

1) 管理机制主体

纵览“十二五”期间中国各城市颁布的有关地下空间管理机制方面的政策文件，根据主要管理单位或机构组织以及部门职能分工，将现有城市地下空间管理工作机制归纳为三类(图 5-1、图 5-2)：

一是建立地下空间管理联席会议(领导小组)工作机制。即结合市建委、市住建局、人防办或武装部等部门设置领导小组办公室。采取此类管理机制的城市约占颁布城市总量的 8%。

二是建立牵头协调管理机构，同时部门分工管理机制。即市人民政府统一领导或市人民政府设立协调机构或建设行政主管部门、城乡规划主管部门、市建委、市人防办等作为牵头机构。采取此类管理机制的城市约占颁布城市总量的 32%。

三是多部门多头管理机制。即城乡规划、国土资源、建设、房屋、民防、环保、公安、发改、财政、交通等行政主管部门根据各自的职能分工对地下空间相关业务进行管理。采取此类管理机制的城市约占颁布城市总量的 60%。

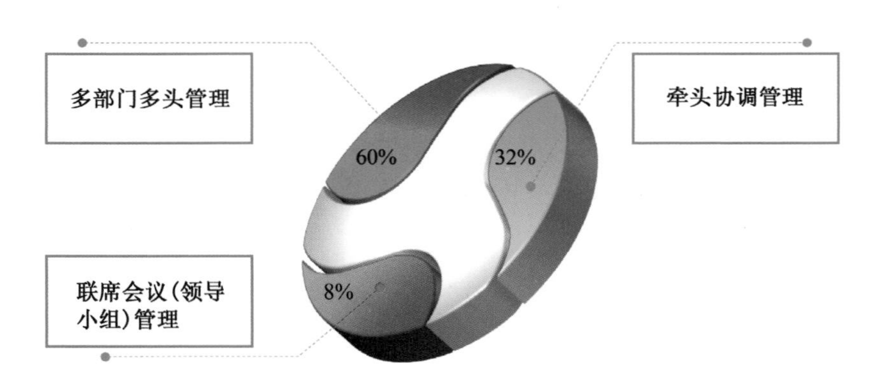

图 5-1 城市地下空间管理工作机制分类与所占比例

2) 优劣势比较

(1) 联席会议(领导小组)管理机制

该管理机制原则是共管共治、衔接有序，处于探索阶段。

上海是最早建立地下空间管理联席会议工作制度的城市，近两年西安、东营、海宁、

图 5-2　地下空间管理机制主体分类

南京等城市结合建委、人防等部门也相继成立地下空间开发利用工作领导小组，负责组织协调城市地下空间开发利用工作。

地下空间联席会议管理机制，相对于其他管理机制，最大的优势为组织体系相对较为健全，可从体制上理顺地下空间管理工作，把握职责，突出工作重点，确保地下空间安全可控，保持地下空间平稳安全运行态势。

根据目前实行联席会议制的城市来看，这类城市经济发展较好，地下空间开发水平均处于中等偏上，地下空间管理经过不断改进和完善，正逐步走向精细化。

(2) 牵头协调管理机制

牵头负责、凝聚共识、协调力量，地下空间开发水平较高的城市更趋向于采用此种管理机制。

该管理机制由牵头协调机构和分工管理部门构成，牵头协调机构结合各管理部门职能落实分工，统一管理工作(图 5-3)。

根据目前实行牵头协调管理制的城市来看，主要分布在东部、中部地区，多数城市由城乡或国土等主管部门作为牵头协调机构，也有结合城市实际情况协调机构较为特

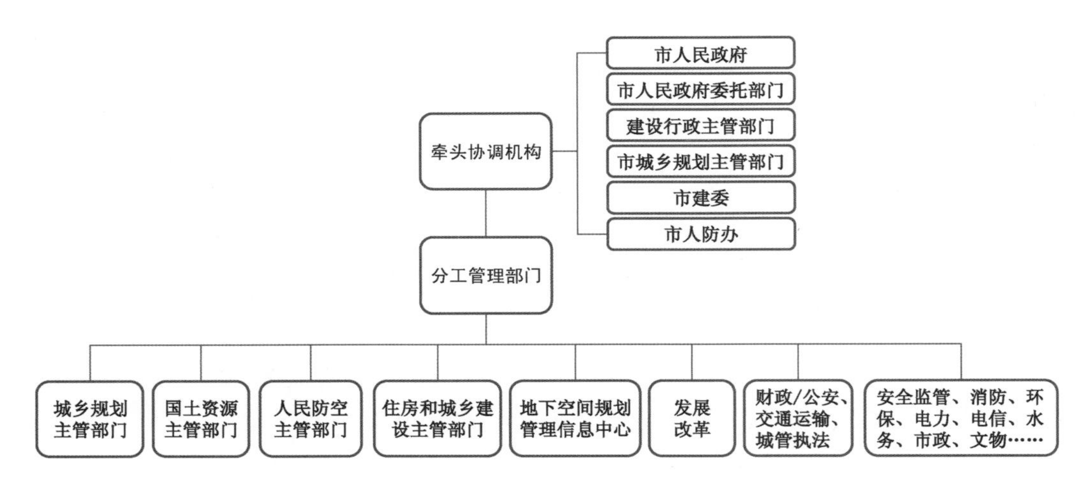

图 5-3　牵头协调管理机制

殊的，如哈尔滨地下空间管理部分行政处罚权由市城乡规划局与市城市管理行政执法局行使。

(3) 多部门多头管理机制

这种管理机制是城市的多个部门根据各自的职能分工进行地下空间开发利用管理的相应工作，管理主体多而散，地下空间管理效率相对较低，因各部门职能分工及资源配置差异大，统筹工作难度较大。多数城市目前均为此种管理机制。

5.1.2　颁布城市分布

2010—2015 年我国颁布有关地下空间管理方面的法律法规、规章等的城市，主要集中在东部、中部地区。东部地区约占总量的 68%，直辖市、地级以上城市基本都已颁布；其次是中部地区，约占总量的 16%，各省份基本都有颁布，但颁布城市数量较少；西部及东北地区颁布较少(图 5-4)。

整体上全国城市地下空间管理机制的完善程度，与地下空间发展水平基本正相关。

东部地区城市地下空间发展水平相对较高，地下空间管理机制、管理模式也较为完善，地级以上城市基本已建立地下空间管理机制，部分经济发达县或县级市也逐步建立适宜城市地下空间开发需求的管理机制。

中部地区省会城市领先，地下空间开发水平与管理机制相适应；其他城市地下空间管理机制较为缺乏，有待完善。西部及东北地区城市地下空间开发与管理机制配套不足，有待提升。

图 5-4　2010—2015 年地下空间管理机制颁布城市及区域分布

5.1.3　颁布时间

近 5 年，全国地下空间管理政策文件颁布的数量，年均增长率约为 50%，尤其是近 2 年增长达 85%左右(图 5-5、表 5-1)。

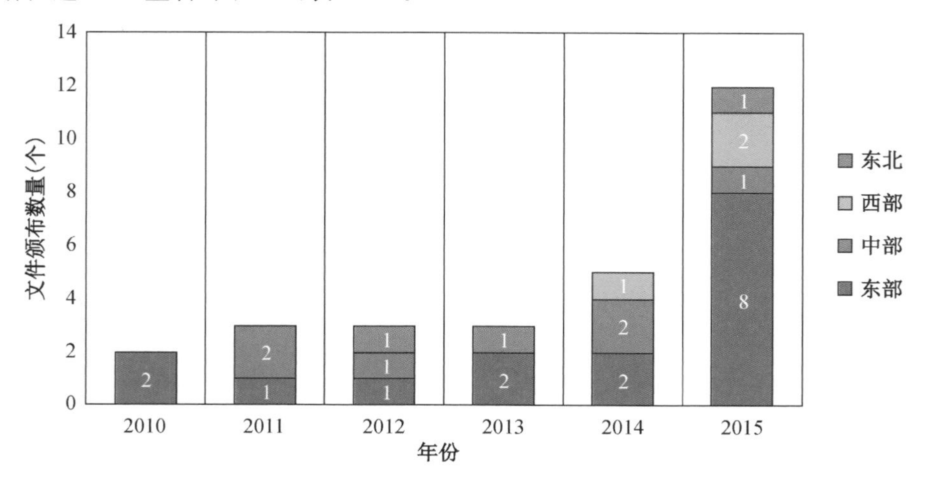

图 5-5　2010—2015 年地下空间管理政策性文件颁布区域分布图

东部城市近5年颁布地下空间管理政策文件持续增长，尤其近2年增加较多。中部城市颁布政策文件近4年发展较为稳定；西部及东北的城市颁布数量较少，主要体现在近2年内。

5.1.4 小结

从地下空间管理方面的政策文件的颁布时间和颁布数量来看，近5年来整体上是呈现数量增长趋势，尤其是近3年颁布的数量增加明显，从另外一个角度可以看出，近几年地下空间管理机制和体制在不断完善，且完善速度与全国城市发展水平成正比。

从颁布时间和颁布区域来看，东部地区地下空间管理体制相对较为完善，且不断进步和全面发展；中部地区地下空间管理体制相对有一定发展，但体制完善速度较缓慢；西部及东北地区地下空间管理机制和体制目前还较为缺乏。参见表5-1。

表5-1　2015年颁布的文件及内容

序号	适用范围（城市）	名称	发布部门	实施时间
1	德州市	德州市城市地下空间开发利用管理办法	德州市人民政府	2015.01.01
2	青岛市	青岛市地下空间国有建设用地使用权管理办法	青岛市国土资源和房屋管理局	2015.01.12
3	荣成市	荣成市城市地下空间开发利用管理办法	荣成市人民政府	2015.03.27
4	宁德市	宁德市地下空间开发利用管理规定	宁德市人民政府	2015.04.13
5	邓州市	邓州市城市地下空间开发利用管理办法	邓州市人民政府	2015.05.07
6	哈尔滨市	哈尔滨市人民政府关于将地下空间管理部分行政处罚权纳入城市管理相对集中行政处罚权范围的决定	哈尔滨市人民政府	2015.06.03
7	云南省	云南省城市地下空间开发利用管理办法	云南省人民政府办公厅	2015.07.17
8	海口市	海口市公共用地地下空间开发利用管理办法	海口市人民政府	2015.07.23
9	台州市	台州市人防办、台州市住房和城乡建设规划局关于加强地下空间开发利用工程兼顾人防需要建设管理的通知	台州市人民防空办公室、台州市住房和城乡建设规划局	2015.08.01
10	定西市	定西市城市地下空间开发利用管理办法	定西市人民政府	2015.09.10
11	邢台市	邢台市城市地下空间开发利用管理办法（试行）	邢台市人民政府	2015.10.01
12	廊坊市	廊坊市地下空间开发利用管理办法（征求意见稿）[①]	—	—
13	望江县	望江县城市地下空间开发利用管理办法	望江县人民政府办公室	2015.11.01

续表

序号	适用范围（城市）	名称	发布部门	实施时间
14	浙江省试点	城市地下空间开发利用管理办法、城市地下空间开发利用管理协作机制②	—	2015.11.25

注：①此文件为征求意见稿，2015 年无明确实施时间。

②住房和城乡建设部与国家人防办委托浙江省的研究性课题，于 2015 年 11 月 25 日通过成果鉴定。

5.2 地下空间国土资源管理

地下空间国土资源管理主要通过地下空间用地管理反映。“十二五”期间，中国城市颁布有关地下空间用地管理方面的政策性文件分为两种情况，一是作为城市地下空间管理办法的章节内容，约占 75%；二是专门制定并出台城市地下空间建设用地管理的政策文件，约占 25%。

5.2.1 颁布城市

整体上分布的集中程度与地下空间开发水平成正比，集中分布在东部沿海城市（图 5-6）。

图 5-6 2010—2015 年地下空间用地管理方面的政策性文件颁布的城市及区域分布

东部地区地下空间的开发建设走在全国前列，在利用和管理过程中出现问题的多样性与复杂性也居全国各区域之首，地下空间建设用地使用权等问题尤为突出。因此东部地区很多城市相继出台了关于地下空间用地管理方面的政策性文件，对地下空间建设用地、公共用地、地下商业空间国有建设用地等明确了地下空间建设用地使用权取得、供地方式、用地审批、土地出让金、建设用地使用权转让(抵押)、建设用地使用权登记等方面内容。

截至 2015 年年底，中部地区各省级行政区内均已出台地下空间用地管理方面的政策性文件，但基本集中在省会城市。西部及东北地区地下空间用地管理方面较弱。

5.2.2 主管部门

地下空间用地管理的主管部门一般包括国土、规划、建设、人防、市政等部门。目前绝大多数城市的管理主体是国土资源主管部门，此外，部分城市是由国土资源主管部门与房管或人防或市政主管部门等两个部门共同管理，其中国土资源主管部门为主导。

2010—2015 年间，地下空间用地管理主体中(图 5-7)：

国土资源主管部门直接管理的城市约占总量的 70%，其中东部地区城市超过 60%；

由“国土＋房管”、“国土＋人防”、“国土＋市政”共同管理的城市，约占总量的 25%，主要有广东、山东、陕西等省份的地级市；

极少城市由规划、建设主管部门直接管理，此类城市约占总量的 5%，主要有沈阳、南平等城市。

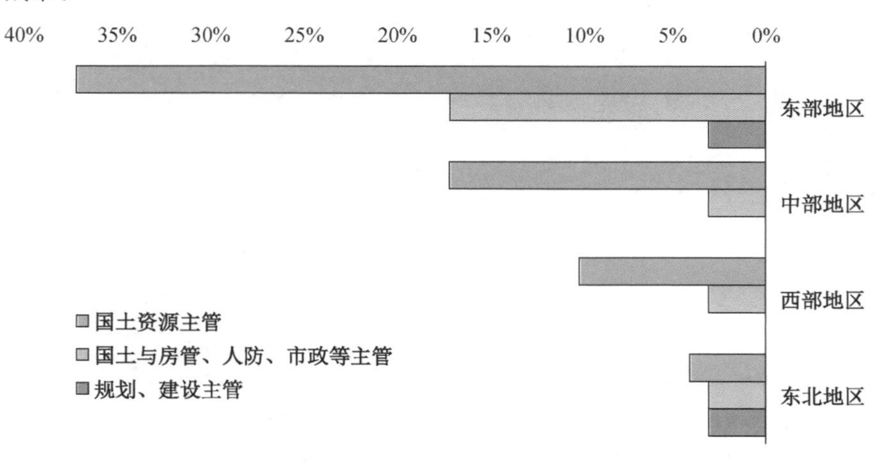

图 5-7 2010—2015 年地下空间用地管理主管部门分析

5.3 2015年地下空间管理重点关注内容

2014年城市地下空间管理重点关注内容主要有用地管理、规划管理、土地出让金、产权登记管理共四方面内容，在2014年的基础上，可总结提炼出2015年地下空间管理的变化及新增的重点内容。

（1）人防办作为地下空间开发利用主管部门或牵头单位，在地下空间管理中将发挥越来越重要的作用。

德州市人防办受市政府委托作为城市地下空间开发利用主管部门，组织实施了《德州市城市地下空间开发利用管理办法》，负责城市地下空间开发利用涉及人民防空的监督管理。

南京市成立城市地下空间开发利用领导小组，由分管副市长组织，市人防办牵头，市发改、住建、规划、国土、政府应急办、公安等协同配合。

海宁市成立地下空间开发利用工作领导小组，负责组织协调全市地下空间开发利用工作，领导小组下设办公室，办公室设在市住建局（人防办）。

（2）首次出台将地下空间管理部分行政处罚权纳入城市管理相对集中行政处罚权范围。

哈尔滨市将地下空间管理部分行政处罚权，以及与实施相对集中行政处罚权有关的行政强制措施，由市、区城市管理行政执法局行使；市城乡规划局与市城市管理行政执法局就地下空间管理行政处罚权工作建立联动机制，实现信息互通、资源共享。

（3）加强重视公共用地地下空间开发利用管理，公共用地地下空间成为政府关注重点。

海口市专门制定并出台了“公共用地地下空间开发利用管理办法”，明确了城市公共用地地下空间开发利用形成的单建式地下工程的管理。强调了人防工程和民用工程的规划和使用权管理、建设使用管理等内容，包括项目立项审批、项目备案、规划管理、使用权供应管理、工程建设管理、人防工程管理等。

（4）地下空间建设用地管理问题突出，越来越多城市专门制定并出台地下空间土地管理文件。

2015年以前，绝大多数城市地下空间土地管理内容基本是作为城市地下空间开发利用管理办法的一个章节，并未成为管理部门的关注重点。伴随地下空间开发利用的成熟化，管理过程中产生的问题爆发性增长，地下空间土地利用方面的问题尤为突出。在此背景下，2015年各城市专门制定并出台地下空间土地管理文件越来越多，如《青岛市地下空间国有建设用地使用权管理办法》、《南宁市地上地下空间建设用地使用权审批与确权登记暂行办法》、《南平市建阳区地下空间土地登记若干规定》等。

5.4 总结

(1) 目前,地下建设用地使用权的取得、供应、审批、转让、登记以及土地出让金等制度普遍不完善,存在针对性不强、政策导向不清等问题,不利于地下空间开发活动有效和有序地进行。

(2) 全国大多数城市都是由国土资源主管部门负责地下空间用地管理,与地上用地管理方式一致。

(3) 经济发达地区,地下空间用地管理的主导部门相对多样化,房管、规划、建设、人防、市政等部门也参与管理。

(4) 经济欠发达地区,地下空间用地管理主导部门相对单一,基本均为国土资源部门。

B 6 技术与装备

Blue book

张智峰　刘　宏

6.1 工程技术

6.1.1 2015 年新增地下工程建设施工方法分析

选取 2015 年除盾构机(TBM)以外的,地下道路/隧道、地下过街通道、地下商业街、地下变电站、地下污水泵站、综合管廊等代表性的地下工程使用的新技术、新工艺作为统计对象。根据各城市政府采购网、各施工单位官网公开数据显示,2015 年全国新建单建式地下工程 347 处,项目采用工法主要有明挖法、逆作法、顶管法、浅埋暗挖法等(图 6-1)。

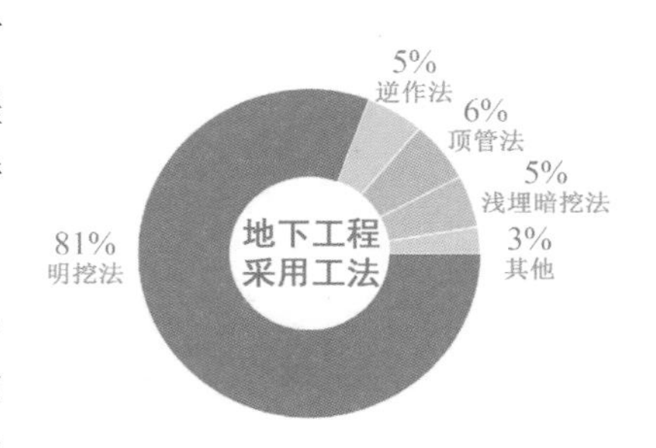

图 6-1 2015 年新增地下工程采用工法比重

明挖法具有施工简单、快捷、经济、安全的优点,是国内地下空间施工最常采用的施工方法,它最大的优点就是施工速度快,可以大范围进行施工。2015 年统计的数据显示,在周围环境允许的条件下,明挖法仍是城市地下空间工程首选的建设施工艺方法。

在城市地下空间工程建设中,根据工程特点和场地条件要求,建造成本较高、工艺要求高的逆作法、顶管法等施工工艺也越来越多地出现在各类工程中,城市建成区、老城区的地下市政基础设施、地下交通设施的兴建和改造已多选用各种逆作法和顶管工艺技术施工,以便于道路的交通组织,减少对周边商铺、居民生产生活的干扰。2015 年度代表性的工程有烟台市地下管线改造工程、乌鲁木齐市地铁八楼站项目等。

6.1.2 施工工艺技术创新

1) 施工防变形控制技术——软岩大变形控制技术

《软岩大变形控制技术及施工方法》于 2015 年 6 月 25 日顺利通过了中国科学院专家组鉴定。该项技术及施工工法由中铁二十二局哈尔滨铁路建设集团在牡绥铁路兴源隧道施工中总结而出,属世界先进水平,成功填补了中国在高纬度、高寒地区环境下地下工程、隧道施工中软岩大变形控制技术的空白[①]。

2) 节能环保技术——定向反光环技术

(1) 技术原理

该项技术利用汽车进入地下车行道路或隧道必开远光灯的要求,用定向反光技术

① 段继新."中国高铁"走向世界再添技术王牌[N/OL]. 黑龙江日报:01(2015-06-27). http://epaper.hljnews.cn/hljrb/20150627/125843.html.

把射往前方不再回归的光线利用起来，使其产生高效率的定向回归性反光，把地下道路、隧道照亮，从而可以关闭地下道路、隧道照明灯，实现地下道路、隧道照明不再用电。

（2）工艺优点

该项技术通过不断调整完善进入市场后，预计每年总体能为中国节省照明用电量300亿度，节省电费260亿元，相当于减少燃烧1 180万t标准煤，其节能减排功效明显。同时，还可大量节省当前地下道路、隧道照明建设中不可缺少的长距输电的电缆、变压器、电控系统和隧道照明灯的巨额建设费、维修费、管理费。初步估算，使用反光环的费用只有当前照明费用的十分之一左右①。

（3）技术应用

该技术在贵阳三江隧道试用过程中取得了良好的效果。

图6-2　贵阳三江隧道定向反光环试用现场

图片来源：大公网

3）不良地质条件施工技术——无水漂卵砾石地层盾构施工技术

（1）不良地质条件类型——典型无水大粒径漂卵砾石地层

北京地铁9号线03标区间隧道全断面穿越北京西南地区典型无水大粒径漂卵砾石地层，卵石含量高、漂石粒径大、硬度大，地层反应灵敏，受扰动后极易引起地表大面积沉降。

---

①　劳莉.隧道定向反光环问世 隧道照明将不再用电[EB/OL].大公网(2015-07-12). http://news.takungpao.com/mainland/topnews/2015-07/3050871.html.

（2）施工难度

盾构在此类地层中掘进风险极大，会遭遇掘进困难、刀盘刀具磨损严重、土压建立困难、一次掘进距离短等难题，对设备性能和施工技术要求极高。纵观国内外，当时还没有满足要求的设备和类似工程可供参考。

（3）技术创新点

首次提出了无水漂卵砾石地层盾构机"以疏为主，以隔为辅"的设计理念，采用"滚动剥落、动态平衡"的盾构开挖模式，自主研发了大开口率中间支撑辐条式刀盘、多层牙型交错刀具布置及大直径无轴螺旋输送机。

基于主动换刀理念，创建了"盾构快速检修井的设计及施工工艺"，实现了盾构快速检修和换刀，形成常压进舱换刀及检修施工模块化成果。

自主研发泥浆泡沫同步添加技术，并成功应用于无水漂卵砾石地层流塑化改造，实现了减少刀盘、刀具磨损和土压的持续动态平衡，有效达到了土体改良及减阻降矩①。

6.2 通用装备

根据"中国工程机械年度产品 TOP50"（由《工程机械与维修》杂志发起并主办，业内众多主流媒体共同协办②）的评选结果，中国铁建重工集团 ZTS 泥水平衡盾构机成为近 10 年来首次进入该榜单的地下空间专用年度装备产品。该装备被用于兰州地铁 1 号线（全断面大粒径卵石地层），是国内首次穿越黄河上游河底的盾构机③。盾构机进入中国工程机械年度产品 TOP50，标志着地下空间专用装备在工程建设中得到了更广泛的应用，地下空间建设在城市建设中的比例持续增大。

挖掘机是传统的通用装备机械，在地下空间工程建设中尤为广泛应用。受宏观政策影响，近 3 年来，中国挖掘机市场销量显现下降趋势（图 6-3）。

近几年，随着城市建设向集约型转变，以城市老旧城区功能性提升的更新改造逐年扩大，由此带来小型挖掘机需求不断上升，目前小型挖掘机已占据中国挖掘机市场 64.3%的份额（图 6-4）。

---

① 北京市科学技术委员会. 无水漂卵砾石地层盾构隧道施工关键技术[Z/OL].（2015-02-15）. http://www.bjkw.gov.cn/n8785584/n8904761/n8904900/n10189074/n10189414/n10189416/10203403.html.

② 赵丹. 徐工九款产品摘得中国工程机械年度 TOP50 奖[EB/OL]. 国家重大技术装备网（2015-04-27）. http://www.chinaequip.gov.cn/2015-04/27/c_134188137.htm.

③ Nora. 中铁建 ZTS6250 泥水平衡盾构机获 TOP50 年度产品奖[EB/OL]. 第一工程机械网（2015-04-10）. http://news.d1cm.com/2015041069258.shtml.

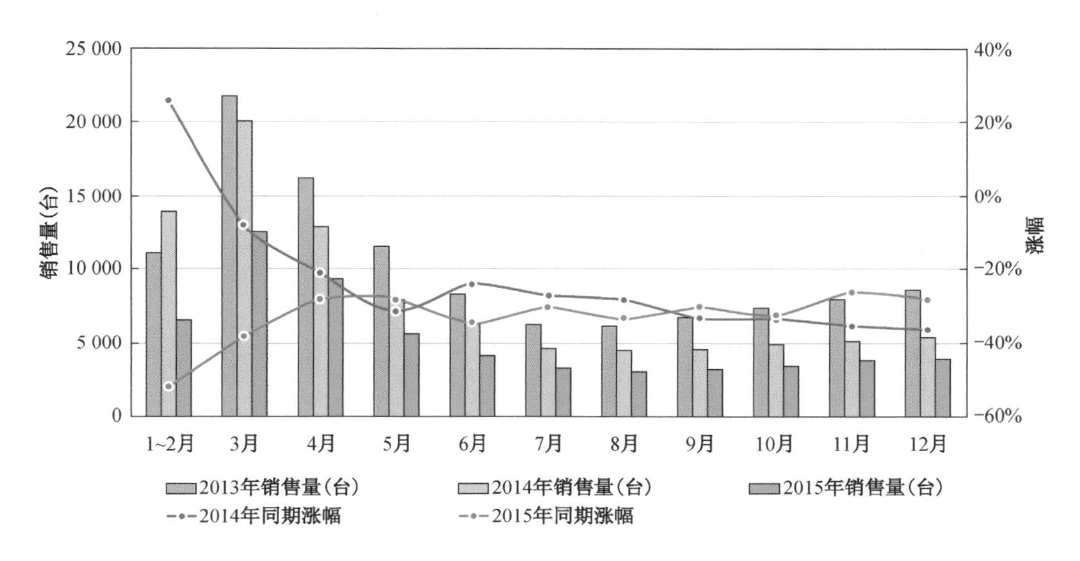

图 6-3 近三年中国挖掘机市场销量变化情况

数据来源:《2015 年中国挖掘机械市场格局分析》

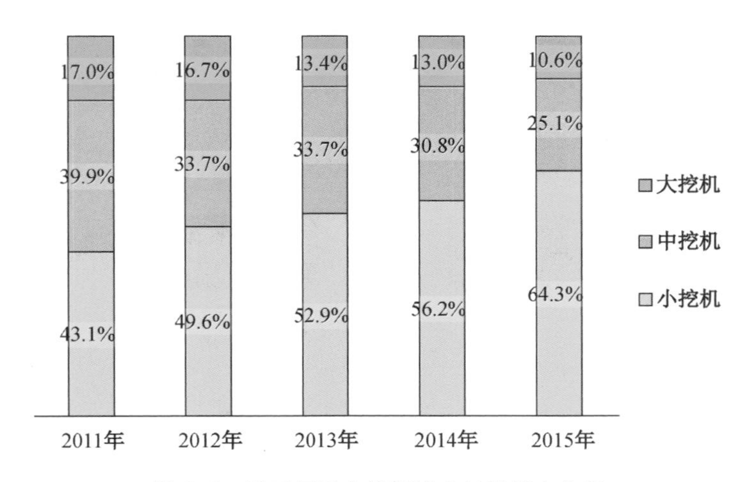

图 6-4 近五年国内挖掘机市场机型变化图

2015 年,国产品牌共有 15 家企业生产销售 29 893 台挖掘机,国产化率为 50.7%(图 6-5)。其中,三一重工占据国产挖掘机总销量的 1/3。

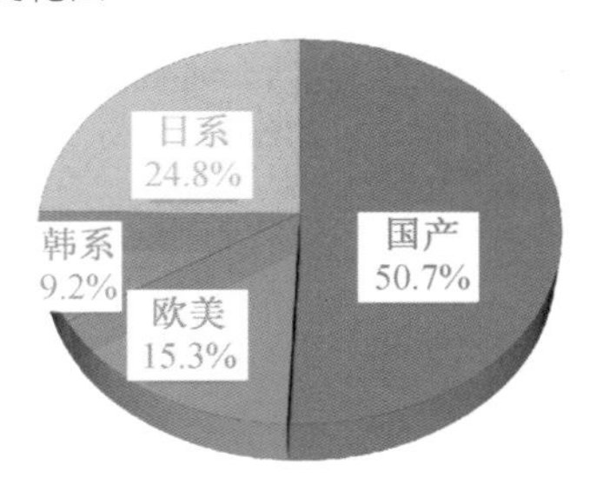

图 6-5 2015 年中国挖掘机市场格局

随着中国城镇化发展、加大城市基础设施建设、“一带一路”战略构想以及推进“海绵城市”和综合管廊建设的政策指引,“十三五”期间,地下空间建设的逐步落实,将使装备领域逐步受益。预计挖掘机市场“十三五”期间逐步回暖，挖掘机生产企业应抓住发展机遇、立足市场需求，积极转变生产方式，努力提高应变能力，充分发挥技术优势和产业优势，争取尽快走出谷底，进入一个新的良好发展周期。

6.3 专用装备

6.3.1 2015 年专用装备综述

2015 年 5 月，我国公布实施的第一个制造强国战略 10 年行动纲领《中国制造 2025》中将地下空间工程标志性的专用装备——轨道交通装备“作为中国在下一个十年中装备制造业的战略任务和重点”[①]进行扶持。未来轨道交通专用技术装备方面的新材料、新技术、新工艺、轻量化、模块化、谱系化、绿色智能、高速重载等领域的发展将上升到国家战略。2015 年中国地下空间装备机械取得的成就如图 6-6 所示。

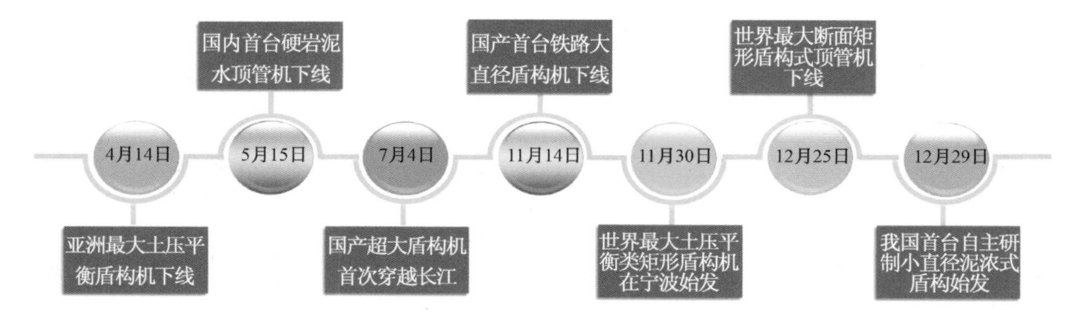

图 6-6 2015 年中国地下空间装备机械取得的成就[②]

---

① 中华人民共和国中央人民政府网站.《国务院关于印发〈中国制造 2025〉的通知》国发[2015](28 号)[EB/OL].(2015-05-19). http://www.gov.cn/zhengce/content/2015-05/19/content_9784.htm.

② 李春生. 亚洲最大盾构机在沈试车成功[N/OL]. 沈阳日报(2015-04-15). http://epaper.syd.com.cn/syrb/html/2015-04/15/content_1065875.htm.

齐中熙. 国内首台硬岩泥水顶管机下线[EB/OL]. 新华网(2015-05-15). http://news.xinhuanet.com/fortune/2015-05/15/c_1115302571.htm.

李家宇，马晓东. 天津“金刚钻”南京啃下“硬骨头”——国产超大盾构机首次穿越长江[N/OL]. 天津日报(2015-07-04). http://epaper.tianjinwe.com/tjrb/tjrb/2015-07/04/content_7314032.htm.

刘芳宇. 国内首台类矩形盾构机“阳明号”在浙江宁波始发[N/OL]. 新华网(2015-12-01). http://news.xinhuanet.com/tech/2015-12/01/c_128486258.htm.

齐中熙. 世界最大断面矩形盾构式顶管机下线[EB/OL]. 新华网(2015-11-25). http://news.xinhuanet.com/tech/2015-12/25/c_1117584596.htm.

锐成机械. 中国首台自主研制的小直径泥浓式盾构[EB/OL]. 万花镜(2016-01-09). http://www.wanhuajing.com/d180074.

据国家发改委公开数据及中国城市轨道交通网数据预测，至2020年，我国将有36个城市拥有地铁，城市轨道交通累计营业里程将达到11 000 km以上。未来5～10年，我国将迎来地铁的发展高峰期，这将给以盾构机为代表的地下空间专用装备机械带来巨大商机。

根据中国城市轨道交通"年报快递"，截至2015年年底，中国开通运营城市轨道交通线路的城市共计27座(内地24座、港台地区3座)。2005—2014年间，中国内地拥有城市轨道交通的城市从8座发展为22座；运营线路数由17条增长为83条；运营线路总长由381.6 km增长至2 699.6 km，年均增长231.8 km，运营车站数由237座增长至1 770座。

2015年全国城市轨道交通总投资超过5 000亿元，远远超过2014年的2 857亿元。

总体来看，我国城市轨道交通发展正处于快速发展期，在地下空间专用装备中，作为高端装备制造业中的代表性装备——隧道掘进设备是国家重点支持发展的战略性新兴产业，随着我国轨道交通等城市支撑系统的建设进入一个快速发展阶段，将推动装备原材料、装备研发与制造、施工等地下空间专用装备产业链巨大的市场潜力，预计未来10年将是地下空间工程装备产业实现跨越式发展的绝佳时期。

6.3.2 代表性装备——全断面掘进机(盾构机)

近年来，国内地下空间开发进入高速发展阶段，各种大型地下工程不断上马。全断面掘进机(以下简称盾构机)作为地下工程施工的重大装备，近年来的增长速度也一直稳定在10%以上，呈现出快速发展的态势(图6-7)。

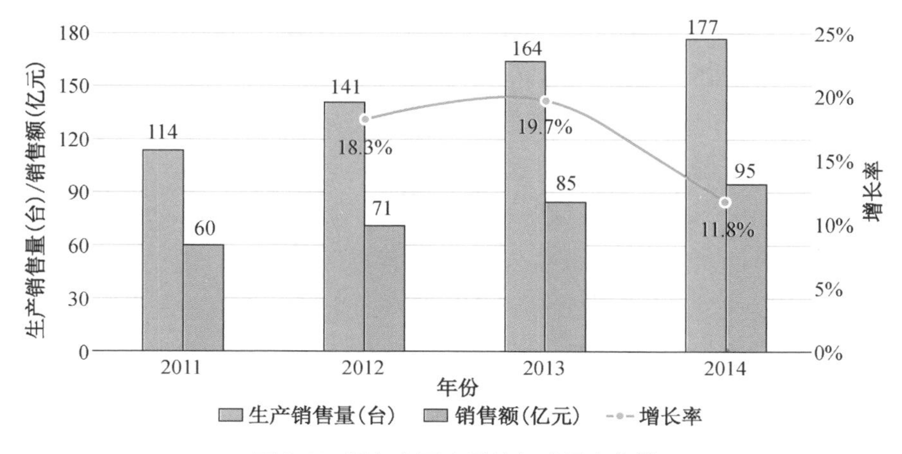

图6-7 近年来国内盾构机发展态势①

注：原文表格中2014年数据为预估值，已结合其他资料进行校正。

① 俞据.我国隧道掘进机产业现状与发展展望[J].建设机械技术与管理，2015(01)：55-57.

盾构机制造是一门集机械、电子、液压、控制和信息技术等多项技术于一体的复杂技术，对企业的准入门槛很高。中铁隧道集团、中国铁建重工集团和广州海瑞克[包括海瑞克(广州)]长期占据行业前三的位置。除此之外，每年进入榜单的企业名单也较为稳定，天业联通、小松(中国)、徐工凯宫、北方重工、中交天和等企业都长期名列榜单之中。

以往年盾构机销售情况、增长率等综合判断，2016 年的盾构机市场情况将继续呈现增长态势，"十三五"期间，城市轨道系统等城市大型地下工程设施仍将保持较快的发展态势，预计年增长率为 8%～10%。

1）不同类型专用装备的应用①

2014 年中国盾构机的销量比 2013 年增长了 12%。从销售的产品规格和品种来看，以土压平衡式盾构机为主，共销售 83 台，占比 47%。其余类型见图 6-8②。

土压平衡式盾构机适用于大多数城市地下隧道的挖掘工作，因此销量也最大，几乎占据全年销售总量的一半；泥水平衡式盾构机主要用于挖掘过江隧道、跨海隧道或地下水较浅的地下隧道，因此销量较小；复合及混合式盾构机具有很强的地质适用性，因此销量仅次于土压平衡式盾构机；顶管机的销量较上一年度跌幅达到 62.5%。

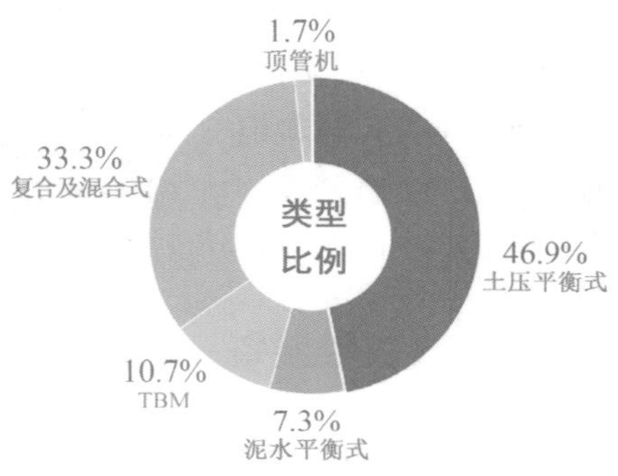

图 6-8　2014 年不同类型盾构机所占比重

2）盾构机国产化情况

近年来，国产全断面隧道掘进机发展势头良好，以中铁隧道集团和中国铁建重工集团为代表的中国全断面隧道掘进机生产企业不断扩大市场，到 2013 年，两家企业已经占领中国全断面隧道掘进机市场的半壁江山。

2011—2013 年中国全断面隧道掘进机生产企业在国内市场的占有率已经达到 70%以上(表 6-1)，基本实现了"装备中国、走向世界"。

国内有不少企业是通过对国外品牌的收购进入全断面隧道掘进机市场的，比如北方重工收购了德国维尔特集团控股的子公司——法国 NFM 公司，中铁工程装备集团收购了德国维尔特公司的硬岩掘进机知识产权。收购完成后，掌握外方技术，完善创新我方技术，才能在竞争越来越激烈的全断面隧道掘进机市场中立于不败之地。

---

① 由于 2015 年资料暂缺，此部分内容以 2014 年统计数据为分析对象。

② 崔玉平. 一枝独秀 掘进机械发展势头好[EB/OL]. 中国工业新闻网(2015-12-17). http://www.cinn.cn/zbzz/350496.shtml.

表 6-1 2011—2013 年国内全断面隧道掘进机国产化率情况

年份	2011	2012	2013	合计
外资(合资)企业市场份额(台)	32	35	44	111
中资企业市场份额(台)	82	106	120	308
国产化率	72%	75%	73%	—

因此,在高国产化率的背后,掌握全断面隧道掘进机生产的核心技术依然是中资企业的重中之重。

3) 盾构机小型化趋势

盾构机按照其直径不同可细分为小型盾构(直径 2~3 m)、中型盾构(直径 3~6 m)、大型盾构(直径 6~9 m)和特大型盾构(直径大于 9 m)(图 6-9)。

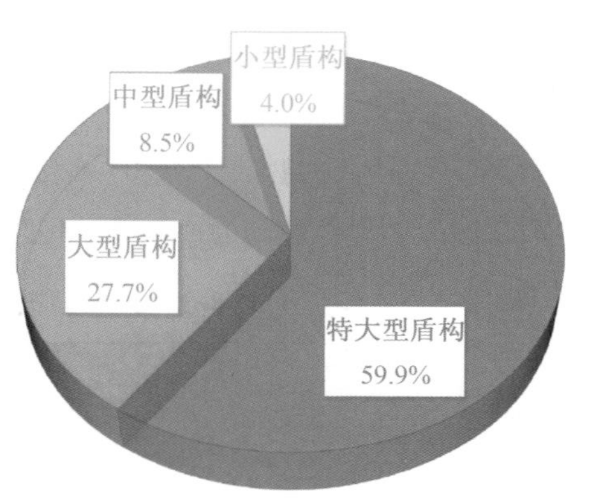

图 6-9 2015 年不同尺寸盾构机械所占比重

由于盾构机主要用于城市中公路隧道、地铁隧道等大型隧道的挖掘,因此,大型盾构和特大型盾构是 2015 年盾构机应用的主要组成部分。

小型盾构主要用于市政供排水管道、电缆管道等的建造,适合在交通繁忙、人口密集、地面建筑物众多、地下管线复杂的地下条件作业,可有效解决当前国内城市地下管网设计和施工的难题。

2015 年 12 月,由江苏锐成机械有限公司自主研制的中国首台小直径泥浓式盾构在南京市洪武路污水主干管项目首次使用,标志着中国在小型盾构技术方面取得了“零”的突破。小直径泥浓式盾构的成功研制填补了中国在小直径盾构领域的空白,开辟了中国盾构小型化、精细化研究的新方向,为中国盾构技术的创新和发展再添光彩。

随着 2015 年全国综合管廊全面建设的政策推进,未来特别是“十三五”期间,在埋深较深、地质条件复杂的城市综合管廊工程中,小型盾构机将会得到广泛运用。

4) 异形盾构机的应用

与常规的圆形盾构机不同,异形盾构机不仅是断面的“变形”,更是工法、技术的“变形”。如 2015 年宁波轨道交通 3 号线一期工程中使用的中国首台自主研发的类矩形“阳明号”盾构机;由中铁工程装备集团自主研发的异形盾构也在多项地下工程中得以应用:新加坡汤申线地铁项目的矩形盾构机①、蒙华铁路白城隧道的马蹄形盾构机,以

① 孙庆辉,王赛华,刘灿. 中国矩形顶管掘进机“驶”向新加坡[N]. 郑州晚报,2015-11-03(AA06).

及黎巴嫩大贝鲁特供水项目的世界最小直径(3.5 m)的硬岩掘进机等。

此类异形盾构机不仅可以在保证施工安全的前提下，在离地面仅 3m 的地下开山掘土，而且比圆形截面减少 20%～30%的开挖面积，最大程度地提高空间利用率，同时节省大量的工期和后期施工成本。

异形盾构机在未来的综合管廊、地下停车场、地下快速路、地下过街道等领域都将有广泛的应用需求。

5）未来盾构机市场发展趋势

盾构机作为城市中轨道交通施工的主要装备，与城市地铁发展程度息息相关。根据已经开通地铁的 24 个城市(不含港澳台)的线路数量、建设里程和线网密度，这些城市的地铁建设可划分为成熟期、加速器、成长期和起步期四个阶段(表 6-2、图 6-10)。

表 6-2 24 个城市地铁建设一览表(截至 2015 年年底)

排名	城市	地铁长度(km)	城市	地铁线路(条)	城市	主城区线网密度(km/km^2)
1	上海	579.2	北京	18	上海	0.88
2	北京	547.5	上海	14	北京	0.82
3	广州	251.4	广州	9	天津	0.77
4	南京	224.4	南京	6	深圳	0.48
5	重庆	198.8	重庆	5	南京	0.29
6	深圳	176.3	深圳	5	成都	0.19
7	天津	140	天津	4	昆明	0.17
8	武汉	126	武汉	4	广州	0.16
9	大连	100.6	大连	3	武汉	0.14
10	成都	88.3	成都	3	重庆	0.14
11	杭州	80.2	杭州	3	郑州	0.13
12	昆明	60.1	昆明	3	杭州	0.12
13	无锡	56	无锡	2	无锡	0.11
14	沈阳	55	沈阳	2	长春	0.11
15	西安	52.2	西安	2	沈阳	0.10
16	苏州	51.3	苏州	2	宁波	0.10
17	宁波	49.3	宁波	2	佛山	0.10
18	长春	48.3	长春	2	大连	0.09
19	南昌	28.8	南昌	1	南昌	0.08
20	长沙	26.4	长沙	1	西安	0.06

续表

排名	城市	地铁长度(km)	城市	地铁线路(条)	城市	主城区线网密度(km/km^2)
21	郑州	26.2	郑州	1	哈尔滨	0.05
22	哈尔滨	17.5	哈尔滨	1	苏州	0.04
23	佛山	14.8	佛山	1	长沙	0.03
24	青岛	12	青岛	1	青岛	0.01

地铁发展进入成熟期的北京、上海两座超大城市地铁线网基本成型,未来地铁建设步伐将放缓,对于盾构机等地下空间装备的需求也将有所降低。

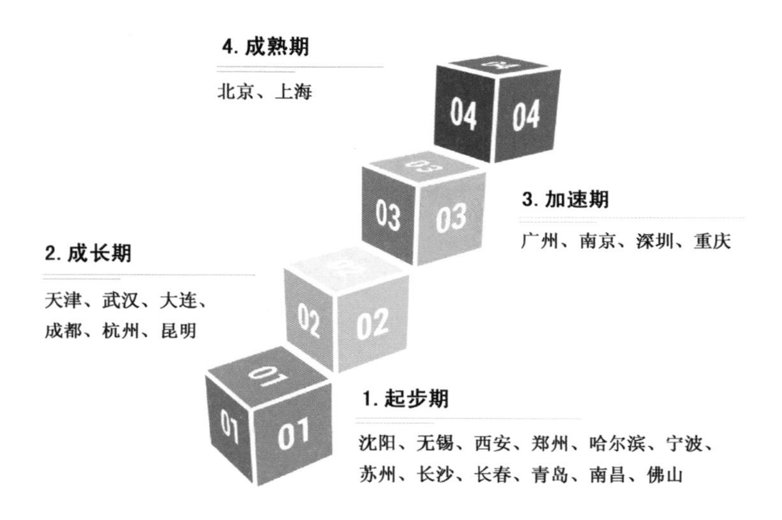

图 6-10 24 座城市地铁建设发展阶段

广州、深圳、南京、重庆四座城市地铁线网已经初具规模,且有良好的经济基础作为支撑,"十三五"期间地铁建设将进入加速期,对盾构机等地下空间装备的需求量也将有所上升。

天津、武汉、大连、杭州、成都、昆明六座城市目前仅通车三四条地铁线路,未来五年盾构机将成为地下空间装备的主要市场。

西安、苏州、无锡、长沙、青岛等 12 座城市地铁建设仍然处于起步期,未来 5～10 年都将对盾构机等地下空间装备有较大需求。

B7 科研与交流

Blue book

田 野 张智峰

7.1 科研项目

7.1.1 学术论文

1) 基础统计

根据中国知网、万方数据知识服务平台等权威学术数据库统计，2015 年，我国共发表有关地下空间内容的学术论文约 2 270 篇。论文主要集中在 6 个主要研究领域，如建筑学、水利工程、土木工程、交通运输工程、地理学、测绘科学与技术等。2015 年期间 6 个主要研究领域有关地下空间内容的学术论文发表量之和占总数量的 96.6%(图 7-1)。

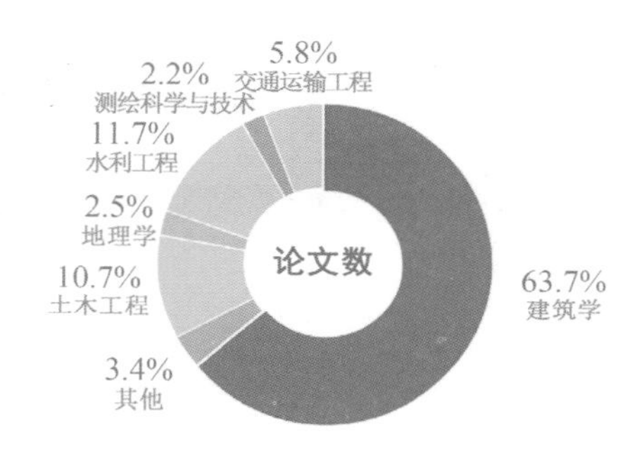

图 7-1 2015 年各研究领域的“地下空间”学术论文发表数量比重图

资料来源：中国知网、万方数据等检索数据库

2015 年有关地下空间的学术论文中，录入 SCI、EI、CSSCI、中国科技核心期刊、北大核心期刊、CSCD、SCIE 等核心期刊的共计 540 篇，占全年地下空间学术论文总数的 24%。2015 年，作为中国在地下空间开发和利用方面最具代表性的学术期刊，由教育部主管、中国岩石力学与工程学会和重庆大学共同主办的《地下空间与工程学报》成功入选中国科学引文数据库核心期刊(CSCD2015—2016)。

综合考虑研究对象的类型与功能，可将有关地下空间内容的学术论文划分若干学术主题，包括地下工程设计、地下规划研究、地下交通、地下轨道(地铁)、地下市政、地下公共服务、地下仓储物流等。

2015 年有关地下空间的学术论文中，地下工程设计类为 1 010 篇；地下规划研究类为 367 篇；地下交通、地下轨道(地铁)、地下市政、地下公共服务、地下仓储物流等论文共计 890 篇，占 2015 年地下空间学术论文总数量的 39.3%(图 7-2)。

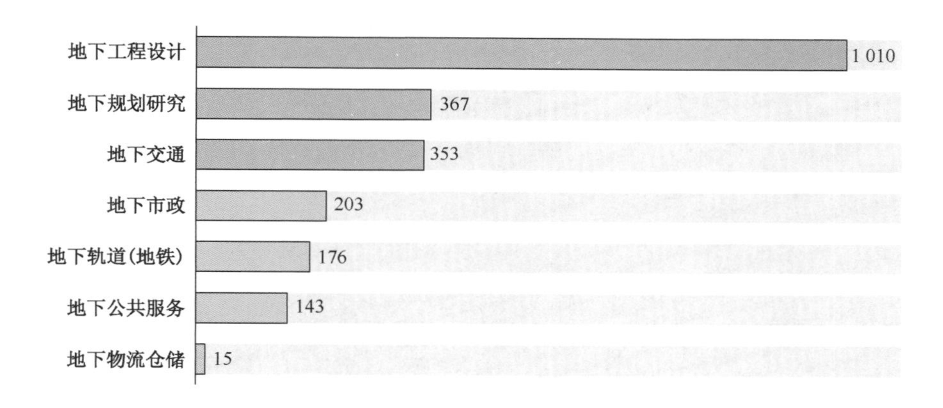

图 7-2 2015 年“地下空间”学术论文按照学术主题统计图

数据来源:中国知网、万方数据等检索数据库

2) 发展态势

(1) 研究方面论文数量有所下降

国内各大期刊论文数据库检索数据显示,2015 年地下空间学术论文的发表数量仍延续了 2014 年“学术论文数量回落”的态势,且低于 2012 年的发表总数量。

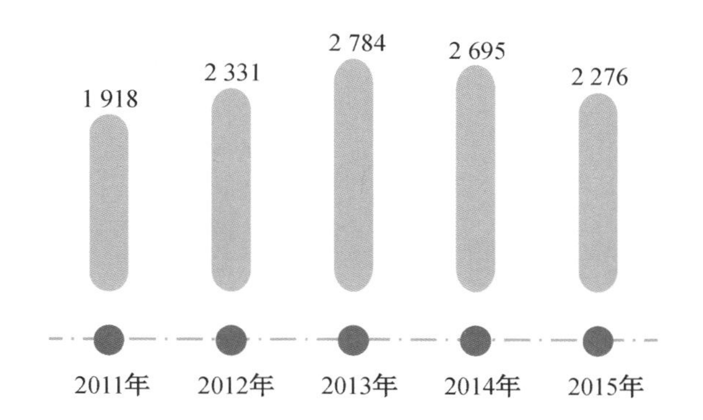

图 7-3 2011—2015 年“地下空间”学术论文发表数量走势图

数据来源:中国知网、万方数据等检索数据库

(2) 研究方向呈现“集聚效应”

2011—2015 年,地下空间学术论文的研究领域集中在建筑学、土木工程、水利工程、交通运输工程、测绘科学与技术和地理学等。

2012 年至今,建筑学领域学术论文发表量均占地下空间学术论文总发表量的 50%以上,对地下空间学术论文发表量的影响较大;其他领域学术论文发表量相对较少,并且发表量趋于平稳,对于整体趋势影响较小(图 7-4)。

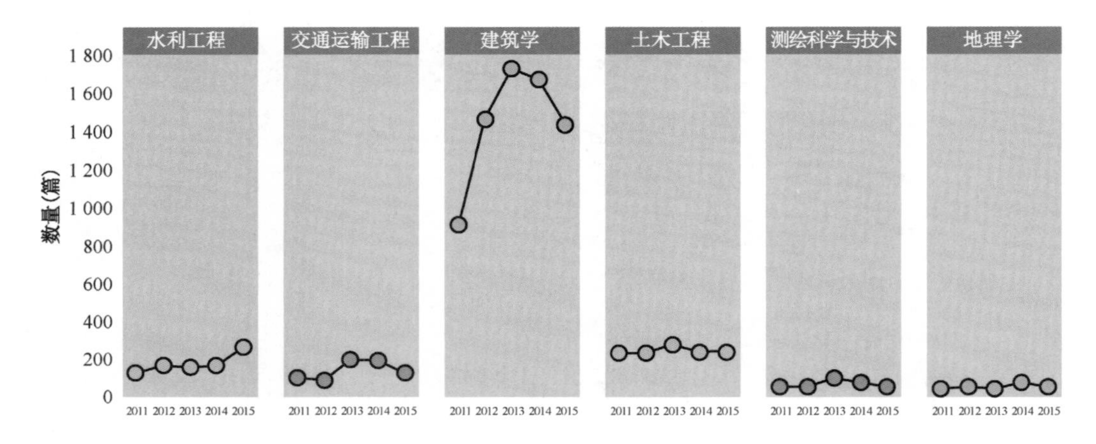

图 7-4　2011—2015 年"地下空间"学术论文主要研究领域发展数量

数据来源:中国知网、万方数据等检索数据库

地下空间学术论文研究领域总体上呈现逐步集中的态势。此发展态势与学术论文逐步"主题明确,专业分类清晰"的发展趋势相吻合。

(3) 核心期刊收录比例为近 5 年新低

2011—2015 年,核心期刊录入地下空间相关论文数量与地下空间学术论文发表总量的发展态势基本一致。与 2014 年相比,2015 年核心期刊收录比例下降至 5 年内最低(约 24%),呈现加速下滑趋势(图 7-5)。

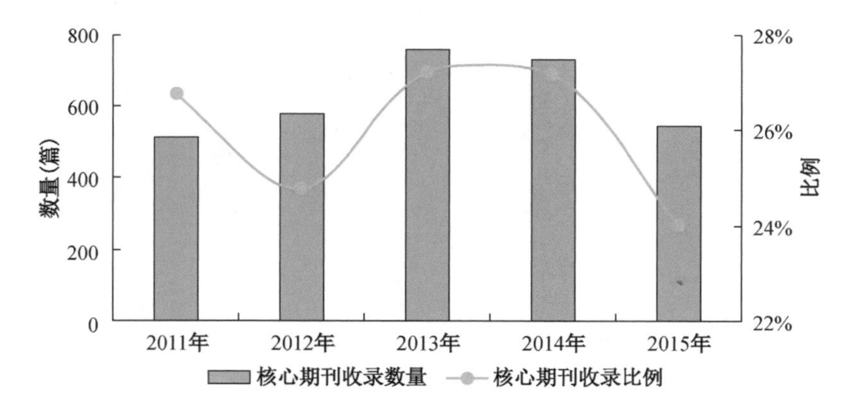

图 7-5　2011—2015 年"地下空间"学术论文核心期刊收录比例分析图

数据来源:中国知网、万方数据等检索数据库

3) 地下空间研究方向若干推断

(1) 规划研究仍呈现持续增长趋势

2014 年起,中国地下空间相关学术论文发表总量减少、核心期刊收录比例下降,在此背景下,地下规划研究主题论文的核心期刊收录比例逆势增长,2015 年其核心期刊

收录比例高达50%(图7-6)。

预测未来城市地下空间的研究热点,将逐步由“方案设计、技术支撑”逐步向“统筹开发,综合利用”方向发展,即“地下空间开发利用规划与运营管理”。

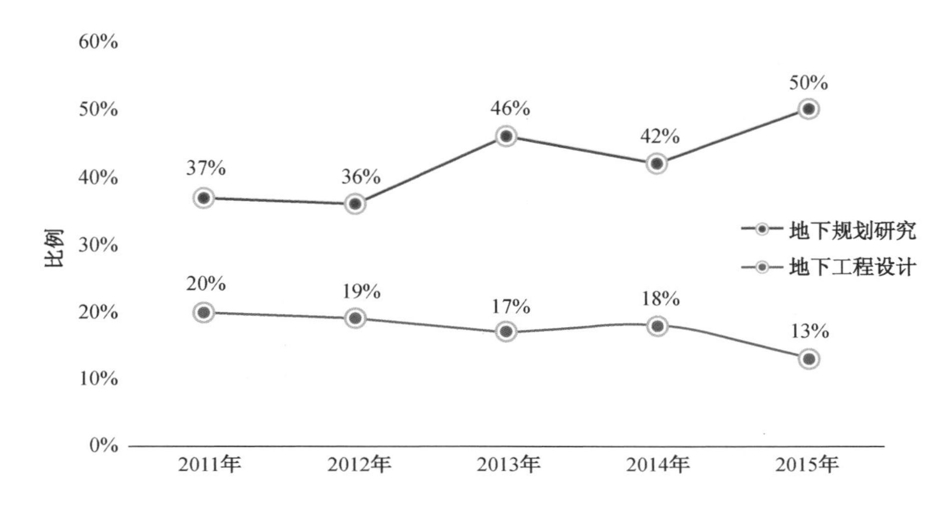

图7-6 2011—2015年“地下规划研究”和“地下工程设计”论文核心期刊收录比例趋势图

数据来源:中国知网、万方数据等检索数据库

(2) 政策引领,地下市政、地下物流研究将实现突破性增长

2011—2015年,地下市政主题论文(以综合管廊为首)发表量整体呈加速增长态势(图7-7),这与中国近年来积极推动基础设施建设,拉动经济有效增长的政策背景相契合。特别是2015年起,基础设施投资市场的放开、中央财政支持等一系列措施全面推进中国地下综合管廊规划建设,其相关学术研究、工程技术探索等主题论文发表量猛增。地下市政主题的深入研究,有助于中国地下市政行业合理有序发展。

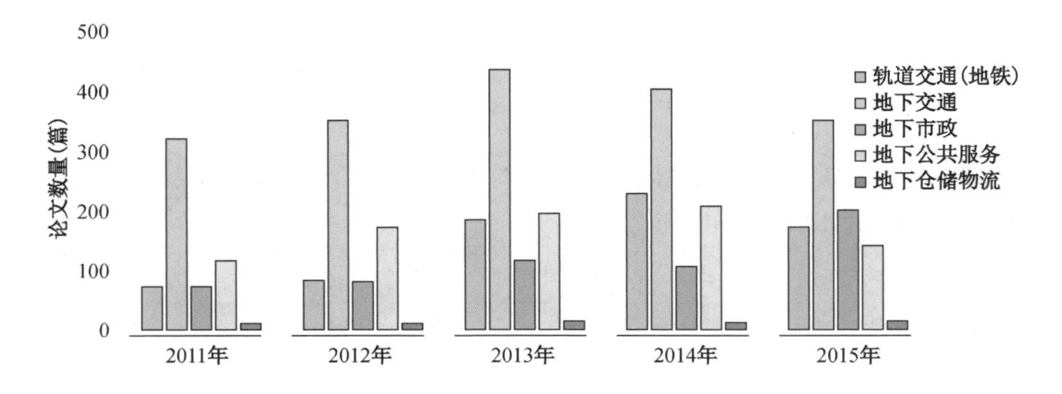

图7-7 2011—2015年“地下空间”相关学术论文按照学术主题统计发展趋势图

数据来源:中国知网、万方数据等检索数据库

地下仓储物流主题论文发表量五年间保持稳定，但总数量较少。地下仓储物流系统在发达国家或地区运用较广泛，在国内具体应用实施不多，发展前景相对较为广阔；其他主题学术论文发展情况基本与整体发展趋势吻合。

7.1.2 学术著作

1) 2015年学术著作出版物

2015年，中国城市地下空间相关学术著作共出版29种，包括标准规范、专著、论文集和教材(表7-1)。

表7-1 2015年学术著作出版物一览表

书名	作者	出版社	分类
沈阳市城市地下空间连通工程技术规范(DB2101/TJ 20-2015)	沈阳市城乡建设委员会、沈阳市质量技术监督局	辽宁科学技术出版社	标准规范
中国工程建设协会标准：城市地下空间开发建设管理标准(CECS 401:2015)	主编单位：广州大学 广东省基础工程集团有限公司	中国计划出版社	标准规范
城市地下道路工程设计规范(CJJ 221—2015)	主编单位：上海市政工程设计研究总院(集团)有限公司	中国建筑工业出版社	标准规范
城市地下空间利用基本术语标准(JGJ/T 335—2014)	主编单位：上海市政工程设计研究总院(集团)有限公司	中国建筑工业出版社	标准规范
数字地下空间与工程三维地质建模及应用研究	胡金虎	地质出版社	专著
城市地下空间规划控制与引导	陈志龙 刘宏	东南大学出版社	专著
城市地下空间资源评估与需求预测	陈志龙 张平 龚华栋	东南大学出版社	专著
城市地下工程人工冻结法理论与实践	杨平 张婷	科学出版社	专著
地下空间规划与设计	谭卓英	科学出版社	专著
地下空间结构耦合防护理论与抗爆震数值模拟	吕祥锋 潘一山 李显峰 冯春	科学出版社	专著
地铁域地下空间利用的工程实践与创新	陈湘生 等	人民交通出版社	专著
无伸缩缝超大地下交通枢纽设计与建造关键技术(中国隧道及地下工程修建关键技术研究书系)	刘卞丁 吴承伟 朱丹	人民交通出版社	专著
城市地下空间规划与设计(城市地下空间出版工程·规划与设计系列)	束昱 路姗 阮叶菁	同济大学出版社	专著
城市地下公共空间设计(城市地下空间出版工程·规划与设计系列)	卢济威 庄宇 等	同济大学出版社	专著

续表

书名	作者	出版社	分类
城市地下交通设施规划与设计(城市地下空间出版工程·规划与设计系列)	范益群 张 竹 杨彩霞	同济大学出版社	专著
城市地下市政公用设施规划与设计(城市地下空间出版工程·规划与设计系列)	王恒栋	同济大学出版社	专著
地下仓储物流设施规划与设计(城市地下空间出版工程·规划与设计系列)	钱七虎 郭东军	同济大学出版社	专著
城市地下综合体设计实践(城市地下空间出版工程·规划与设计系列)	贾 坚 等	同济大学出版社	专著
城市地下空间环境艺术设计(城市地下空间出版工程·规划与设计系列)	束 昱	同济大学出版社	专著
城市地下空间室内设计(城市地下空间出版工程·规划与设计系列)	陈 易	同济大学出版社	专著
城市地下空间低碳化设计与评估(城市地下空间出版工程·规划与设计系列)	俞明健 范益群 胡 昊	同济大学出版社	专著
能源地下结构的理论与应用——地下结构内埋管地源热泵系统	夏才初 张国柱 孙 猛	同济大学出版社	专著
中国城市地下空间发展白皮书(2014)	陈志龙 刘 宏	同济大学出版社	专著
岩石拉压蠕变特性研究及其在大型地下工程中的应用	赵宝云	武汉大学出版社	专著
地下工程稳定性控制及工程实例	郭志飚 胡江春 杨 军 王 炯 齐 干	冶金工业出版社	专著
现代地下空间结构研究与应用	陈 星 欧研君 陈 伟	中国建筑工业出版社	专著
软弱地层超大深基坑地下车站施工综合技术(京津城际延伸线工程建设丛书)	张凤龙	中国铁道出版社	专著
理想空间(68):城市地下空间规划与设计	周炳宇	同济大学出版社	文集
城市地下空间规划	朱建明 宋玉香	中国水利水电出版社	教材

2) 作者影响力

2015 年地下空间相关学术著作的主要作者(署名前三位)共 44 人,均长期致力于地下空间领域的理论研究与实践。根据作者的就业单位类型,评价其地下空间行业影响力。

(1) 就业于科研院校的作者,主要从事地下空间相关科学研究工作,其影响力的主要评判指标为"学术成果数量"和"学术成果被引频次"。

表 7-2　2015 年学术著作作者(科研院校)影响力评判一览表

姓名	所属单位	学术成果数量	被引频次	行业影响力评判
陈志龙	中国人民解放军理工大学	122	783	★★★★★
朱建明	北京航空航天大学交通科学与工程学院土木工程系	102	601	★★★★☆
张　平	中国人民解放军理工大学	65	470	★★★★
谭卓英	北京科技大学土木与环境工程学院土木工程系	60	433	★★★★
宋玉香	石家庄铁道学院土木工程分院	50	342	★★★☆

数据来源:表中数据引自“百度学术”相关统计。

(2) 就业于企事业单位的作者,主要从事地下空间规划设计与工程设计工作,其影响力的主要评判指标为“学术成果数量”和“主要负责地下空间项目所在地(省/市)数量”。

表 7-3　2015 年学术著作作者(企事业单位)影响力评判一览表

姓名	所属单位	学术成果数量	项目所在省数量	行业影响力评判
陈　星	广东省建筑设计研究院	64	19	★★★★★
刘　宏	南京慧龙城市规划设计有限公司	10	23	★★★★

数据来源:表中“学术成果数量”数据引自“百度学术”相关统计。“项目所在省数量”数据由政府项目公示、各设计单位网站推算得出,如有出入请联系本书作者,以便更正。

7.1.3　科研基金

1) 地下空间科学基金动态回顾

2002—2015 年“地下空间”相关自然科学基金项目共 66 项,经费金额达 4 510 万元(图 7-8)。自然科学基金的数量和经费金额总体呈现向上增长趋势。

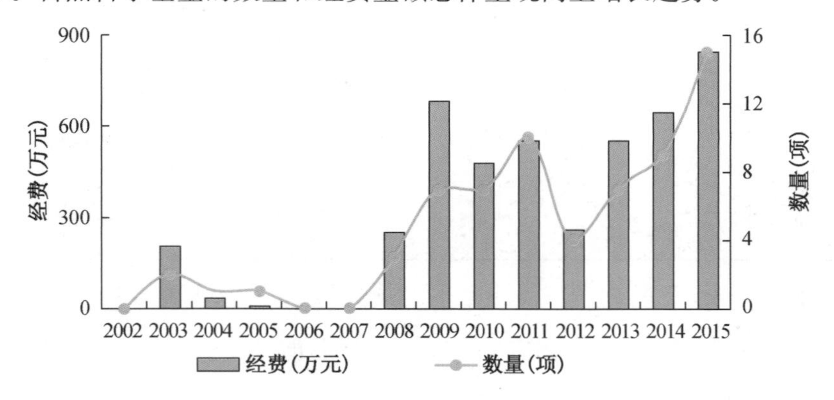

图7-8　2002—2015 年获批“地下空间”相关自然科学基金数量与经费分析图

数据来源:科学基金网络信息系统

“十一五”期间，年均获批不足 4 项，“十二五”期间，年均获批 9 项，经费总额同比增长 102%。

2）地下空间研究方向分类统计

按照项目的主要研究方向将“地下空间”相关自然科学基金项目分为 4 个主要类型，即基础研究类、开发建设类、施工技术类和安全保障类（图 7-9、表 7-4）。

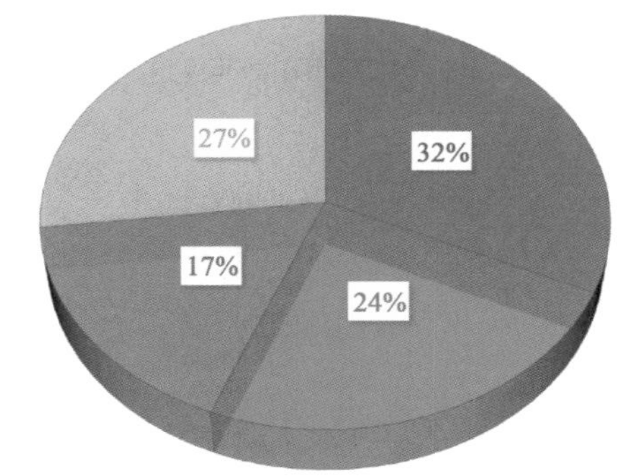

图 7-9　2015 年获批“地下空间”相关自然科学基金项目主要类型

基础研究：各种介质对地下工程建设的影响研究，及地下工程建设对周围环境的影响研究。

开发建设：地下工程的规划、设计、建设及实施管理等相关研究。

施工技术：地下工程建设工艺、技术等相关研究。

安全保障：外部、内部灾害对地下工程的结构、开发建设、施工等影响研究。

表 7-4　“地下空间”相关自然科学基金研究方向分类统计表

研究方向	项目列举（经费排名前 3 名）	经费（万元）
基础研究 （21 项）	孔隙含水稳定岩层中地下工程水害形成机理 软黏土结构扰动评价与地铁工程变形控制研究 断层错动引起地下隧道结构破坏的超重力离心试验与数值模拟研究 ……	934
开发建设 （16 项）	城市大型地下工程结构抗震安全理论研究 隧道与地下空间工程结构物的稳定性与可靠性 城市地上地下多重空间协同演化机理及形态整合量化评价研究 ……	1 005
施工技术 （11 项）	高压水射流破岩理论及其在地下工程中的应用基础研究 爆破震动下地下空间围岩和支护结构的响应特征与安全控制 地下工程涌水壁后注浆压力传递机理及对支护结构稳定性影响研究 ……	996
安全保障 （18 项）	城市地下空间复杂边界条件下火灾动力学行为研究 城市地铁施工安全风险动态分析与控制 深地下防护工程关键科学问题研究 ……	1 575
合计 （66 项）	—	4 510

数据来源：科学基金网络信息系统。

"十一五"以来,2006 年、2007 年无获批"地下空间"相关自然科学基金项目。纵览 10 年,"安全保障"方向自然科学基金的数量上升趋势明显,2015 年获批 6 项,跻身 2015 年自然科学基金的热点研究方向,这与近几年自然灾害、地下空间相关事故频发密切相关。

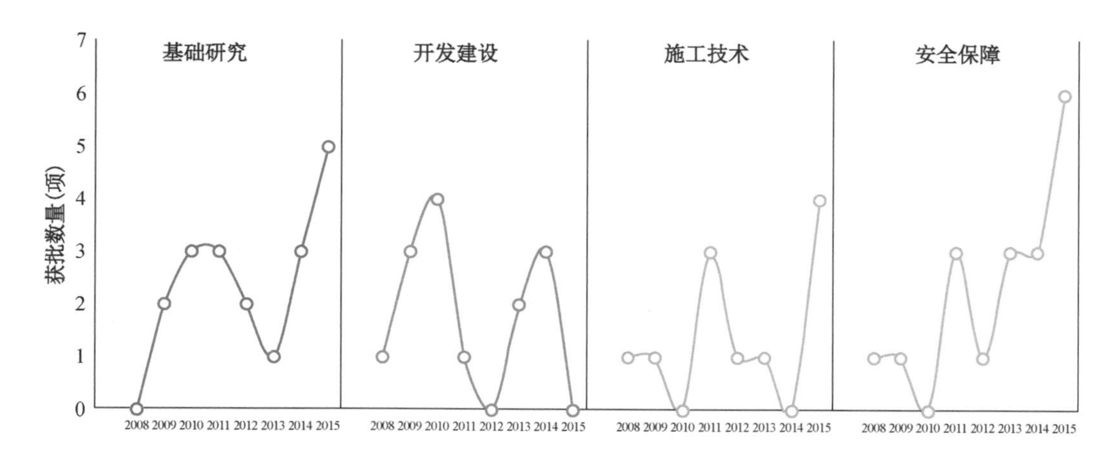

图 7-10　2002—2015 年"地下空间"相关自然科学基金各研究方向发展情况分析图

数据来源:科学基金网络信息系统

3)项目分布

2002—2015 年获批"地下空间"相关自然科学基金的科研院校按照获批数量和中标金额排序(数量优先于金额)如表 7-5 所示。中国人民解放军理工大学获批"地下空间"自然科学基金 5 项,中标金额总计 428 万元。

表 7-5　2002—2015 年获批"地下空间"自然科学基金的科研院校

排名	名　称	数量(项)	金额(万元)	基础研究	开发建设	施工技术	安全保障
1	中国人民解放军理工大学	5①	428	—	4	—	2
2	北京交通大学	4	203	—	2	—	2
3	中国科学院武汉岩土力学研究所	4	190	2	—	1	1
4	同济大学	4	104	—	2	2	—
5	重庆大学	3	810	—	1	1	1
6	北京工业大学	3	376	1	—	—	2
7	山东大学	3	159	—	—	3	—
8	清华大学	2	315	1	1	—	—
9	东南大学	2	138	1	—		1
10	西南交通大学	2	90	—	1	1	—

注:①因一项为跨方向研究,故不重复计算。表中仅列出排名前 10 位院校。
数据来源:科学基金网络信息系统。

4）2015年获批基金情况

2015年全年，“地下空间”相关自然科学基金共获批15项（表7-6），合计849万元。与2014年相比，数量增长了66.7%，经费增长了31.4%。

“基础研究”方向5项。其中，东南大学童立元的“地下水降落漏斗区地铁隧道的工程灾变机理及控制措施研究”，获此方向单项最高经费，为76万元。

“开发建设”方向未获批基金。2015年中国地下空间已从政策型被动开发向主动型开发转变，中等城市也开始从自身发展角度出发，规模开发地下空间。2016年此方向的研究需要结合最新政策形势与全国整体发展态势，转换传统建设与管理观念，探索新思路，其基金申请将成为新的机遇与挑战。

“施工技术”方向4项。其中，同济大学尹振宇的“考虑多尺度的富水软土地层地铁隧道群长期运营沉降预测方法”，获此方向单项最高经费，为63万元。

“安全保障”方向6项。其中，北京工业大学郑宏的“城市地铁施工安全风险动态分析与控制”，获此方向单项最高经费，为290万元。

表7-6 2015年“地下空间”相关自然科学基金统计表

方向	项 目 名	负责人	依托单位	经费（万元）
基础研究	模拟地下工程应力梯度作用下的岩爆机理研究	旮曼卿	武汉工程大学	19
	可液化地基-地铁地下结构地震失效振动台实验与数值模拟	陈 苏	中国地震局地球物理研究所	23
	平行地裂缝的地铁隧道地震响应及安全距离研究	刘妮娜	长安大学	20
	地下水降落漏斗区地铁隧道的工程灾变机理及控制措施研究	童立元	东南大学	76
	邻域土体卸荷-加载作用下现役地铁盾构隧道灾变机理研究	姚爱军	北京工业大学	61
施工技术	地下工程裂隙煤岩体浆-水两相流注浆扩散机制研究	苏培莉	西安科技大学	19
	地下工程富水弱胶结岩体注浆加固机理与稳定性试验研究	张伟杰	山东科技大学	20
	不确定环境荷载作用下地铁盾构隧道结构易损性评价及设计优化方法	王 飞	同济大学	20
	考虑多尺度的富水软土地层地铁隧道群长期运营沉降预测方法	尹振宇	同济大学	63

续表

方向	项　目　名	负责人	依托单位	经费（万元）
安全保障	基于SPH-FVM耦合方法的地下空间洪水漫延问题数值模拟研究	吴建松	中国矿业大学（北京）	20
	基于DFS的地铁工程全生命期安全风险智能化预控方法研究	李启明	东南大学	62
	地铁建设安全事故背后的组织驱动因素与孵化机制研究	马永驰	大连理工大学	46
	动边界作用下地铁火灾烟气蔓延与危害性演化的规律及控制策略研究	毛　军	北京交通大学	62
	面向大规模复杂数据的地铁施工安全多粒度知识发现与动态风险感知研究	吴贤国	华中科技大学	48
	城市地铁施工安全风险动态分析与控制	郑　宏	北京工业大学	290

数据来源：科学基金网络信息系统。

7.1.4　产权专利

1）发明公布

2015年全年，地下空间相关内容的发明公布类产权专利共45项。其中，施工技术与工艺占60%；材料发明与制备占20%；其他监测系统及方法、设计发明等占20%（图7-11）。

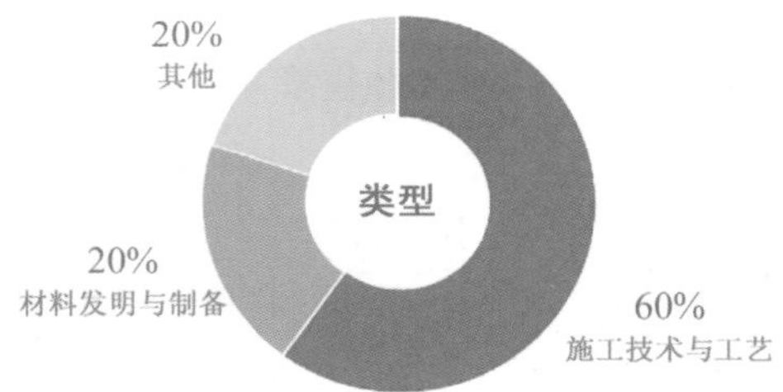

图7-11　2015年“地下空间”产权专利统计图

资料来源：中华人民共和国国家知识产权局

2）发明授权

2015年全年，地下空间相关内容的发明授权类产权专利约30项。

其中，近年来致力于地下工程领域研究的山东大学获发明授权超过10项，排在所有申请人（专利权）之首。

3）实用新型

2015年全年，地下空间相关内容的实用新型类产权专利为33项，其中施工技术与工艺的发明（设计）比例高达80%以上。

高校作为申请（专利权）人的比例持续增大，2015年当年的比例超过30%，这是“十二五”期间中国高校加强理论研究与实践相结合的教学模式的良好反馈。高校在产学研合作中，为地下空间领域培养了一批创新能力、协作能力优秀的专业人才。

目前，地下空间规划、设计等顶层层面的发明(设计)较为缺失。地下空间设计单位、管理单位缺乏统一有效的设计和管理方法与手段，预测未来关于地下空间规划设计方法等方面将会成为有关地下空间各类产权专利的研究重点。

7.2 学术交流

7.2.1 研讨会议

2015 年，“地下空间”领域举办的学术交流会议共 17 个，参会人数超过 5 000 人次，出席的领衔专家有钱七虎、孙钧、王梦恕、杜彦良、施仲衡、葛修润、卢耀如、郑颖人、梁文灏、陈志龙等(图 7-12)。

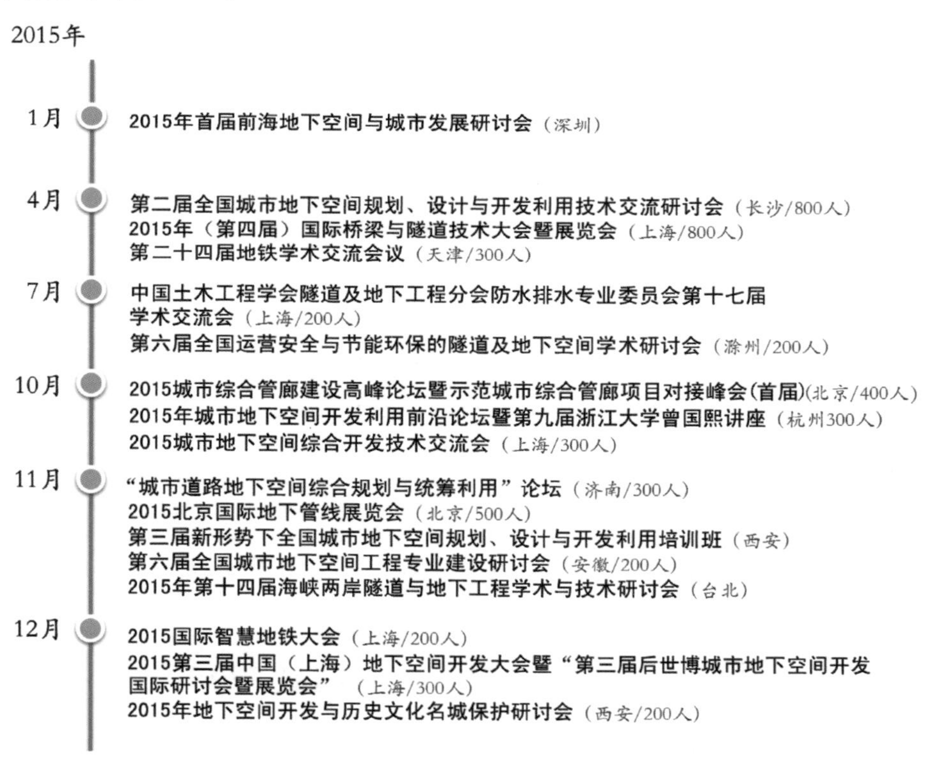

图 7-12　2015 年“地下空间”领域举办的学校交流会议

7.2.2 交流平台

地下空间学术交流平台除学术会议外，主要包括网络平台和期刊杂志，具体内容详见表 7-7。

表 7-7　地下空间学术交流网络平台和期刊杂志汇总表

学科门类	专业网站	期刊
综合型	中国地下空间网 www. csueus. com	《地下空间与工程学报》
规划设计	慧龙规划・地下空间 www. wisusp. com 同济地下空间 www. tongjius. com	《城市规划》、《规划师》、《城市建筑》、《建筑学报》、《建筑结构》、《山西建筑》、《北京规划建设》、《上海城市规划》
岩土工程	中国岩土网 www. yantuchina. com	《岩土工程学报》、《岩土力学》
地下工程	隧道网 www. tunnelling. cn	《隧道建设》、《市政技术》、《地下工程与隧道》、《城市道桥与防洪》、《城市轨道交通研究》
安全防护	中国人民防空网 www. ccad. gov. cn	《生命与灾害》

7.2.3　2015 年新增研究机构

2015 年新增研究机构为江苏省人防与地下空间研究中心。该研究中心聚集技术和人力资源，形成科技创新的平台，面向全省民防系统乃至全国，为人防与地下空间规划、设计、建设、管理和开发利用提供科研和咨询服务，为新理念、新技术、新装备的引进、消化、研发、转化、集成等能力的快速提升提供基础条件，也为加强人才队伍培养提供有力支撑。中心联合国内地下空间领域专家、原中国人民解放军理工大学王玉北教授创办《城市地下空间》杂志，力志打造一份面向社会公众的集地下空间前沿科技和研究理论成果于一体的高级科普型刊物。

“地下空间热词”

2015 年地下空间学术交流会议、媒体报导中，出现频次较高的主题称为“地下空间热词”，“地下空间热词”的时间分布可以印证 2015 年“地下空间”学术发展的路径与趋势。

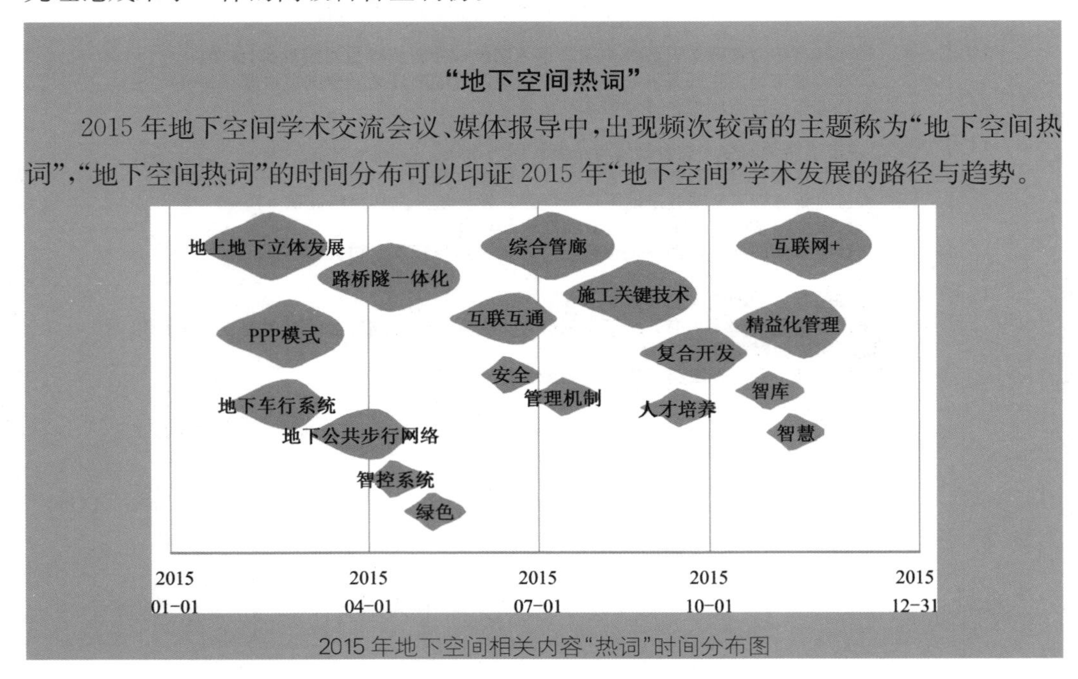

2015 年地下空间相关内容“热词”时间分布图

7.3 智力资源

7.3.1 城市地下空间工程专业

城市地下空间工程(081005T),隶属于土木类学科,本科学历,授予工学学士学位,学制4年。此专业是指在城市地面以下土层或岩体中修建各种类型的地下建筑物或结构物的工程,涵盖地下铁道、公路隧道、地下停车场、过街和穿越障碍的各种地下通道等交通设施,各类地下制作车间、电站、储存库房、商场、人防与市政地下工程等工业与民用工程,以及文化、体育、娱乐与生活方面的地下联合建筑体工程等。

就业方向:城市地下空间工程相关的规划院、设计院、研究所、高等院校、施工企业、投资部门、政府管理部门、国际工程咨询、承包公司等,从事城市地铁、地下隧道与管线、基础工程、地下商业与工业空间、地下储库、市政等工程规划、设计、研究、施工、管理、教学、开发、咨询等工作。

截至2015年底,全国已开设城市地下空间工程专业的高等院校共计43所(表7-8),江苏省开设城市地下空间工程专业的高等院校多达6所。

城市地下空间工程专业于2001年设立,历经15年逐步发展壮大,获批开设此专业的高校逐年增长,逐步被行业认可和关注。

表7-8 高校获批开设“城市地下空间工程”专业时间轴

获批开设专业时间	数量(所)	院校名称	所在地	备注
2001年	1	中南大学	湖南	985、211
2003年	1	山东大学	山东	985、211
2004年	2	西安理工大学	陕西	
		山东科技大学	山东	
2005年	2	南京工业大学	江苏	
		天津城建大学	天津	
2008年	2	长春建筑学院	吉林	
		安徽理工大学	安徽	
2010年	12	石家庄铁道大学	河北	
		东南大学	江苏	985.211
		西南石油大学	四川	
		金陵科技学院	江苏	

续表

获批开设专业时间	数量(所)	院校名称	所在地	备注
2010年	12	长春工程学院	吉林	
		太原理工大学	山西	211
		吉林建筑大学	吉林	
		南华大学	湖南	
		山东交通学院	山东	
		河南城建学院	河南	
		吉林建筑大学城建学院	吉林	
2011年	7	北方工业大学	北京	
		山东建筑大学	山东	
		湖南城市学院	湖南	
		河北工程大学	河北	
		哈尔滨学院	黑龙江	
		昆明理工大学	云南	
		徐州工程学院	江苏	
2012年	7	辽宁石油化工大学	辽宁	
		哈尔滨工业大学	黑龙江	985、211
		盐城工学院	江苏	
		中南林业科技大学	湖南	
		广东工业大学	广东	
		郑州大学	河南	211
		河南理工大学	河南	
2013年	4	沈阳工业大学	辽宁	
		辽宁工程技术大学	辽宁	
		华北水利水电大学	河南	
		沈阳建筑大学	辽宁	
2014年	5	华侨大学	福建	
		福建工程学院	福建	
		安徽建筑大学	安徽	
		河南师范大学新联学院	河南	
		南京工程学院	江苏	
2015年	1	南昌工程学院	江西	

资料来源：中国教育部阳光高考信息公开平台(www.gaokao.chsi.com.cn)。

7.3.2 传统特色“地下空间”院系与学科

1）同济大学土木工程学院地下建筑与工程系

中国最早从事岩土工程和地下结构研究及教学的单位之一，汇集了土木工程传统的优势学科，由隧道及地下建筑工程、岩土工程和地质工程组成，是同济大学历史最悠久、综合实力最强、专业特色最鲜明的学科之一。

2）中国人民解放军理工大学“防灾减灾工程及防护工程”学科

在钱七虎院士的带领下，解放军理工大学长期致力于国防（人防）工程高素质人才培养和科学技术研究，形成了特色鲜明、优势明显、注重创新的学科内涵，培养和造就了一支实力雄厚、结构合理的学术梯队，建立了颇具规模和特色的实验基地，取得了一批高质量、高水平的科研成果，为国防（人防）建设和国家经济建设作出了突出贡献。

7.4 2015 年地下空间学术团体

地下空间学术团体主要包括致力地下空间研究与实践的科研院校和企事业单位。主要考量各学术团体于 2015 年发表的学术论文情况、研究（设计）项目、学术著作、智力配置、自然科学基金、产权专利等。

地下空间学术团体排名按照三级指标因子的权重赋值顺序进行综合评价，以公开数据为准（图 7-13）。

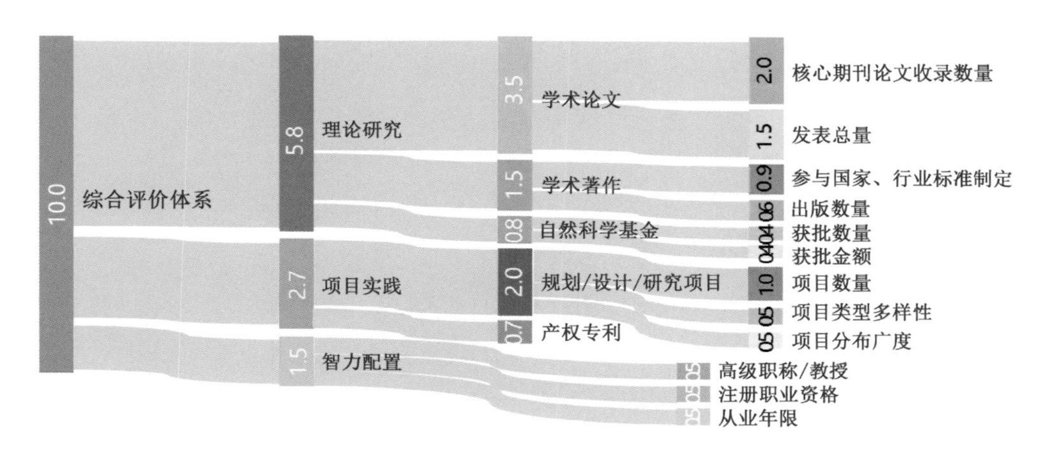

图 7-13 三级指标因子与权重赋值

2015 年地下空间学术团体排名前 10 位均为科研院校，主要集中在地下空间综合实力较强的东部城市(图 7-14)。

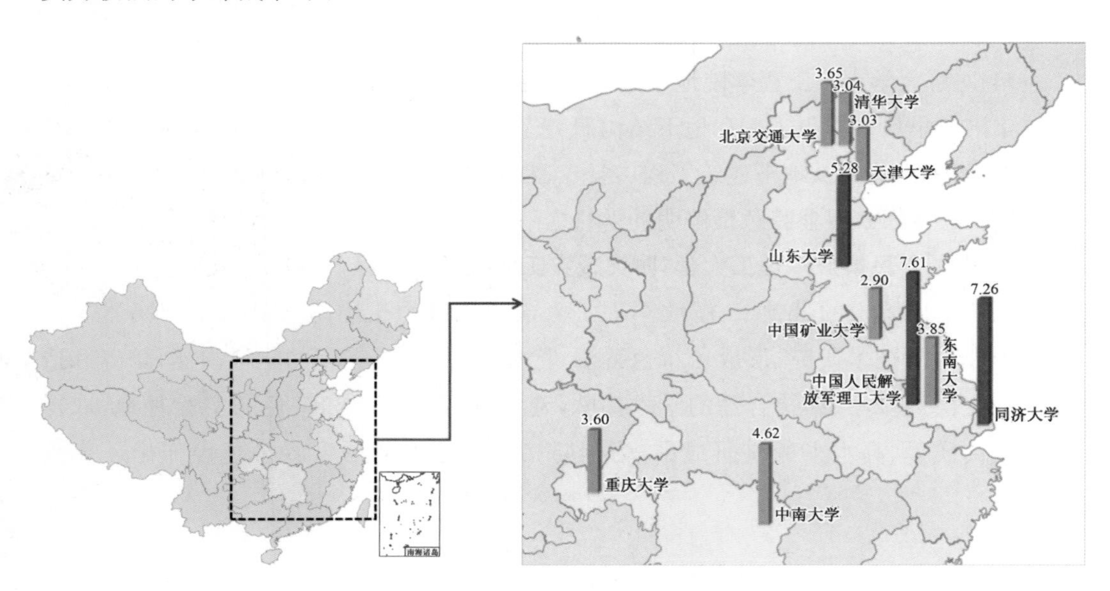

图 7-14　2015 年地下空间学术团体综合实力

B 8 城市地下空间灾害与事故

Blue book

王海丰　张智峰

8.1 地下空间主要灾害类型

城市地下空间灾害与事故包括人为灾害与事故和自然灾害。城市地下空间人为灾害与事故主要包括施工事故、交通事故、火灾、爆炸、环境污染、恐怖袭击、战争等引起的地下空间灾害与事故;自然灾害主要包括气象(台风、洪涝、风暴潮)与水文灾害(滑坡、泥石流)、地质灾害(地震)引起的地下空间灾害。

近年随着中国地下空间快速发展建设,城市地下空间多发施工事故、交通事故、火灾、水灾以及地下空间公共安全事故等,造成人员伤亡和较大经济损失。

8.2 2015 年地下空间灾害与事故

8.2.1 重大灾害与事故回顾

2015 年中国城市地下空间发生灾害与事故 160 余起,其中,重大事故 10 余起(图 8-1)。城市地下空间灾害与事故危害性大,救援困难,伤亡率高,如何防范和减少灾害与事故是城市地下空间发展建设的一大难题。

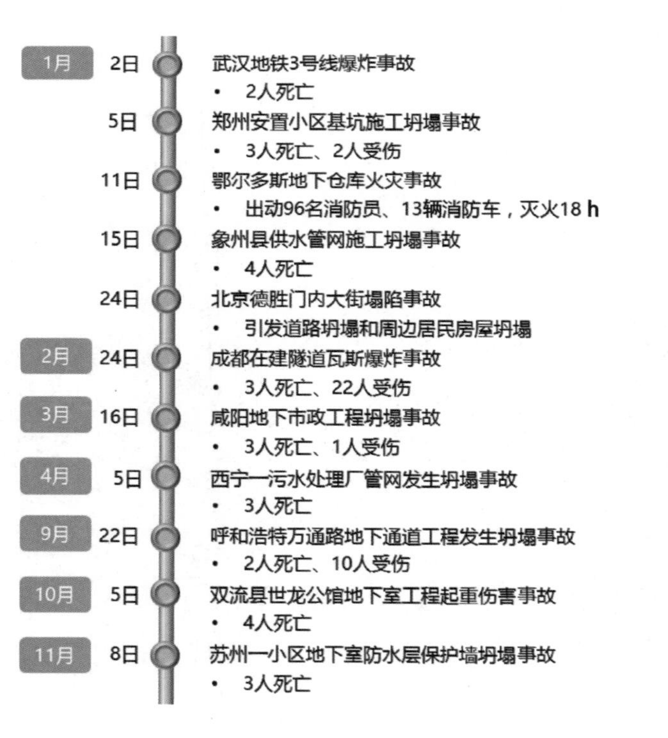

鄂尔多斯市地下仓库火灾事故现场
图片来源：吴文举

北京德胜门内大街塌陷事故现场
图片来源：唐师曾

呼和浩特万通路地下通道工程发生坍塌事故现场
图片来源：张文娟

图 8-1　2015 年中国城市地下空间重大灾害与事故回顾

8.2.2 灾害与事故统计

1) 数量与类型

根据慧龙数据系统显示，2015 年中国城市地下空间灾害与事故一共发生 161 起，详见附录“2015 年中国城市地下空间主要灾害与事故统计一览表”。

2015 年中国城市地下空间灾害与事故在类型上，施工事故、交通事故、火灾多发，其中地下空间施工事故 88 起，占总事故的 55%(图 8-2)。

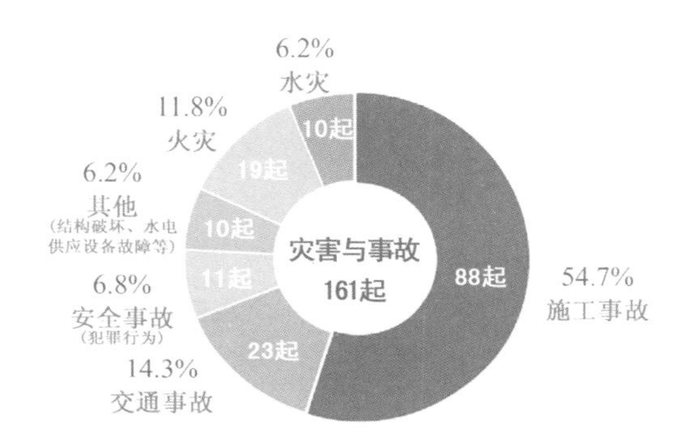

图 8-2 2015 年中国城市地下空间灾害与事故数量与类型分析图

纵览灾害与事故的类型与数量，人祸远多于天灾，人为直接导致的事故超过 80%，从侧面反映中国当前城市地下空间建设已经迈入规模化快速发展时期，安全建设形势严峻复杂。

城市地下空间施工事故频发且危害严重，给人民生命财产带来重大损失，暴露出部分地区施工企业安全生产隐患排查治理工作不到位、安全监管责任和主体责任未落到实处等问题。安全警钟应长鸣，要在城市建设中切实保障人民生命财产安全。

2) 分布与频率

(1) 城市与区域

2015 年中国共有 70 座城市发生地下空间灾害与事故(图 8-3)，其中省会级城市(直辖市、特别行政区)28 座，地级市 24 座，县级市(县)18 座。城市类型上，超大城市、特大城市、大城市、中等城市、小城市均有分布。

通过以上城市统计数据分析，2015 年中国地下空间灾害与事故的多发区域主要集中在沿长江中下游、东南沿海省份，以及北京、内蒙古等区域(图 8-4)。江西、山西、西藏未有城市地下空间灾害与事故的公开统计数据。

2015 年中国城市地下空间灾害与事故发生城市分布广，发生频率与地下空间开发利用的发达程度整体呈正相关趋势。频发地区以经济水平相对较好，地下空间开发利用相对发达的东部、中部城市为主。

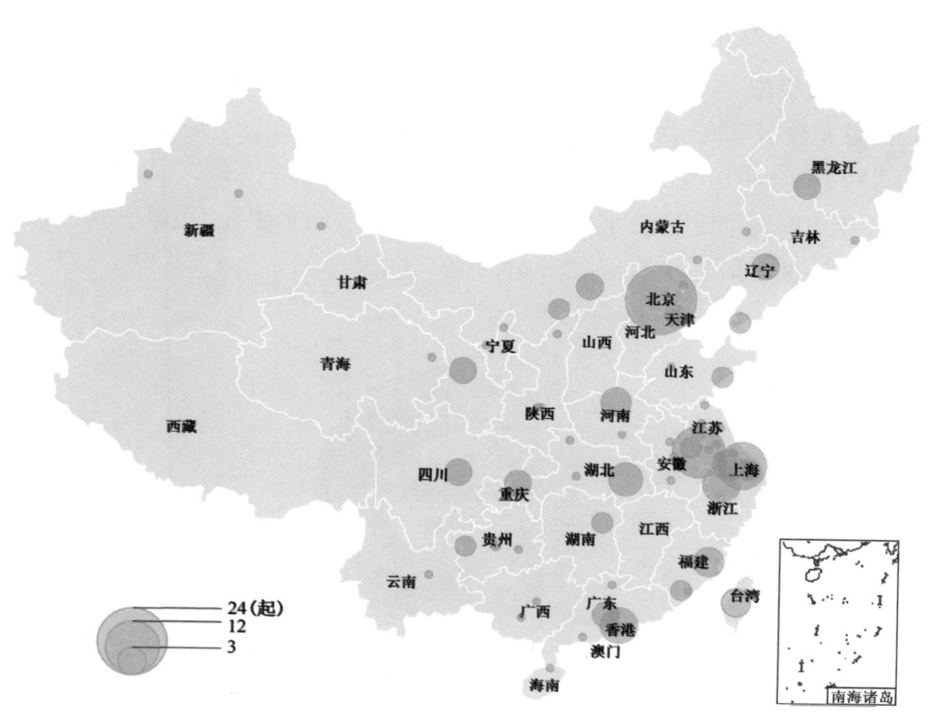

图 8-3　2015 年中国城市地下空间灾害与事故分布图

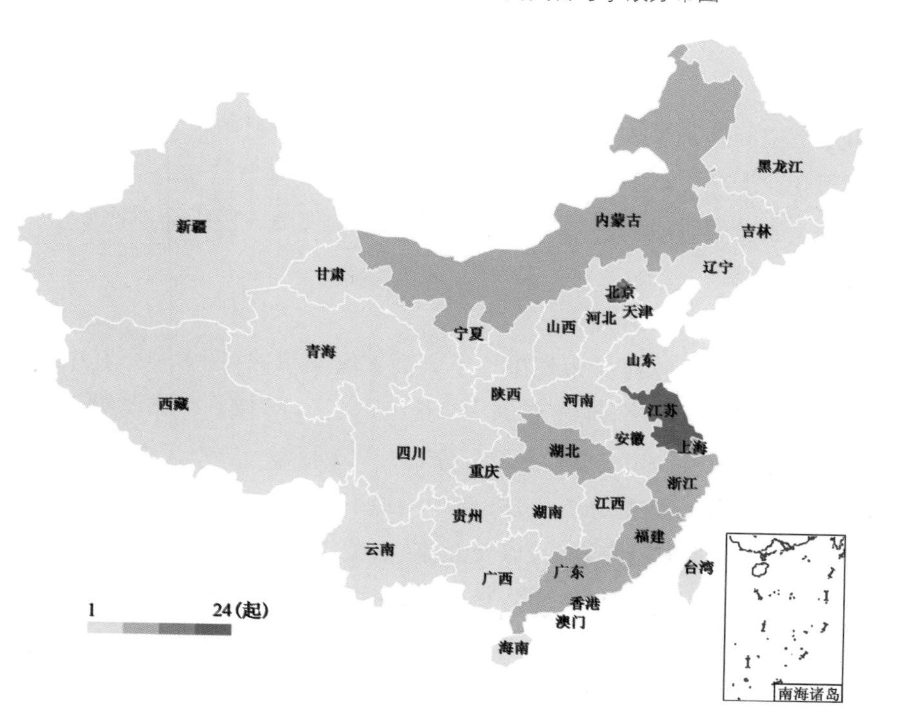

图 8-4　2015 年地下空间灾害与事故区域分布图

在城市建设中，地下空间的开发利用率日益提高，其安全管理的复杂性不断上升。然而中国现状城市地下空间安全的认知与地下空间发展速度不匹配，缺少对地下空间风险进行综合管理的部门，配套的风险保障机制尚未建立。

（2）事故多发城市

2015 年中国城市地下空间灾害与事故多发城市为北京、南京、上海、深圳、杭州、武汉 6 个城市（图 8-5），发生数量占总数量的 40%，而北京地下空间灾害与事故发生次数最多，占总数量的 15%。

长三角地区城市的地下空间灾害与事故发生频率也较高，必须引起高度重视。

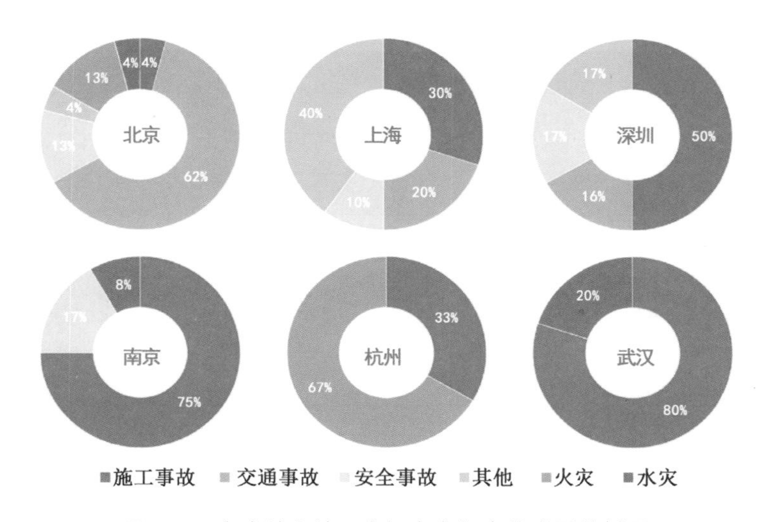

图 8-5 多发城市地下空间灾害与事故类型分析图

通过 6 个多发城市对比，城市地下空间灾害与事故大多发生在建设过程中，但不同城市又因其地下空间建设发达程度不一呈现不同特质。

北京地下空间灾害与事故类型多样，其中，地下交通事故比重最高。据网络公开数据统计，2015 年北京地铁 1 号线、2 号线和 13 号线共发生 15 起乘客坠轨事件，事故现场多为无安全屏蔽门的地铁车站。因建设年代不同，站台承重不足、站台的有效长度不足、车站整体施工空间较低，成为安装屏蔽门的主要难点。目前 1 号线屏蔽门的设计完成，2015 年底 1 号线有部分车站作为试点安装屏蔽门。未来北京地下交通事故比例有望明显下降。

上海、深圳地下空间灾害与事故多样，在地下空间使用与建设中的发生频率接近。南京、武汉地下空间施工事故多发，两地政府正在加大对地下空间建设的监管力度，未来施工事故有望减少。杭州地下空间火灾比重高，多因电动车私拉电线充电或堆放易燃杂物引起火灾。

城市地下空间发展不同，应采取不同应对措施和预警机制，如北京在充分利用地下空间的同时应加强设施设备的完善，以南京为代表的地下空间建设发展的城市应加强施工安全事故防范。

3）伤亡统计分析

2015 年 161 起城市地下空间灾害与事故中，死亡 112 人，伤 90 人（表 8-1）。造成人员伤亡的灾害与事故类型主要为施工事故、交通事故、安全事件。

其中，施工事故造成人员伤亡最为严重，占总伤亡人数的 75%。地下空间施工因工序复杂，生产流动性大，部分露天作业的机械化程度低，易受自然气候、人为等外部因素影响，成为发生频率大、生命财产损失最严重的地下空间灾害与事故类型。

表 8-1　2015 年中国城市地下空间灾害与事故伤亡一览表

类型	死亡（人）	伤（人）	伤亡（人）
火灾	1	2	3
水灾	0	0	0
施工事故	101	50	151
交通事故	10	18	28
安全事件	0	11	11
其他（结构破坏、水电供应设备故障等）	0	9	9
合计	112	90	202

2015 年，中国城市地下空间灾害与事故不仅带来巨大财产损失，而且伤亡率较高，平均每起伤亡超 1 人。

城市地下空间具有一定封闭性、地势低以及地质构造的特殊性，施工难度大，使用过程中，一旦发生灾害与事故，人员疏散难度大和应急救援困难，存在着很大的安全风险。与地上建筑空间相比，城市地下空间因其功能设施的多样性、空间环境的封闭性和自然条件的不良性，带来灾害事故的易发性。地下空间一旦发生灾害事故，极易造成不可估量的损失。

城市地下空间灾害与事故并非不可抗，通过借鉴国外地下空间安全防范的成功经验，加强安全管理，可以大大降低发生概率。“十三五”期间，各城市应结合经济社会发展、转变发展方式、调整产业结构的新要求，抓紧制定完善地下空间的建设、运行、管理方面的安全法规规章，建立完善与科学发展、安全发展相适应的安全生产法律法规和标准制度体系。

4）区域人员伤亡

2015 年全国各省份（直辖市）中四川、广东、内蒙古人员伤亡人数都在 15 人以上（图 8-6），其中四川虽然发生灾害与事故次数不是最多，但是人员伤亡最严重，主要受 2015 年 2 月 24 日成都在建隧道瓦斯爆炸事故影响。

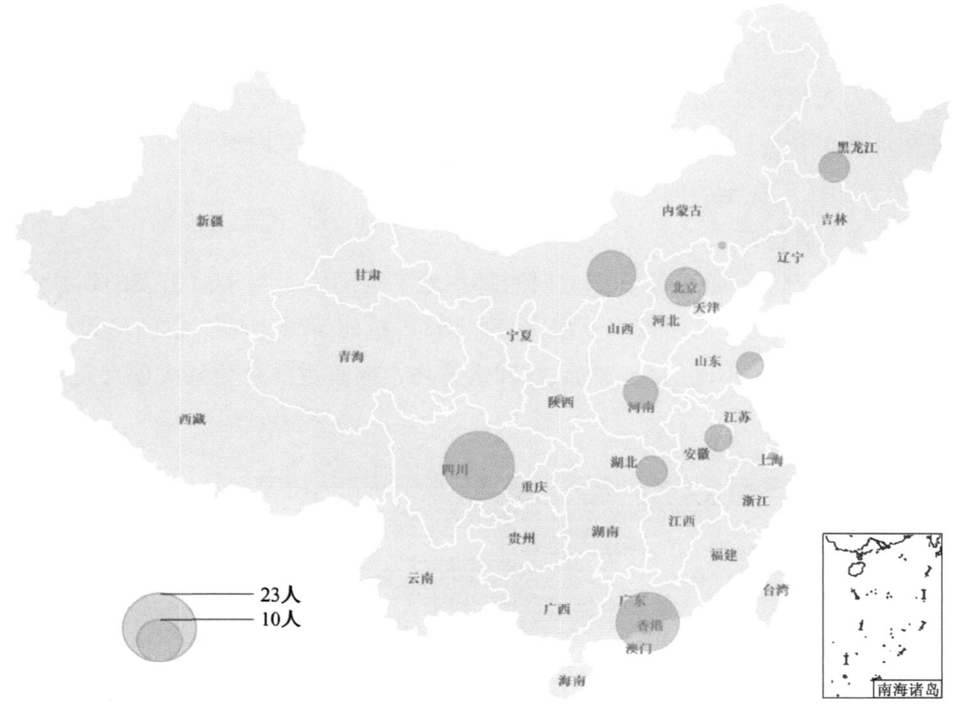

(a) 受伤人数统计图

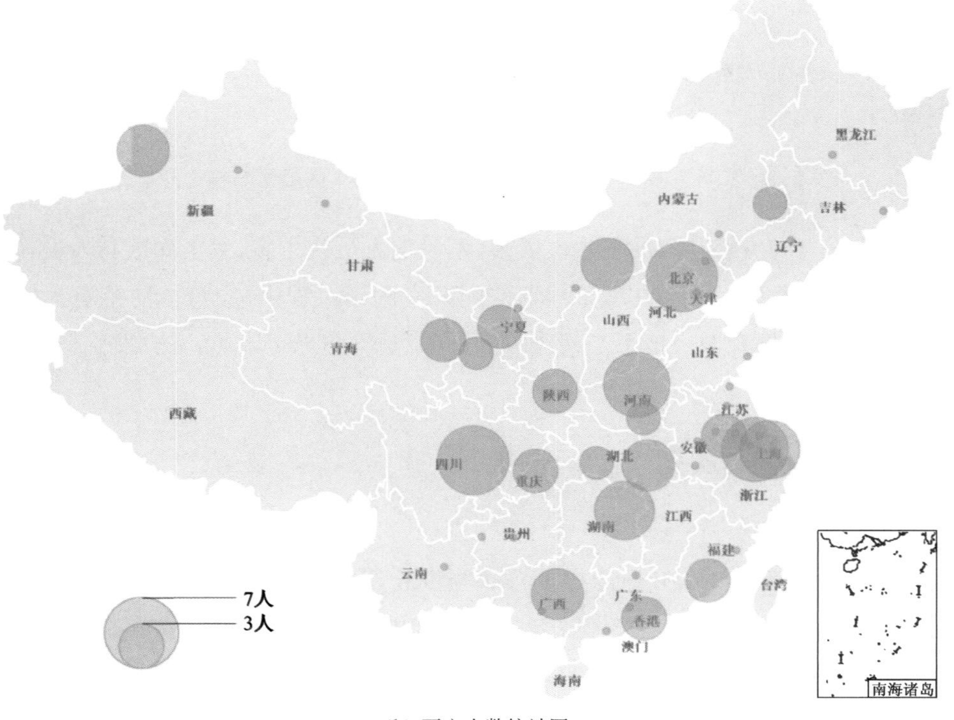

(b) 死亡人数统计图

图 8-6　2015 年中国城市地下空间灾害与事故区域人员伤亡人数统计图

山西、江西、浙江、西藏无人员伤亡统计。值得指出的是，虽然浙江发生灾害与事故次数多，却无人员伤亡，这主要得益于浙江近几年加强应对地下空间灾害与事故的管理，提升救援水平，已出台浙江省《城市地下空间设施安全使用规程》，在城市地下空间安全使用方面已走在全国前列。

5）城市人员伤亡

2015年，成都、深圳、北京、呼和浩特、郑州地下空间灾害与事故引发的伤亡人数都在10人以上（图8-7）。与北京、上海、深圳、南京、杭州等城市地下空间建设强度大引起发生频次较高情况不同的是，成都、呼和浩特伤亡惨重主要是受某次重大灾害与事故的影响。

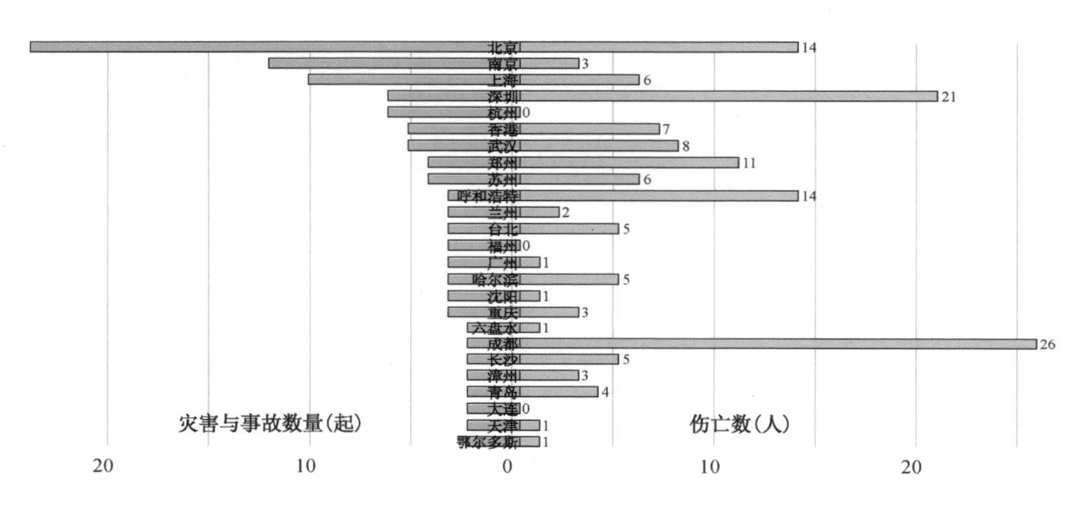

图8-7　2015年中国主要城市地下空间灾害与事故数量与伤亡分析图

城市地下空间灾害与事故发生次数多，不一定人员伤亡多，发生次数与人员伤亡数量存在偶然性。这警示我们在城市地下空间开发利用过程中，应重点防范重大灾害与事故的发生，强化提升城市地下空间风险管理的水平，防患于未然，减少发生概率，减轻人员伤亡。

8.2.3　发生时间与类型

1）季节与类型

纵览2015年发生的城市地下空间灾害与事故，可通过寻找不同灾害与事故的类型同其发生季节之间的规律，为未来城市地下空间开发利用过程中各季节安全预防措施重点关注方向提供依据。

2015年春、夏两季多发城市地下空间灾害与事故，其中，夏季最多发生51起，冬季在全年中灾害与事故发生次数最少(图 8-8)。

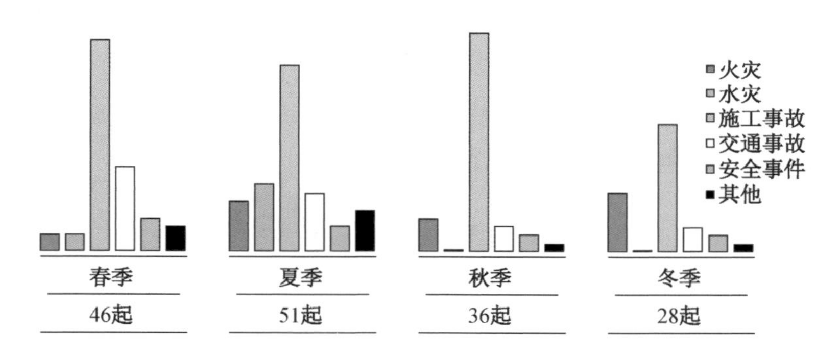

图 8-8 2015 年中国城市地下空间灾害与事故季节分析图

2015 年城市地下空间施工事故全年多发,受气候和假日(春节)影响,冬季施工事故减少;交通事故春季多于其他三个季节,水灾多发生在夏季;火灾多发生在冬、夏。

"十三五"期间,各城市在地下空间开发利用中,应将安全放在首位,规范施工安全措施,春季更应关注地下空间交通安全,夏季做好地下空间防洪工作,干燥季节应着重防火措施,将自然灾害的影响降到最低,预防人为事故引起的人员伤亡与经济损失。

2) 发生月份

2015 年城市地下空间灾害与事故高频次发生月份为 5 月份和 8 月份,发生 20 起以上;发生次数最少月份为 12 月,发生 5 次(图 8-9)。

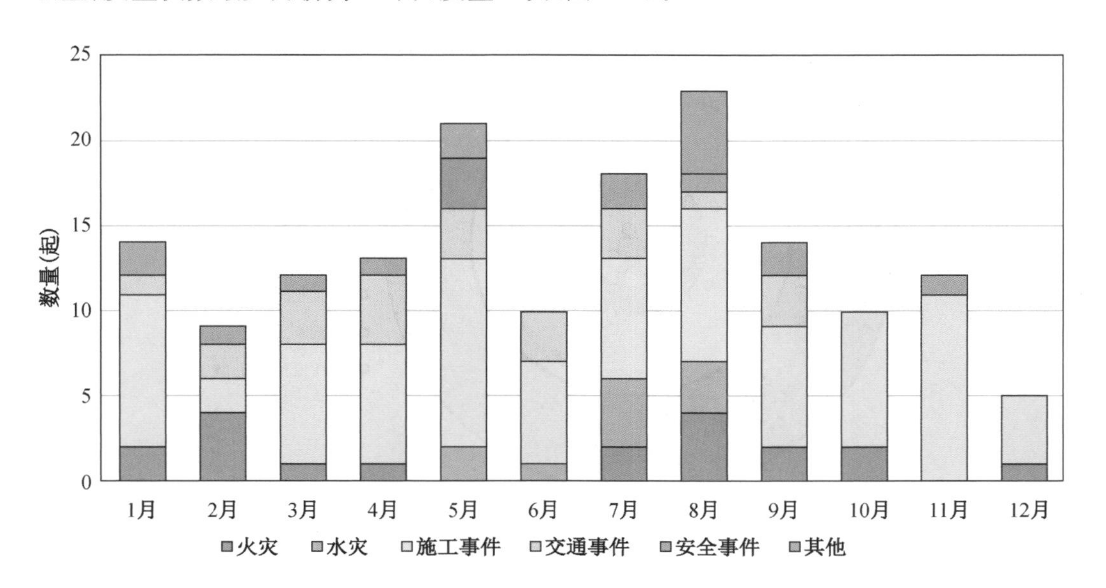

图 8-9 城市地下空间灾害与事故发生时间分析图

施工事故全年各月份均有发生，5 月份、11 月份多发，都在 10 次以上；2 月份施工事故发生次数最少。

结合城市地下空间灾害与事故不同类型和发生时间的特点，针对易发、多发期，应加强预防措施；重点加强施工事故的安全风险预警预防，在建设中要规范设计和施工，因地制宜、合理合法地开发利用地下空间。

8.2.4 场所与类型

2015 年中国城市地下空间灾害与事故主要发生在地下停车库、轨道交通设施、地下商业设施、地下市政设施、地下仓库等使用和建设中的场所(图 8-10)。

灾害与事故发生场所主要集中在人员活动频繁的区域，其中发生在轨道交通设施内 75 起，地下停车库 39 起，这两类场所发生比例占总量的 71%。

中国是目前世界上城市轨道交通工程最多、最复杂、发展势头最猛的国家，随着中国城市轨道交通工程由大规模建设向运营管理阶段逐步过渡，其安全运营工作应得到一定程度的重视。但 2015 年，地下空间灾害与事故中最多的为轨道交通事故，造成较大经济损失和不良社会影响，这表明当前中国城市轨道交通工程的消防安全工作仍面临很大压力和挑战。地下公共空间的人员集散效应大，潮汐现象明显，易成为地下空间事故发生场所，应有针对性地进行管理与维护。

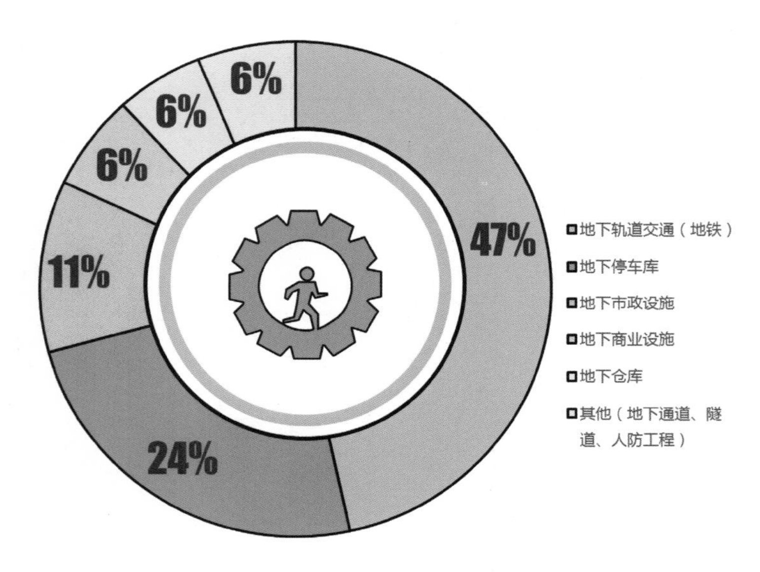

图 8-10　城市地下空间灾害与事故发生场所分析图

在灾害与事故类型和发生场所看，火灾多发生在地下仓库；地下施工事故、水灾多发生在地下轨道交通和地下停车库；地下交通事故、安全事件基本发生在地下轨道交通设施;施工事故各场所均有发生(图 8-11)。

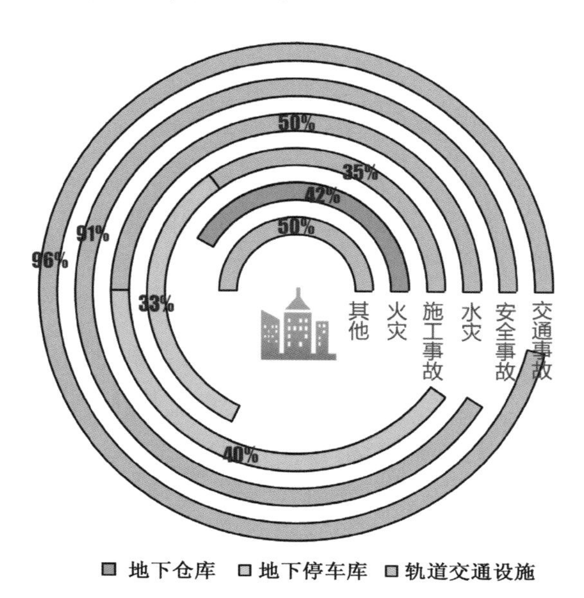

图 8-11　2015 年城市地下空间不同灾害与事故在各类场所主要发生频率

城市地下空间开发利用集建设与管理于一身,不仅涉及类型繁多的地下设施的施工及运营管理,包括地下商场、地下文化娱乐场所、地下停车库、地下仓库、地铁、隧道、人防工程、高层建筑地基、地下管网等,更涉及地下空间地质环境保持、地下空间生态环境保护和生产安全问题。

8.3　地下空间安全防灾预控手段

在城市地下空间开发利用过程中,绝不能忽视地下空间安全问题。2015 年,《国务院办公厅关于印发国家城市轨道交通运营突发事件应急预案的通知(国办函〔2015〕32号)》明确了轨道交通运营管理部门的职责,提出改善、减少灾害的机制和预防措施。其他城市建设方面的安全保障机制则仍有待完善,仍需向社会公众普及应灾救灾常识。

本书在对灾害类型进行分类基础上得出了事故发生的概率分布,探讨了地下空间灾害的特点,对成因进行了分析,为城市地下空间的合理开发提供了一定的参考。针对2015 年地下空间灾害及事故的特征,应在以下方面完善事故或灾后处理措施、应急机制。

1) 加强城市地下空间施工安全管理

进行实时监测、预警,督促并帮助相关责任主体采取相应措施。

2）健全组织体系、完善预警体系、建强防救体系

建议成立统一的地下空间安全管理组织，作为地下空间安全管理的主体，构建由灾害预防体系、应急救援体系和安全保障体系构成的综合防灾体系。

3）加强法制建设、加强安全管理，结合实际制定预警机制

通过立法的形式，明确地下空间开发的主管部门，理顺地下空间开发的申报审批流程和管理体系，细化地下空间开发所应达到的地质环境条件及控制标准，强制在开发前进行地下空间开发利用的适宜性评价及地面沉降危险性评估，规定地下空间开发过程必须与相应的环境恢复和治理工作同步进行。尤其是要明确地下空间开发引发的地面沉降及衍生问题的法律责任，并规定因地下空间开发引起地面沉降造成他人财产损失时的民事赔偿标准。建立信息完备的地面沉降信息监测网络，对主要地面沉降区、重大工程区的地面沉降进行实时监测、预警，督促并帮助相关责任主体采取相应措施，有效防范地面沉降可能带来的各种危害。

4）加强城市地下空间灾害与事故防范演练

加强演练实施灾害报警、紧急疏散、消防灭火、防毒救援和防汛疏堵等应急救援的流程，及时有效地控制灾情和灾害（图 8-12）。

图 8-12　上海举行地下空间灾害事故救援综合演练

图片来源：新华社　裴鑫

附录

Blue book

附录一 2015 年基础材料汇编（部分）

1. 城市基础开发建设评价

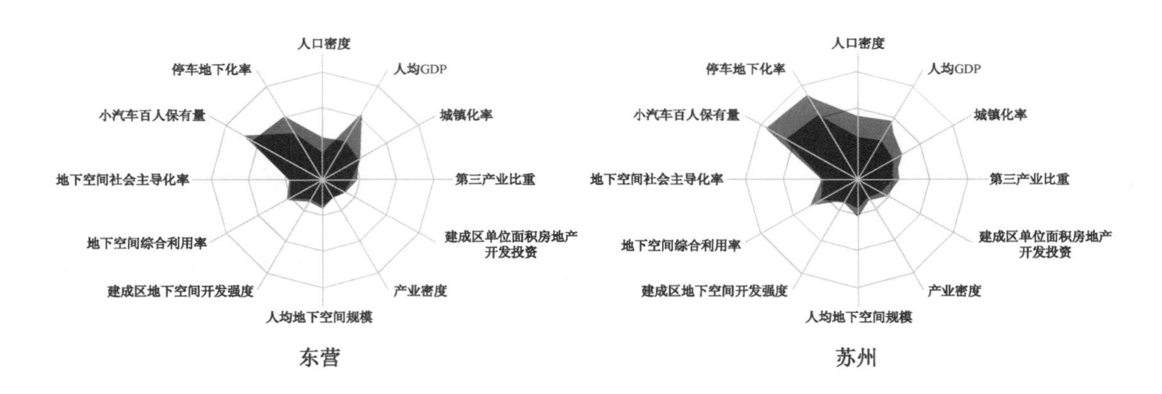

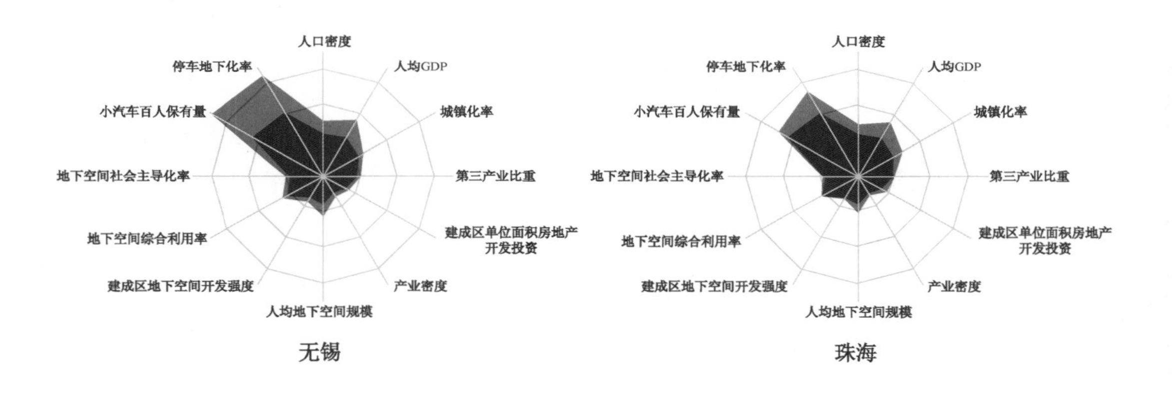

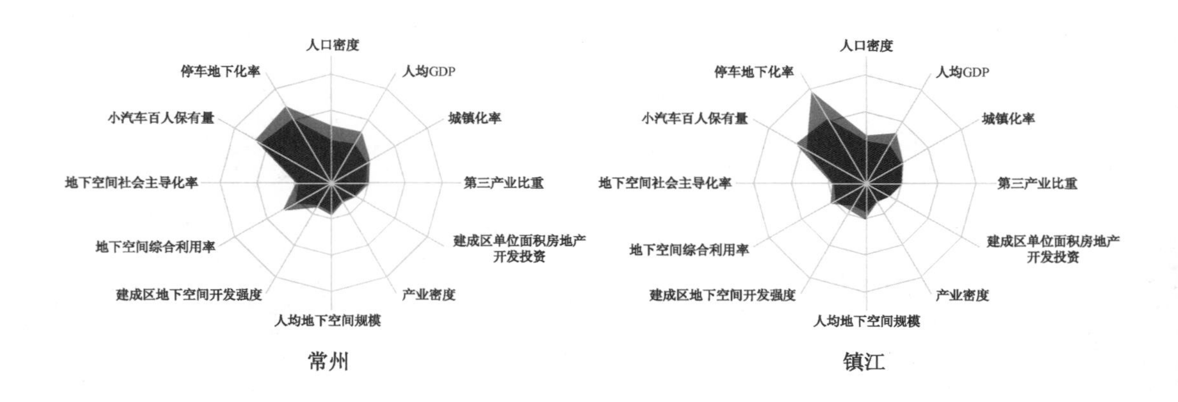

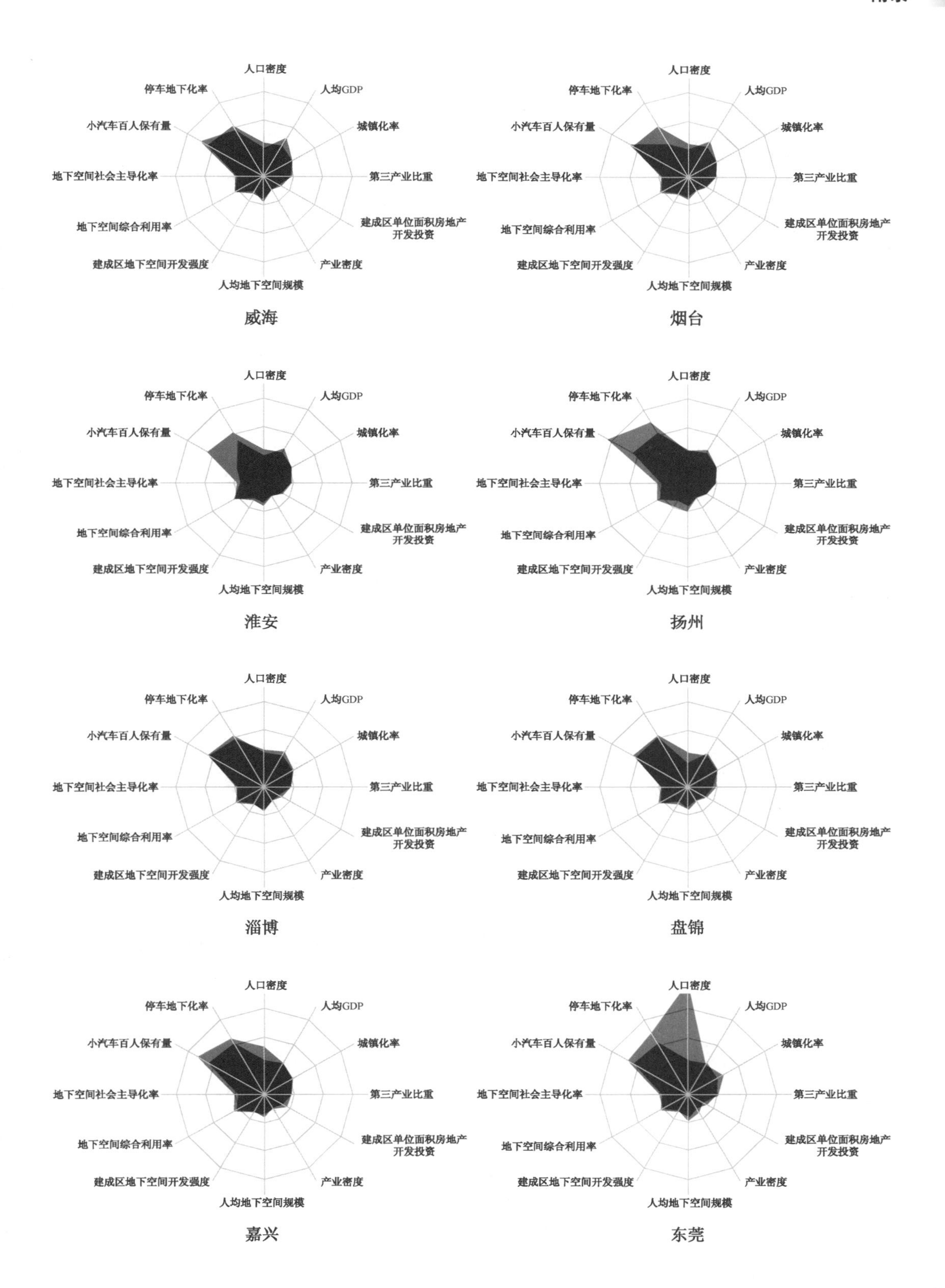
人口密度
人均GDP
城镇化率
第三产业比重
建成区单位面积房地产开发投资
产业密度
人均地下空间规模
建成区地下空间开发强度
地下空间综合利用率
地下空间社会主导化率
小汽车百人保有量
停车地下化率
威海
人口密度
人均GDP
城镇化率
第三产业比重
建成区单位面积房地产开发投资
产业密度
人均地下空间规模
建成区地下空间开发强度
地下空间综合利用率
地下空间社会主导化率
小汽车百人保有量
停车地下化率
烟台
人口密度
人均GDP
城镇化率
第三产业比重
建成区单位面积房地产开发投资
产业密度
人均地下空间规模
建成区地下空间开发强度
地下空间综合利用率
地下空间社会主导化率
小汽车百人保有量
停车地下化率
淮安
人口密度
人均GDP
城镇化率
第三产业比重
建成区单位面积房地产开发投资
产业密度
人均地下空间规模
建成区地下空间开发强度
地下空间综合利用率
地下空间社会主导化率
小汽车百人保有量
停车地下化率
扬州
人口密度
人均GDP
城镇化率
第三产业比重
建成区单位面积房地产开发投资
产业密度
人均地下空间规模
建成区地下空间开发强度
地下空间综合利用率
地下空间社会主导化率
小汽车百人保有量
停车地下化率
淄博
人口密度
人均GDP
城镇化率
第三产业比重
建成区单位面积房地产开发投资
产业密度
人均地下空间规模
建成区地下空间开发强度
地下空间综合利用率
地下空间社会主导化率
小汽车百人保有量
停车地下化率
盘锦
人口密度
人均GDP
城镇化率
第三产业比重
建成区单位面积房地产开发投资
产业密度
人均地下空间规模
建成区地下空间开发强度
地下空间综合利用率
地下空间社会主导化率
小汽车百人保有量
停车地下化率
嘉兴
人口密度
人均GDP
城镇化率
第三产业比重
建成区单位面积房地产开发投资
产业密度
人均地下空间规模
建成区地下空间开发强度
地下空间综合利用率
地下空间社会主导化率
小汽车百人保有量
停车地下化率
东莞

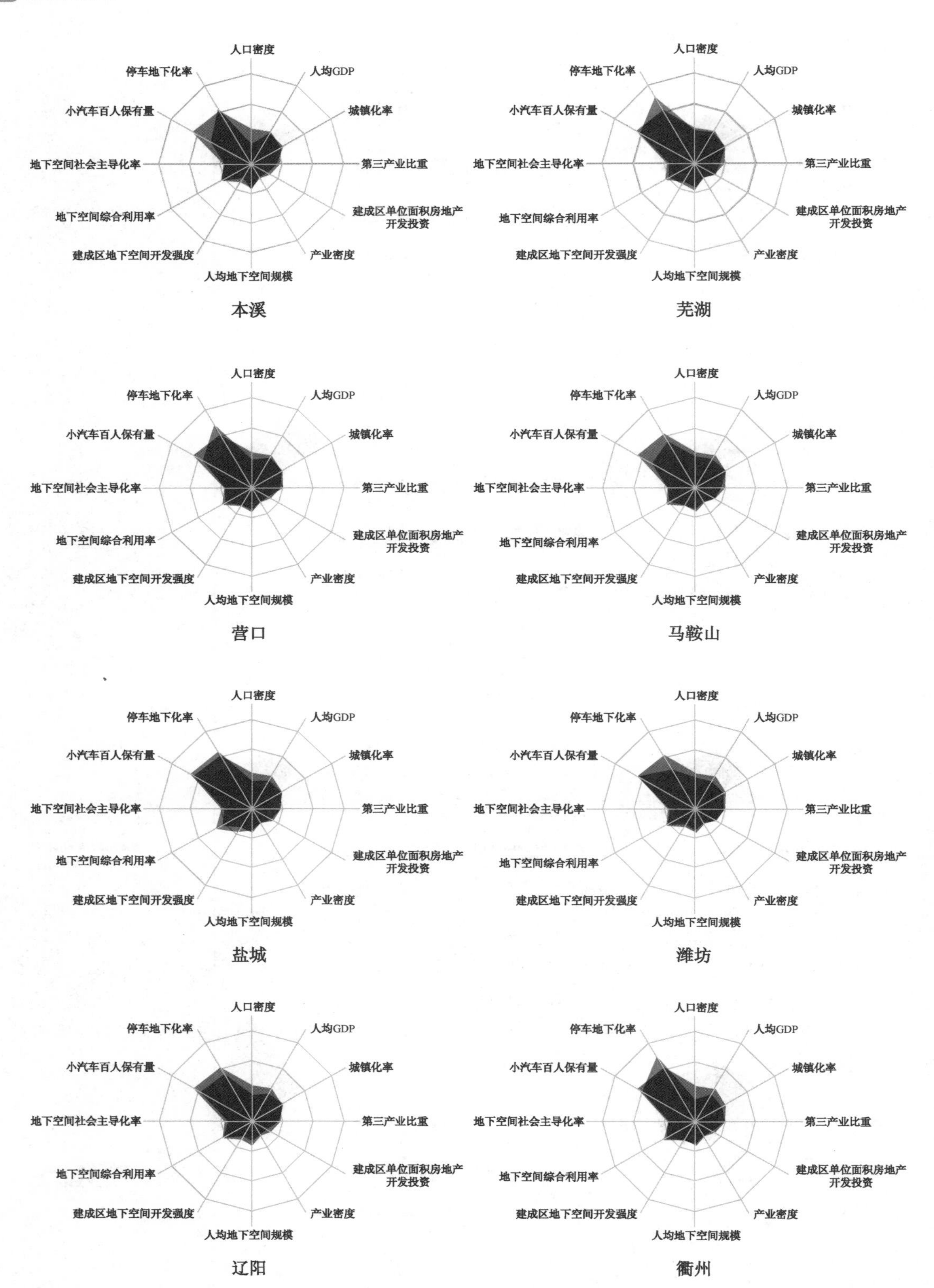
人口密度
人均GDP
城镇化率
第三产业比重
建成区单位面积房地产开发投资
产业密度
人均地下空间规模
建成区地下空间开发强度
地下空间综合利用率
地下空间社会主导化率
小汽车百人保有量
停车地下化率
本溪
人口密度
人均GDP
城镇化率
第三产业比重
建成区单位面积房地产开发投资
产业密度
人均地下空间规模
建成区地下空间开发强度
地下空间综合利用率
地下空间社会主导化率
小汽车百人保有量
停车地下化率
芜湖
人口密度
人均GDP
城镇化率
第三产业比重
建成区单位面积房地产开发投资
产业密度
人均地下空间规模
建成区地下空间开发强度
地下空间综合利用率
地下空间社会主导化率
小汽车百人保有量
停车地下化率
营口
人口密度
人均GDP
城镇化率
第三产业比重
建成区单位面积房地产开发投资
产业密度
人均地下空间规模
建成区地下空间开发强度
地下空间综合利用率
地下空间社会主导化率
小汽车百人保有量
停车地下化率
马鞍山
人口密度
人均GDP
城镇化率
第三产业比重
建成区单位面积房地产开发投资
产业密度
人均地下空间规模
建成区地下空间开发强度
地下空间综合利用率
地下空间社会主导化率
小汽车百人保有量
停车地下化率
盐城
人口密度
人均GDP
城镇化率
第三产业比重
建成区单位面积房地产开发投资
产业密度
人均地下空间规模
建成区地下空间开发强度
地下空间综合利用率
地下空间社会主导化率
小汽车百人保有量
停车地下化率
潍坊
人口密度
人均GDP
城镇化率
第三产业比重
建成区单位面积房地产开发投资
产业密度
人均地下空间规模
建成区地下空间开发强度
地下空间综合利用率
地下空间社会主导化率
小汽车百人保有量
停车地下化率
辽阳
人口密度
人均GDP
城镇化率
第三产业比重
建成区单位面积房地产开发投资
产业密度
人均地下空间规模
建成区地下空间开发强度
地下空间综合利用率
地下空间社会主导化率
小汽车百人保有量
停车地下化率
衢州

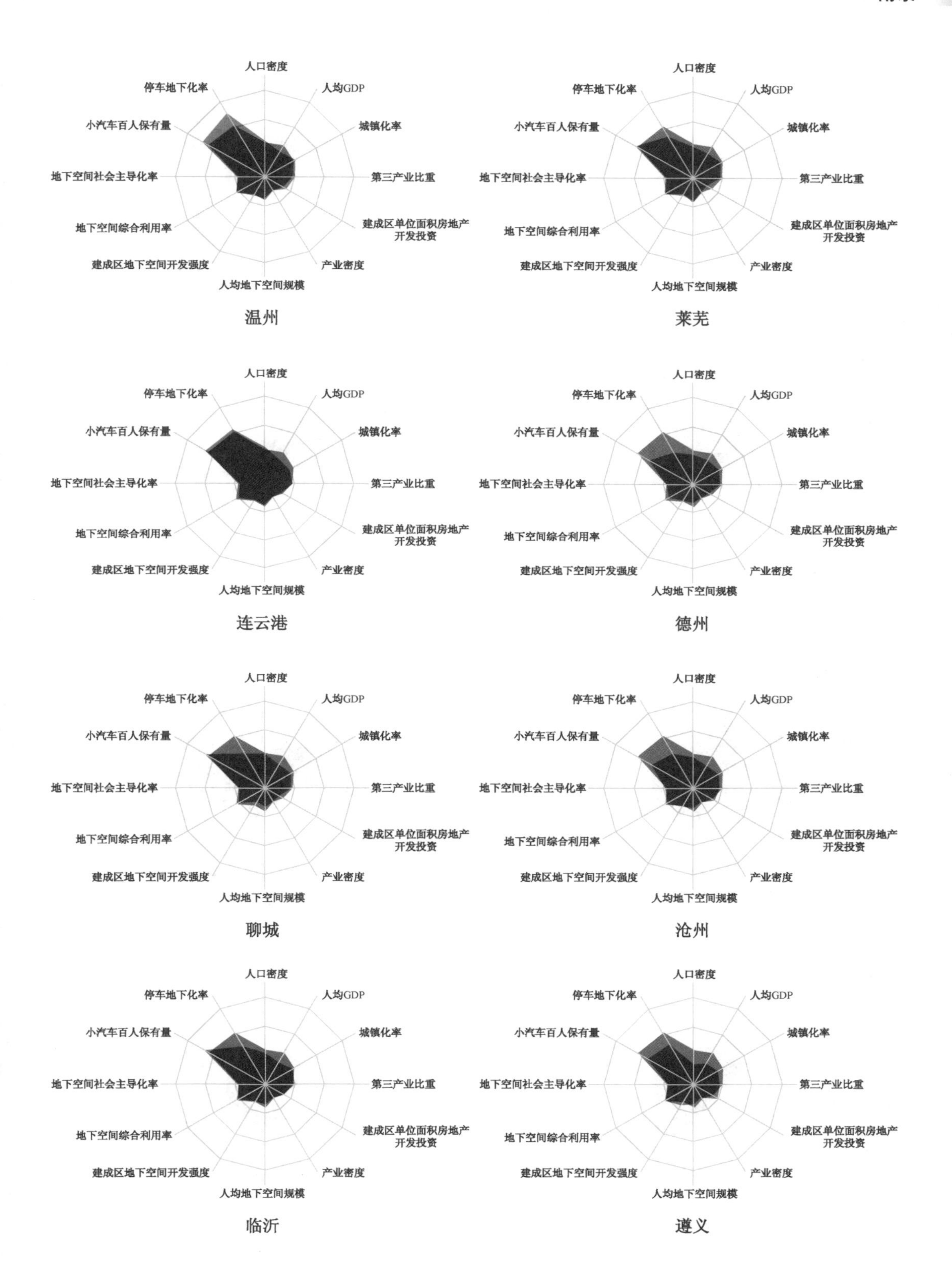
人口密度
人均GDP
城镇化率
第三产业比重
建成区单位面积房地产开发投资
产业密度
人均地下空间规模
建成区地下空间开发强度
地下空间综合利用率
地下空间社会主导化率
小汽车百人保有量
停车地下化率
温州
莱芜
连云港
德州
聊城
沧州
临沂
遵义

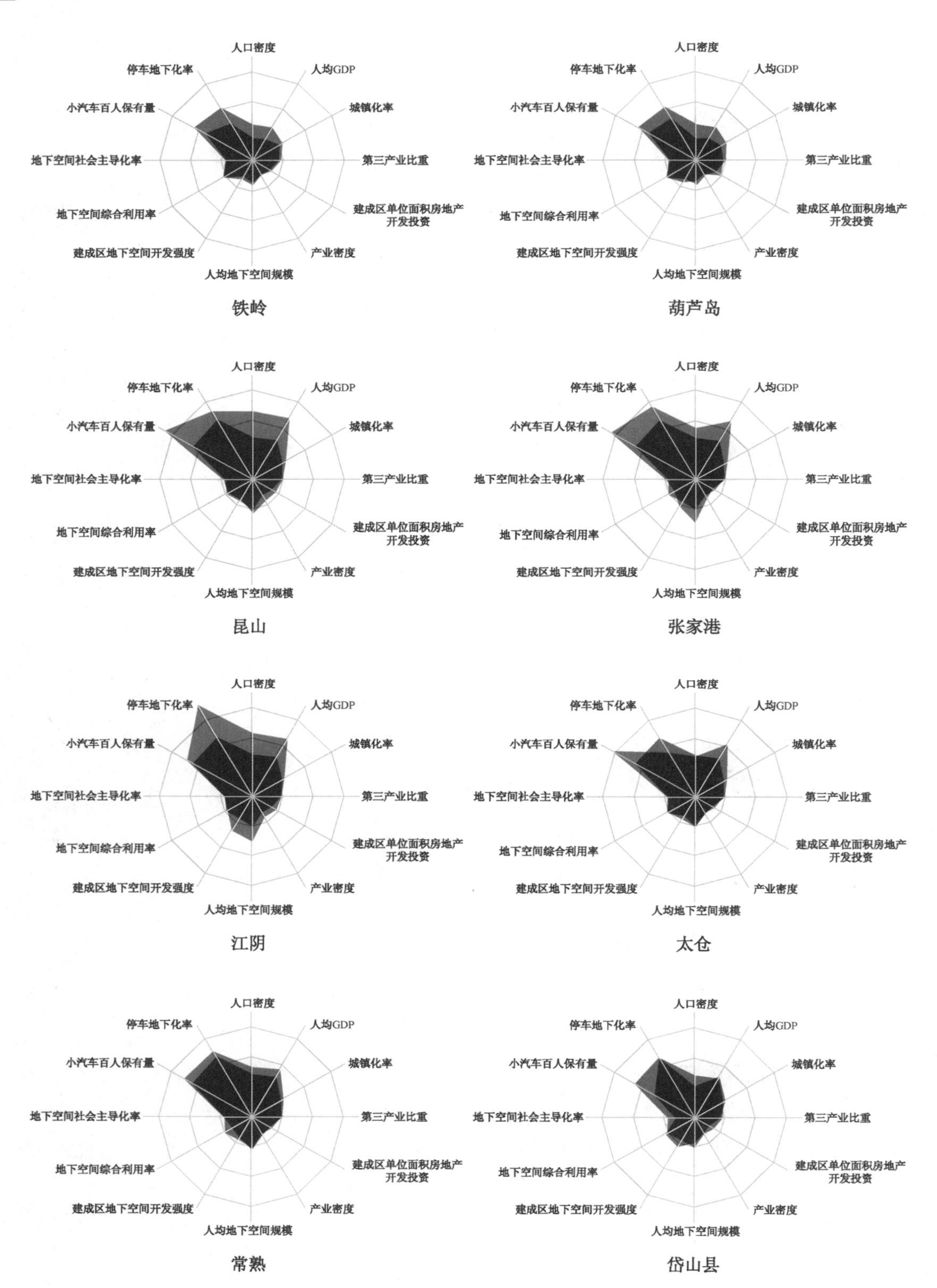
人口密度
人均GDP
城镇化率
第三产业比重
建成区单位面积房地产开发投资
产业密度
人均地下空间规模
建成区地下空间开发强度
地下空间综合利用率
地下空间社会主导化率
小汽车百人保有量
停车地下化率
铁岭
葫芦岛
昆山
张家港
江阴
太仓
常熟
岱山县

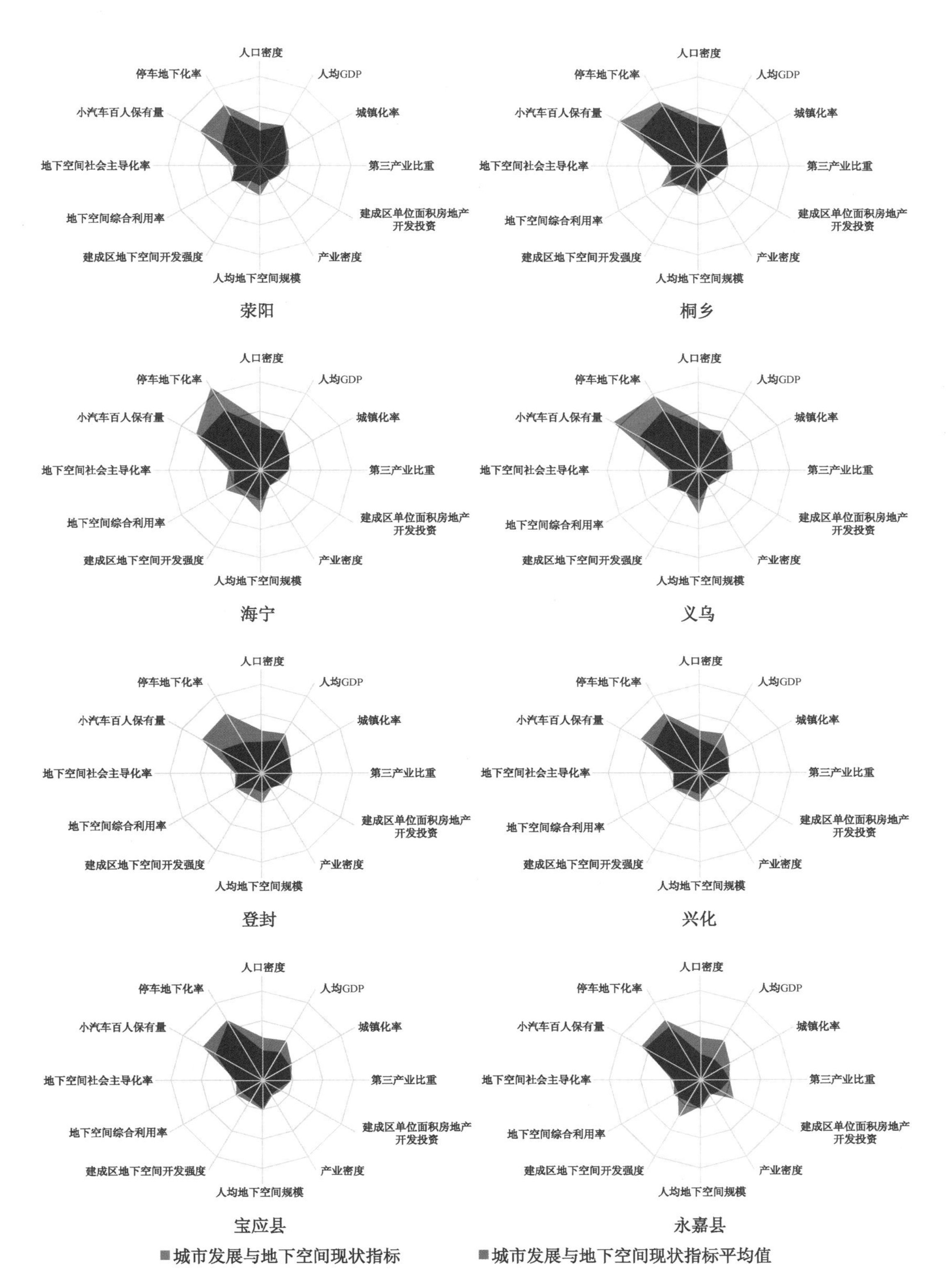
人口密度
人均GDP
城镇化率
第三产业比重
建成区单位面积房地产开发投资
产业密度
人均地下空间规模
建成区地下空间开发强度
地下空间综合利用率
地下空间社会主导化率
小汽车百人保有量
停车地下化率
荥阳
桐乡
海宁
义乌
登封
兴化
宝应县
永嘉县
城市发展与地下空间现状指标
城市发展与地下空间现状指标平均值

附图 1-1

2. 城市地下空间灾害与事故统计资料

附表 1-1　2015 年中国城市地下空间事故与灾害统计一览表

序号	事　件	类型	时间	死亡	伤	发生场所
1	香港尖沙咀美丽华商场地下火灾	火灾	2015-01-05	无	无	地下商场
2	鄂尔多斯市都福海购物广场地下仓库火灾	火灾	2015-01-11	无	无	地下仓库
3	北京市东城国瑞城地下二层火灾	火灾	2015-02-04	无	无	地下商场
4	郑州市红旗路 52 号院地下室火灾	火灾	2015-02-09	无	2	地下仓库
5	杭州市五星铝业工厂地下煤油库突发火灾	火灾	2015-02-21	无	无	地下仓库
6	沈阳一地下停车场失火	火灾	2015-02-28	无	无	地下停车库
7	杭州市临平街道荷花塘小区居民楼地下车库火灾	火灾	2015-03-30	无	无	地下停车库
8	榆林市子洲县双湖峪一地下室火灾	火灾	2015-04-18	无	无	地下仓库
9	呼和浩特一小区天然气泄漏起火	火灾	2015-07-11	无	无	地下市政
10	杭州火车站发生火灾,车站一库房被烧毁	火灾	2015-07-20	无	无	地下仓库
11	靖江锦汇地下商场发生火灾	火灾	2015-08-02	无	无	地下商场
12	杭州德胜新村 70 幢地下车库发生火灾	火灾	2015-08-04	无	无	地下停车库
13	北京朝阳区 SKP 大厦发生火灾事故,幸无人员伤亡	火灾	2015-08-08	无	无	地下商场
14	北京丰台区星河苑小区地下车库着火	火灾	2015-08-25	无	无	地下停车库
15	鄂尔多斯市东胜柴家梁万家惠市场地下仓库发生火灾	火灾	2015-09-14	1	无	地下仓库
16	义乌金城高尔夫一小区地下车库起大火	火灾	2015-09-22	无	无	地下停车库
17	兰州在建地铁火灾	火灾	2015-10-21	无	无	地下轨道交通
18	大连幸福家居地下仓库起大火	火灾	2015-10-30	无	无	地下仓库
19	湖北省十堰竹山县城西一地下仓库发生火灾	火灾	2015-12-07	无	无	地下仓库
20	广州暴雨致广州地铁白云公园站、长湴站水浸	水灾	2015-05-04	无	无	地下轨道交通
21	凯里市经济开发区的南桦山庄小区地下停车场被淹	水灾	2015-05-08	无	无	地下停车库/地下娱乐
22	南京暴雨导致地铁 3 号线秣周东路站内被水淹	水灾	2015-06-30	无	无	地下轨道交通

续表

序号	事　　件	类型	时间	死亡	伤	发生场所
23	淮南市滟澜山小区地下车库被淹	水灾	2015-07-01	无	无	地下停车库
24	北京因暴雨，地铁亦庄线临时停车，陶然亭地铁站被淹	水灾	2015-07-23	无	无	地下轨道交通
25	武汉地铁 4 号线王家湾站附近雨水涌入轨行区，导致部分区间停运	水灾	2015-07-23	无	无	地下轨道交通
26	济南市建设路南郊热电厂南侧地下仓库被淹	水灾	2015-08-03	无	无	地下仓库
27	福州市五四路古三座附近三四十个地下车库被淹没	水灾	2015-08-09	无	无	地下停车库
28	盐城市中凯银杏湖地下车库被淹	水灾	2015-08-10	无	无	地下停车库
29	福州地铁树兜站盾构井进水，9 名工人被困	水灾	2015-08-11	无	无	地下轨道交通
30	武汉地铁 3 号线爆炸事故	施工事故	2015-01-02	2	无	地下轨道交通
31	贵州六盘水六枝特区一工地孔桩塌方致一工人不幸遇难	施工事故	2015-01-04	1	无	其他(孔桩)施工
32	郑州一安置小区基坑施工坍塌	施工事故	2015-01-05	3	2	其他(基坑)施工
33	武汉市东湖高新技术开发区，光谷新世界发生坍塌事故	施工事故	2015-01-12	1	3	地下停车库
34	长沙市岳麓区，奥克斯缔壹城发生坍塌事故	施工事故	2015-01-14	2	无	地下停车库
35	象州县工业园，自来水厂供水管网施工过程中发生泥土塌方	施工事故	2015-01-15	4	无	地下市政
36	阳江市江城区，碧桂园·钻石湾发生高处坠落事故	施工事故	2015-01-20	1	无	地下停车库
37	西安地铁 4 号线施工过程中出现涌水、涌沙险情	施工事故	2015-01-23	无	无	地下轨道交通
38	长沙市污水管道试通水施工过程中发生窒息事故	施工事故	2015-01-31	3	无	地下市政
39	青岛地铁 2 号线泰山路站工地土体滑落	施工事故	2015-02-06	1	无	地下轨道交通
40	成都在建隧道瓦斯爆炸事故	施工事故	2015-02-24	3	22	隧道
41	武汉地铁 3 号线工地一工人坠坑	施工事故	2015-03-01	无	1	地下轨道交通
42	咸阳市渭城区，西咸新区空港新城第一大道新城段市政工程发生坍塌事故	施工事故	2015-03-16	3	1	地下市政
43	常州天宁时代广场，发生坍塌事故	施工事故	2015-03-25	1	无	地下停车库
44	北京市丰台区，北京地铁 14 号线 11 标，发生起重伤害事故	施工事故	2015-03-28	2	无	地下轨道交通

续表

序号	事　　件	类型	时间	死亡	伤	发生场所
45	南京市江宁区新逸花园发生坠落事故	施工事故	2015-03-28	1	无	地下停车库
46	南京地铁4号线龙江站施工致小区三幢居民楼出现沉降	施工事故	2015-03-28	无	无	地下轨道交通
47	天津地铁6号线盾构施工发生透水事故	施工事故	2015-03-29	无	无	地下轨道交通
48	杭州市紫之隧道施工导致路面发生塌陷	施工事故	2015-04-01	无	无	隧道
49	六盘水市广场人防工程施工致路面开裂	施工事故	2015-04	无	无	人防工程
50	合肥市庐阳区,海亮红玺台发生坠落事故	施工事故	2015-04-03	1	无	地下停车库
51	湟中县西宁市第四污水处理厂工程配套污水管网兴起路段项目发生坍塌事故	施工事故	2015-04-05	3	无	地下市政
52	南通市港闸区,南通市R13052地块发生物体打击事故	施工事故	2015-04-17	1	无	人防工程
53	苏州市吴江市,明珠城聆湖苑坠落事故	施工事故	2015-04-26	1	无	地下停车库
54	青岛地铁2号线工地出现塌方事故	施工事故	2015-04-28	无	3	地下轨道交通
55	金湖县锦绣华城地下人防发生物体打击事故	施工事故	2015-05-05	1	无	人防工程
56	无锡市崇安区,无锡地铁2号线三东区间坠落事故	施工事故	2015-05-08	1	无	地下轨道交通
57	哈密市,林景苑小区地下车库工程建设发生坠落事故	施工事故	2015-05-10	1	无	地下停车库
58	沈阳市在建地铁10号线坍塌	施工事故	2015-05-11	1	无	地下轨道交通
59	上海红宁护理院,发生坍塌事故	施工事故	2015-05-13	1	无	地下停车库
60	南宁市轨道交通1号线一期工程土建施工发生物体打击事故	施工事故	2015-05-13	1	无	地下轨道交通
61	南京市江宁区东郊小镇第十一街区及地下室工程发生物体打击事故	施工事故	2015-05-17	1	无	地下停车库
62	天津市南开区,天津地铁6号线土建施工第20合同段工程发生坠落事故	施工事故	2015-05-17	1	无	地下轨道交通
63	贵阳轨道交通1号线,发生坍塌事故	施工事故	2015-05-17	1	无	地下轨道交通
64	兰州市安宁区,安宁堡街道重建安置点发生坍塌事故	施工事故	2015-05-24	1	无	地下停车库
65	通辽市奈曼旗市政道路及附属工程发生中毒和窒息事故	施工事故	2015-05-31	2	无	地下市政
66	银川市兴庆区,滨河新区供热管道项目发生坍塌事故	施工事故	2015-06-09	1	无	地下市政
67	郑州市管城回族区,龙翔二街给水管道施工现场坍塌,工人被埋	施工事故	2015-06-12	3	1	地下市政

续表

序号	事　　件	类型	时间	死亡	伤	发生场所
68	哈尔滨通达街民众街交口在建地下商场发生大面积坍塌事故	施工事故	2015-06-22	无	无	地下商场（施工）
69	承德市双滦区，康达御景新城5地下车库A段发生坠落事故	施工事故	2015-06-22	1	无	地下停车库
70	深圳地铁7号线一施工区间发生坍塌	施工事故	2015-06-25	1	3	地下轨道交通
71	漳州市芗城区，金品花园地下室施工发生坠落事故	施工事故	2015-06-28	1	无	地下停车
72	呼和浩特市赛罕区，呼和浩特市中心区道路改造工程施工发生坍塌事故	施工事故	2015-07-07	2	无	地下市政
73	哈尔滨市侵华日军第731部队罪证陈列馆新馆建设工程发生坍塌事故	施工事故	2015-07-08	1	无	地下市政
74	重庆市北部新区，火星生物医学工程产业大厦地下车库工程发生坠落事故	施工事故	2015-07-13	1	无	地下停车库
75	安徽定远县发生路面坍塌事故	施工事故	2015-07-13	无	3	地下商业街（施工）
76	延吉市，大千城项目工地，发生坍塌事故	施工事故	2015-07-19	1	无	地下停车库
77	平安县古驿大道东延段道路与地下市政工程发生坍塌事故	施工事故	2015-07-25	1	无	地下市政
78	宜昌市西陵区，宜昌月星国际城地下车库建设发生坠落事故	施工事故	2015-07-26	2	无	地下停车库
79	郑州在建地铁2号线一施工现场发生倾倒事故	施工事故	2015-08-06	无	无	地下轨道交通
80	东莞市莞惠城际轨道常平段联邦花园旁地面发生塌陷	施工事故	2015-08-12	无	无	地下轨道交通
81	南京市栖霞区，南京金浦御龙湾地下车库工程发生起重伤害事故	施工事故	2015-08-16	1	无	地下停车库
82	滁州市尚城国际B区地下室发生触电事故	施工事故	2015-08-21	1	无	地下停车库
83	驻马店东方今典驿佳皇家驿站商务中心地下商城工地发生塌方安全事故	施工事故	2015-08-21	2	无	地下商场（施工）
84	福州地铁施工占用小区公共用地，居民楼出现沉降	施工事故	2015-08-21	无	无	地下轨道交通
85	厦门地铁施工致房子局部坍塌	施工事故	2015-08-25	无	无	地下轨道交通
86	杭州地铁站施工挖破燃气管道事故	施工事故	2015-08-28	无	无	地下轨道交通
87	上海市徐汇区，复旦大学新建枫林校区地下车库项目发生物体打击事故	施工事故	2015-08-29	1	无	地下停车库
88	广州白云区江夏地铁站附近施工至地面坍塌	施工事故	2015-09-07	无	无	地下市政

续表

序号	事　　件	类型	时间	死亡	伤	发生场所
89	苏州轨道交通 3 号线乐园站项目工程发生坠落事故	施工事故	2015-09-08	1	无	地下轨道交通
90	镇江市润州区，镇江市景天花园地下室工程发生坠落事故	施工事故	2015-09-14	1	无	地下停车库
91	赤峰市松山区，济美华睿园住宅小区地下车库建设发生坠落事故	施工事故	2015-09-18	1	1	地下停车库
92	呼和浩特市万通路地下通道及管网工程一标段发生坍塌事故	施工事故	2015-09-22	2	10	地下通道
93	始兴县天元帝景住宅区三期工程发生坍塌事故	施工事故	2015-09-27	1	无	地下停车库
94	漳州市龙文区，东裕花园安置小区二期配电室及地下室建设发生坍塌事故	施工事故	2015-09-28	2	无	地下停车库
95	双流县，世龙公馆地下室工程建设发生起重伤害事故	施工事故	2015-10-05	4	无	地下停车库
96	重庆市渝北区，富力湾(一期)北组团地下车库建设发生坠落事故	施工事故	2015-10-13	1	无	地下停车库
97	平潭县长福麒麟海湾一期发生坠落事故	施工事故	2015-10-14	1	无	地下停车库
98	连云港众兴华庭住宅小区地下室工程发生起重伤害事故	施工事故	2015-10-15	1	无	地下停车库
99	上海市奉贤区，沿江通道越江隧道发生坠落事故	施工事故	2015-10-23	1	无	地下道路
100	广州市轨道交通 21 号线工程施工 10 标发生物体打击事故	施工事故	2015-10-24	1	无	地下轨道交通
101	南京地铁 4 号线北京东路和龙蟠中路交叉口施工致法国梧桐行道树倾倒	施工事故	2015-10-29	无	无	地下轨道交通
102	南京北京东路和龙蟠中路交叉口路面突然塌陷	施工事故	2015-10-29	无	无	地下轨道交通
103	南京地铁 4 号线龙蟠中路与北京东路路口再次出现塌陷	施工事故	2015-11-02	无	无	地下轨道交通
104	岳西县塘坳区域污水管道发生坍塌事故	施工事故	2015-11-05	1	无	地下市政
105	武汉轨道交通 6 号线 12 标江汉路站发生物体打击事故	施工事故	2015-11-06	1	无	地下轨道交通
106	新疆生产建设兵团第七师天北新区生产基地工艺厂房室外管网项目发生坍塌事故	施工事故	2015-11-06	4	无	地下市政
107	兰州市城关区，雁滩地区污水管网完善及南河道截流工程发生坍塌事故	施工事故	2015-11-08	1	无	地下市政
108	苏州发生地下室防水层保护墙坍塌事故	施工事故	2015-11-08	3	无	地下停车库

续表

序号	事　件	类型	时间	死亡	伤	发生场所
109	海原一小区地下排水管道施工发生坍塌事故	施工事故	2015-11-09	3	无	地下市政
110	南京地铁4号线北京东路段地铁施工周边再次发生路面塌陷事故	施工事故	2015-11-10	无	无	地下轨道交通
111	南京地铁4号线九华山站南侧道路下沉	施工事故	2015-11-16	无	无	地下轨道交通
112	乌鲁木齐轨道交通1号线05标土建工程发生坠落事故	施工事故	2015-11-27	1	无	地下轨道交通
113	重庆市北部新区，融创礼嘉组团高边坡施工，发生坍塌事故	施工事故	2015-11-28	1	无	地下停车库
114	深圳市城市轨道交通11号线BT项目死亡1人	施工事故	2015-12-15	1	无	地下轨道交通
115	铁岭一在建人防工程坍塌	施工事故	2015-12-20	无	无	人防工程（地下商业）
116	深圳市城市轨道交通9号线BT工程9104-2标段发生坠落事故	施工事故	2015-12-24	1	无	地下轨道交通
117	苏州市轨道交通3号线工程土建施工项目Ⅲ-TS-12标工程发生坠落事故	施工事故	2015-12-28	1	无	地下轨道交通
118	北京地铁2号线1名乘客进入运营轨道致列车停车	交通事故	2015-01-01	无	无	地下轨道交通
119	北京1号线木樨地站1名女乘客坠轨事故	交通事故	2015-02-05	1	无	地下轨道交通
120	北京男子跳下地铁1名号线五棵松站台	交通事故	2015-02-12	1	无	地下轨道交通
121	北京地铁1号线万寿路站1名乘客落轨	交通事故	2015-03-14	无	1	地下轨道交通
122	昆明地铁1号线列车撞死1名男子	交通事故	2015-03-16	1	无	地下轨道交通
123	北京地铁1号线国贸站1名乘客坠轨	交通事故	2015-03-29	无	1	地下轨道交通
124	北京地铁1号线军事博物馆站1名乘客坠轨	交通事故	2015-04-18	1	无	地下轨道交通
125	深圳地铁5号线乘客突然晕倒引发踩踏	交通事故	2015-04-20	无	12	地下轨道交通
126	台铁一名女子疑跳轨，列车暂停数千人受影响	交通事故	2015-04-22	1	无	地下轨道交通
127	北京地铁1号线大望路站1名乘客进入运营轨道正线	交通事故	2015-04-25	1	无	地下轨道交通
128	北京地铁2号线鼓楼大街站，1名乘客坠轨	交通事故	2015-05-12	无	1	地下轨道交通
129	北京地铁1号线王府井站站台1名男子坠轨	交通事故	2015-05-16	1	无	地下轨道交通
130	上海市地铁3号线1男子落轨身亡	交通事故	2015-05-19	1	无	地下轨道交通

续表

序号	事　件	类型	时间	死亡	伤	发生场所
131	北京地铁 2 号线西直门站内环 1 名乘客跳轨	交通事故	2015-06-10	无	1	地下轨道交通
132	香港地铁港铁东铁线大学站发生坠轨事故	交通事故	2015-06-19	1	无	地下轨道交通
133	北京地铁 1 号线四惠站 1 名乘客坠入轨道正线	交通事故	2015-06-29	无	1	地下轨道交通
134	北京地铁 13 号线望京西站至北苑上行 1 名乘客进入运营轨道正线	交通事故	2015-07-06	无	无	地下轨道交通
135	北京地铁 1 号线军事博物馆站 1 名乘客坠轨	交通事故	2015-07-08	无	无	地下轨道交通
136	台北地铁淡水站 1 名男子跳轨	交通事故	2015-07-24	无	无	地下轨道交通
137	上海地铁 4 号线延安西路站 1 名男子擅入轨道身亡	交通事故	2015-08-13	1	无	地下轨道交通
138	北京地铁 2 号线宣武门站 1 名女乘客坠轨	交通事故	2015-09-15	无	1	地下轨道交通
139	北京地铁 1 号线回复门站 1 名男乘客坠轨	交通事故	2015-09-16	无	无	地下轨道交通
140	香港地铁发生罕见“飞站”事故	交通事故	2015-09-18	无	无	地下轨道交通
141	上海 1 名男子酒后深夜大闹江苏路站	安全事件	2015-01-12	无	无	地下轨道交通
142	北京居民私自地下施工致路面发生坍塌	安全事件	2015-01-24	无	无	其他(地下室)
143	北京 1 名男子酒后滋事跳轨至地铁停运	安全事件	2015-04-09	无	无	地下轨道交通
144	深圳母女 2 人乘地铁拒绝安检大闹地铁站穿高跟鞋踢打民警	安全事件	2015-05-07	无	3	地下轨道交通
145	成都 1 名女子乘地铁拒安检，推倒安检员被行政拘留 10 日	安全事件	2015-05-15	无	1	地下轨道交通
146	北京两乘客醉酒，地铁站跳轨	安全事件	2015-05-19	无	无	地下轨道交通
147	大连 1 名男乘客擅动地铁紧急装置“逼停”列车致晚点	安全事件	2015-07-04	无	无	地下轨道交通
148	台湾地铁捷运中山站砍人事件	安全事件	2015-07-20	无	4	地下轨道交通
149	南京醉酒乘客拉紧急解锁装置“逼停”地铁	安全事件	2015-08-06	无	无	地下轨道交通
150	南京地铁站醉酒乘客谎称要爆炸被拘留 10 日	安全事件	2015-09-04	无	无	地下轨道交通
151	香港地铁发生砍人事件	安全事件	2015-09-21	无	3	地下轨道交通
152	上海地铁 10 号线一自动扶梯发生塌陷事故	结构破坏(设备故障)	2015-05-19	无	无	地下轨道交通
153	上海地下商场电梯伤人事故	结构破坏(设备故障)	2015-08-01	无	1	地下商场

续表

序号	事　　件	类型	时间	死亡	伤	发生场所
154	北京地铁内上行电梯突停致人受伤	结构破坏(设备故障)	2015-08-04	无	1	地下轨道交通
155	上海地铁一扶梯运行中突发事故	结构破坏(设备故障)	2015-08-18	无	无	地下轨道交通
156	香港将军澳地铁商场天花板坍塌	结构破坏(设备故障)	2015-08-20	无	3	地下商场
157	深圳罗湖区地铁 9 号线工地发生坍塌	水电供应	2015-02-10	无	无	地下轨道交通
158	上海地铁 2 号线供电故障突发停运	水电供应	2015-03-10	无	无	地下轨道交通
159	沈阳市皇姑区宁山中路 38-3 号地下车库积水	水电供应	2015-05-09	无	无	地下停车库
160	哈尔滨一处公交站台塌陷事故	水电供应	2015-08-22	无	4	地下市政
161	海口海府一横路一公交站旁的路面塌方	水电供应	2015-11-09	无	无	地下市政

3. 地下空间科研教育情况

1) 研究方向领军团队及负责人

中国人民解放军理工大学在开发建设方向排名第一，主要负责人为陈志龙。

中国科学院武汉岩土力学研究所在基础研究方向排名第一，主要负责人为江权。

山东大学在施工技术方向排名第一，主要负责人为刘健、刘人太。

北京交通大学在安全保障方向排名第一，主要负责人为毛军、刘保国。

2) 地下空间高等教育

城市地下空间的人才问题日益突出、缺口日益增大，既是当前的困扰难题，也是未来可能制约发展的最大因素。

根据中国教育在线数据统计，2015 年中国高校毕业生达 749 万，同比增长 22 万，而 2015 年全国高校城市地下空间工程专业招生共计 2 300～2 350 人。由此换算，地下空间专业应届毕业生比例仅为 0.03%。

(1) 招生数量

江苏是 2015 年此专业招生“规模最大”的地区(附图 1-2)。

(2) 生源供给

河南是 2015 年此专业生源“供给最多”的地区，共有 304 人去往各地高校“城市地下空间工程”专业学习(附图 1-3)。

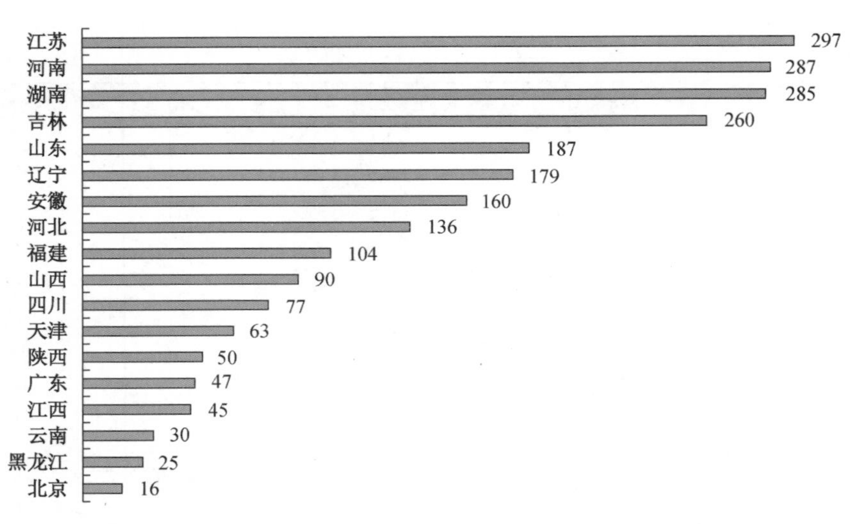

附图 1-2 全国各省(市)2015 年"城市地下空间工程"专业招生数量排序

数据来源:中国教育部阳光高考信息公开平台(www.gaokao.chsi.com.cn)

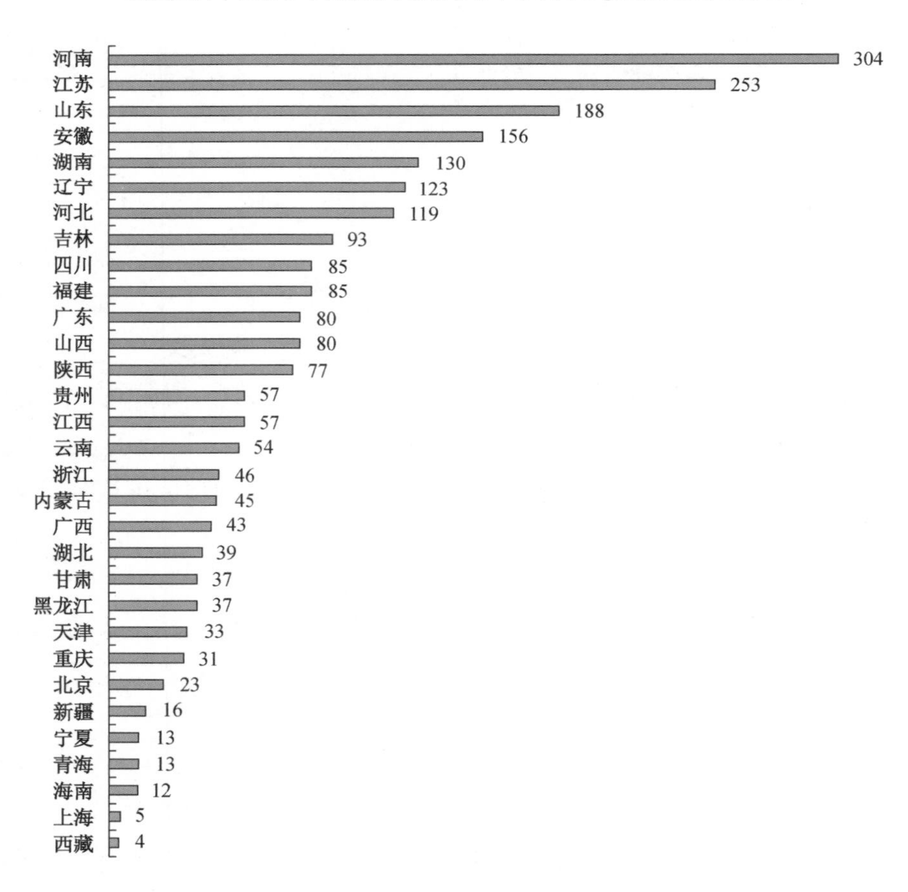

附图 1-3 全国各省(市)2015 年"城市地下空间工程"专业生源输出排序

数据来源:中国教育部阳光高考信息公开平台(www.gaokao.chsi.com.cn)

（3）人才输出

湖南省是2015年城市地下空间工程专业生源“分布最广”的地区。湖南省考生除了进入本省高校外，还去往32个省（市）进行地下空间专业学习（附图1-4）。

附图1-4　2015年湖南省“城市地下空间工程”专业生源地分布图

数据来源：中国教育部阳光高考信息公开平台（www.gaokao.chsi.com.cn）

4. 主要地铁勘察设计单位

2015年，中国地铁勘察设计市场竞争优势强的单位主要有12家。以下各单位中所列分院仅为业务涉及地铁勘察设计类。

1）北京城建设计发展集团有限公司

该公司为轨道交通勘察设计行业的领军单位，总部位于北京，专门从事地铁勘察设计的分院及专业院遍布较广（附图1-5）。

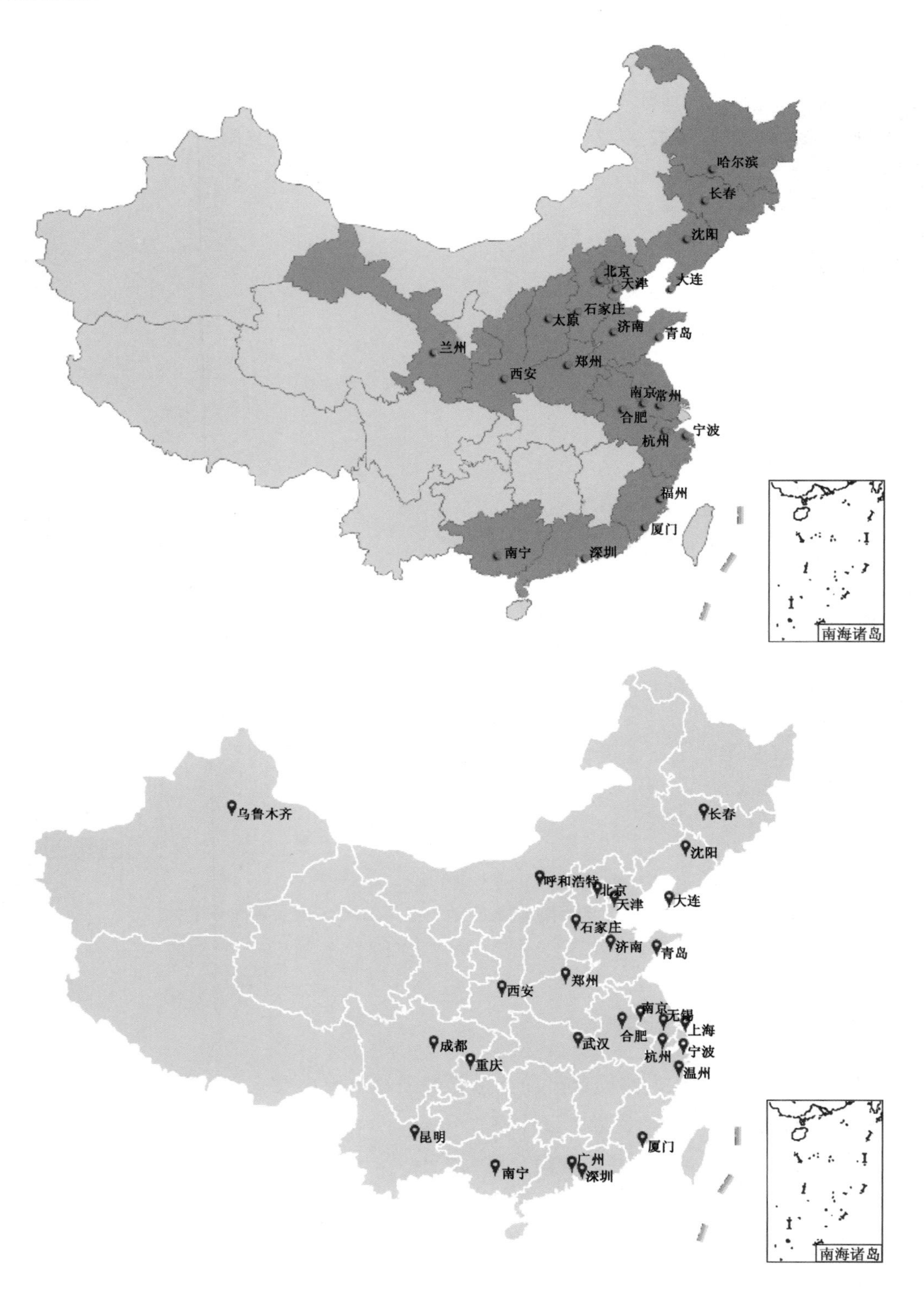

附图 1-5　北京城建设计发展集团的勘察设计分院分布及勘察设计城市分布

2）中铁第一勘察设计院集团有限公司

该公司总部位于西安，分公司中从事地铁勘察设计业务的位于威海(附图 1-6)。

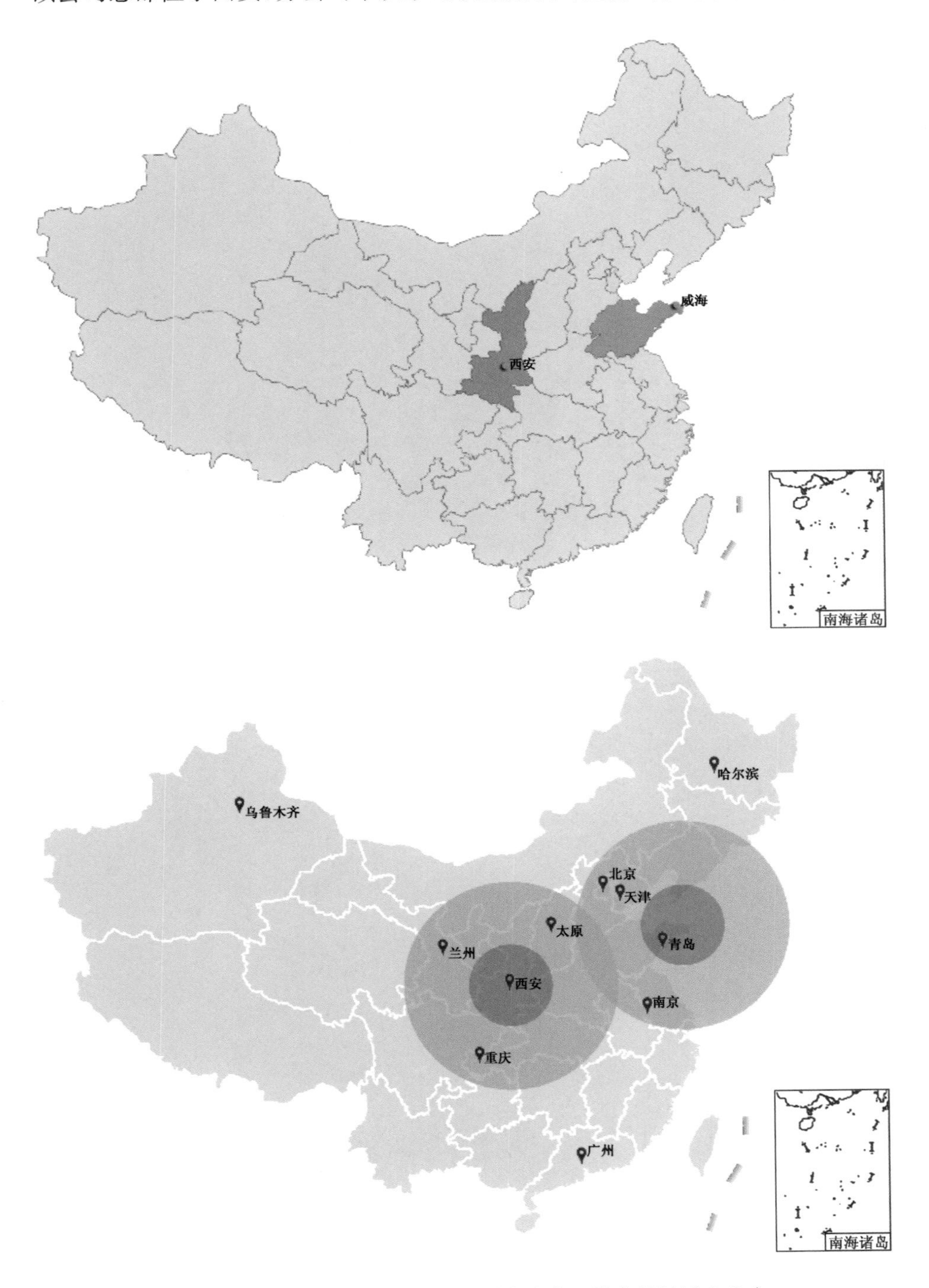

附图 1-6　中铁第一勘察设计院单位分布及勘察设计城市分布

3）中铁二院工程集团有限责任公司

该公司总部位于成都，分院中从事地铁勘察设计业务的位于重庆和贵阳(附图 1-7)。

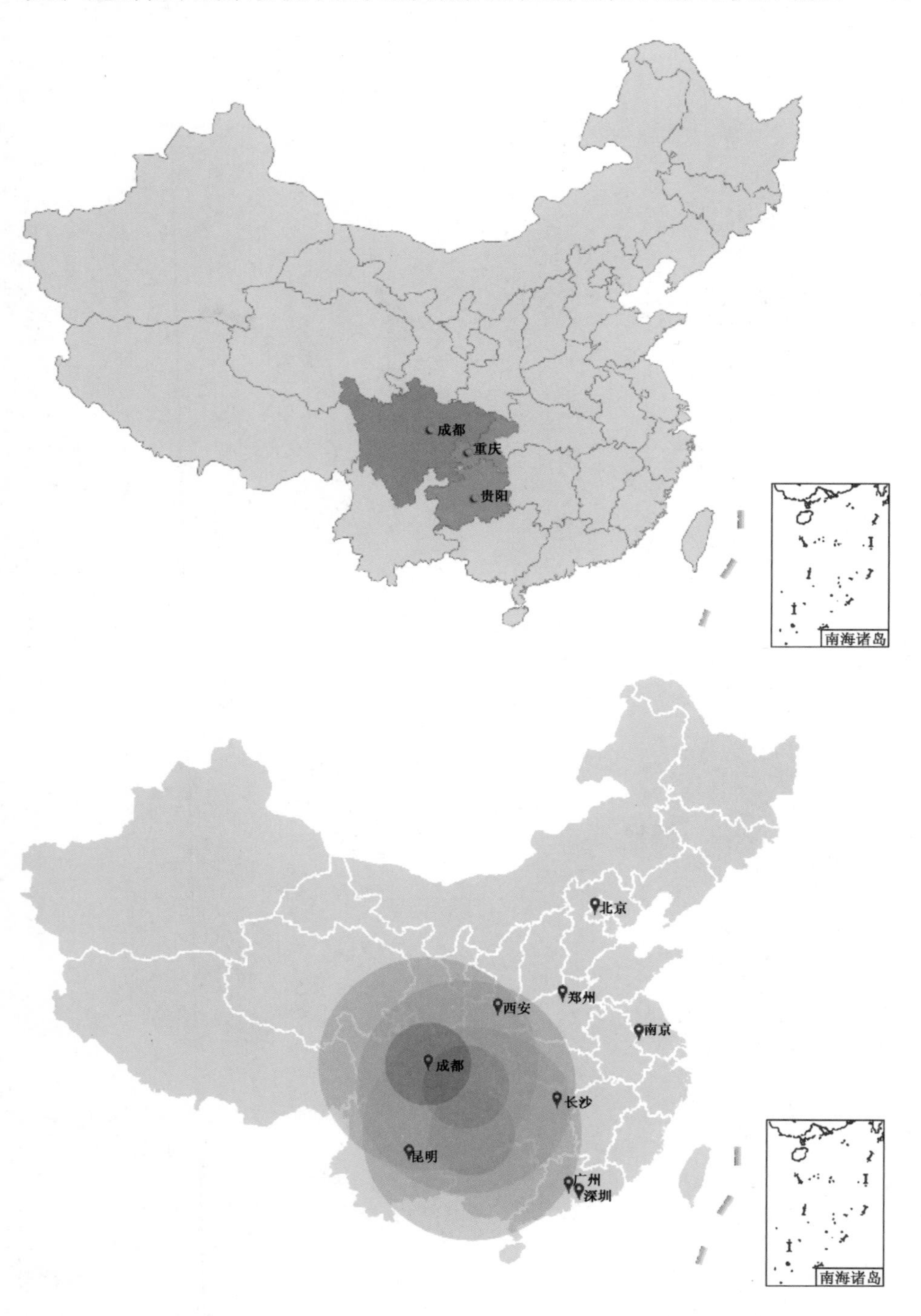

附图 1-7　中铁二院工程集团单位分布及勘察设计城市分布

4）铁道第三勘察设计院集团有限公司

该公司总部位于天津，分院中从事地铁勘察设计业务的位于深圳、上海和武汉（附图 1-8）。

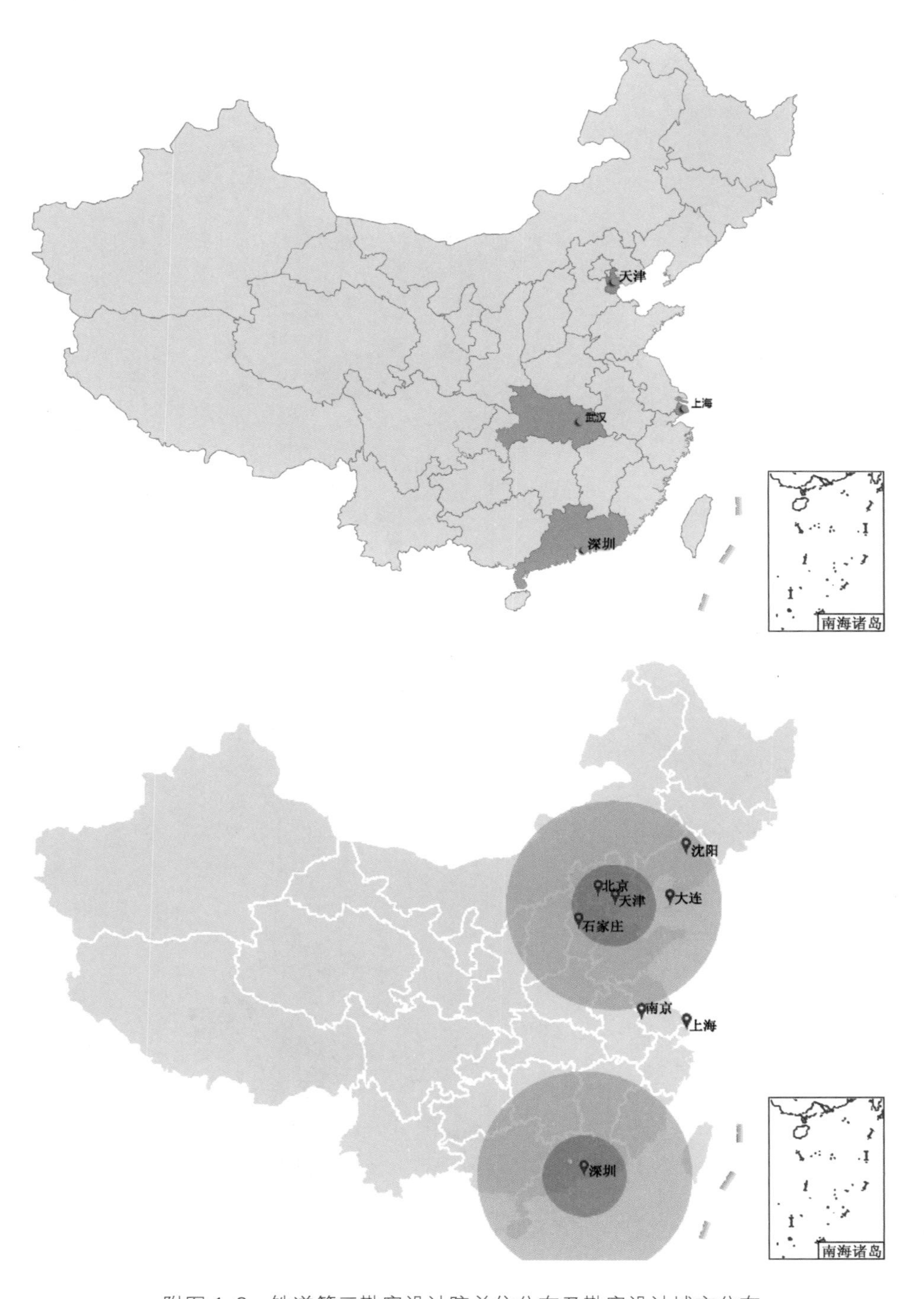

附图 1-8　铁道第三勘察设计院单位分布及勘察设计城市分布

5）中铁第四勘察设计院集团有限公司

该公司总部设在湖北省武汉市(附图 1-9)。

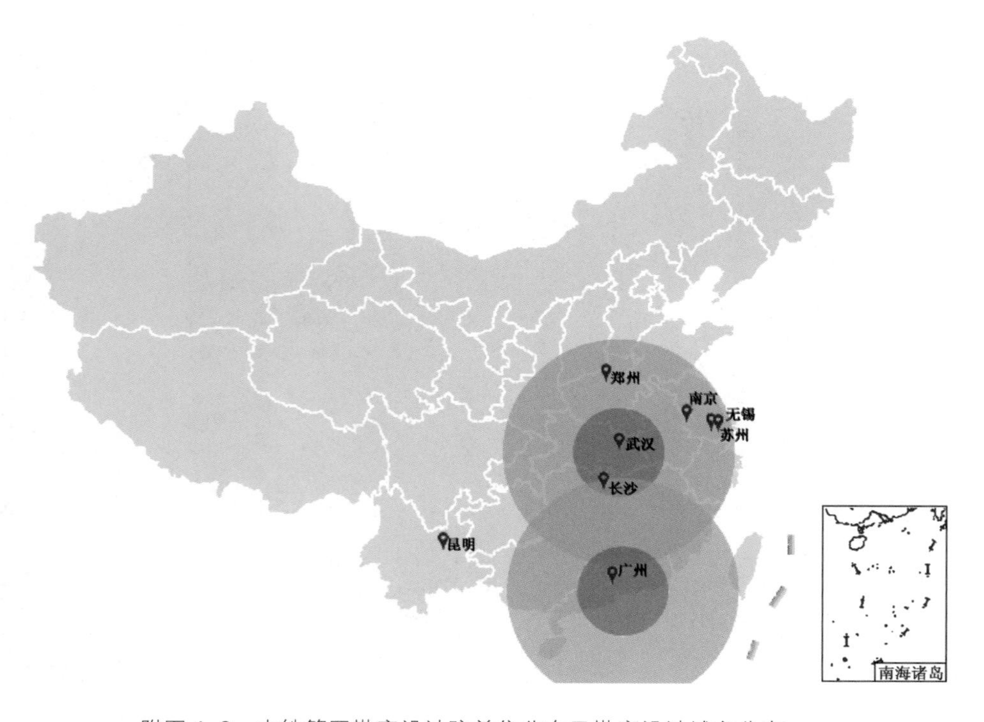

附图 1-9　中铁第四勘察设计院单位分布及勘察设计城市分布

6) 中铁第五勘察设计院集团有限公司

该公司总部位于北京(附图 1-10)。

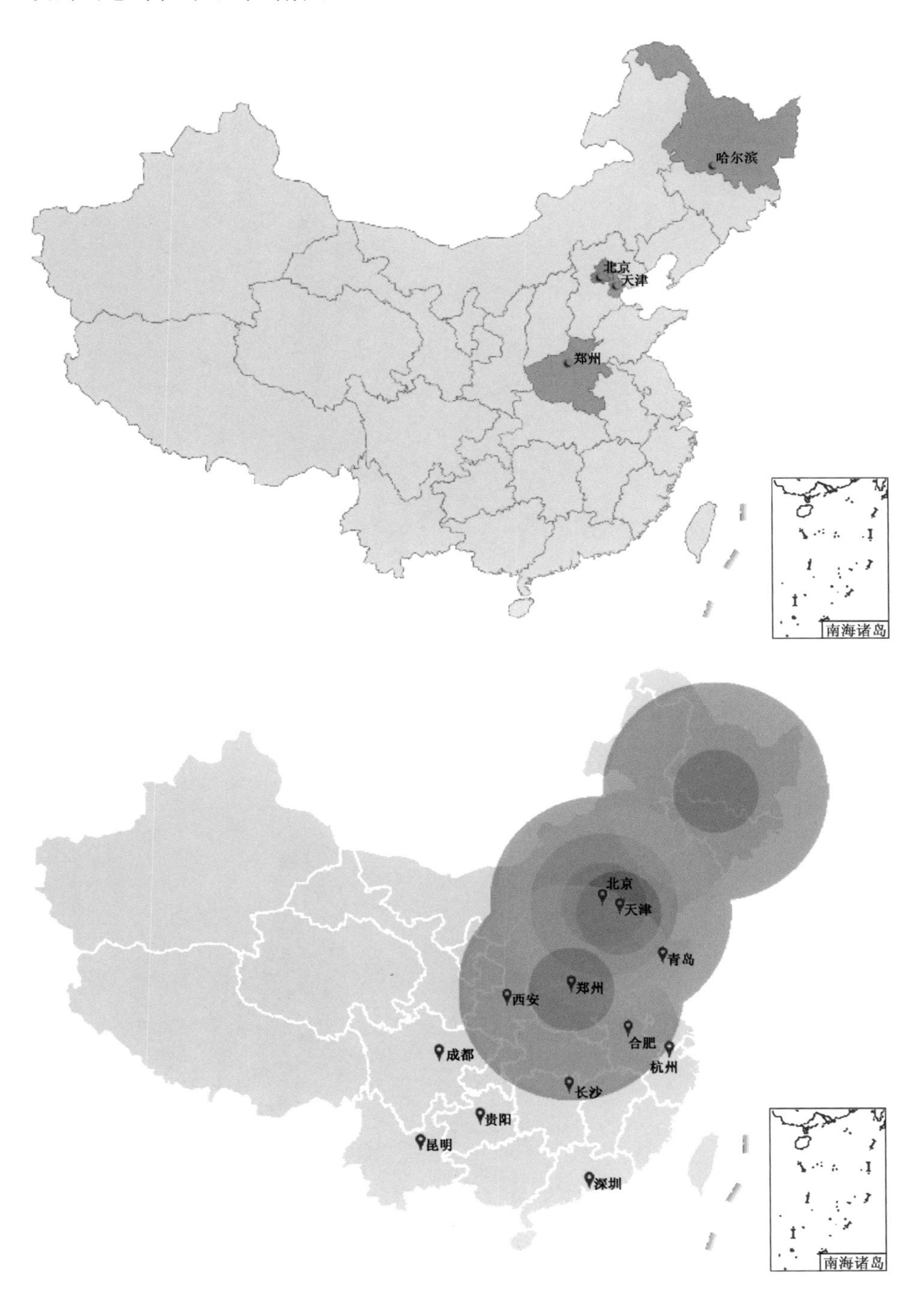

附图 1-10 中铁第五勘察设计院单位分布及勘察设计城市分布

7）上海市隧道工程轨道交通设计研究院(附图 1-11)

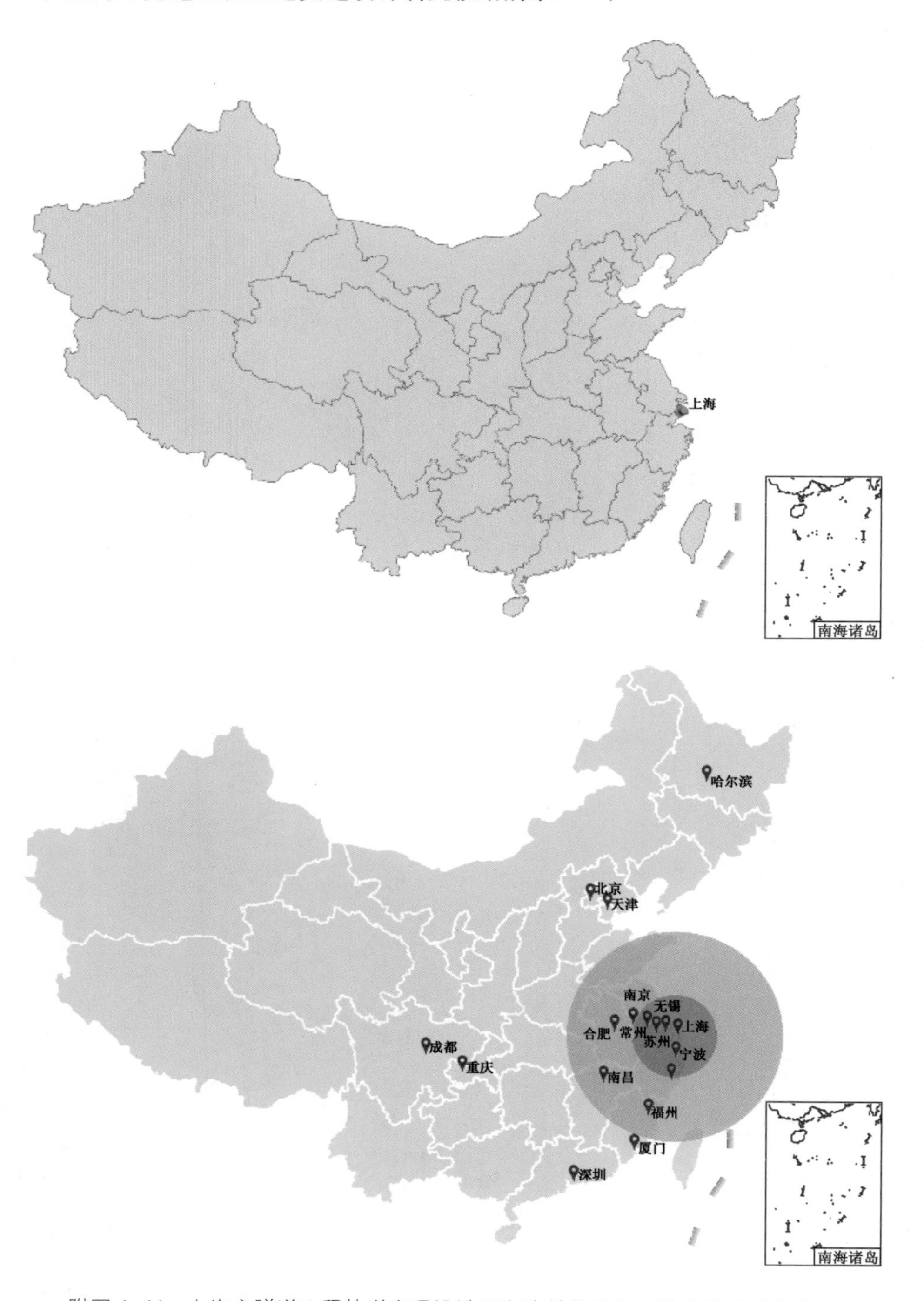

附图 1-11　上海市隧道工程轨道交通设计研究院单位分布及勘察设计城市分布

8）中铁上海设计院集团有限公司(附图 1-12)

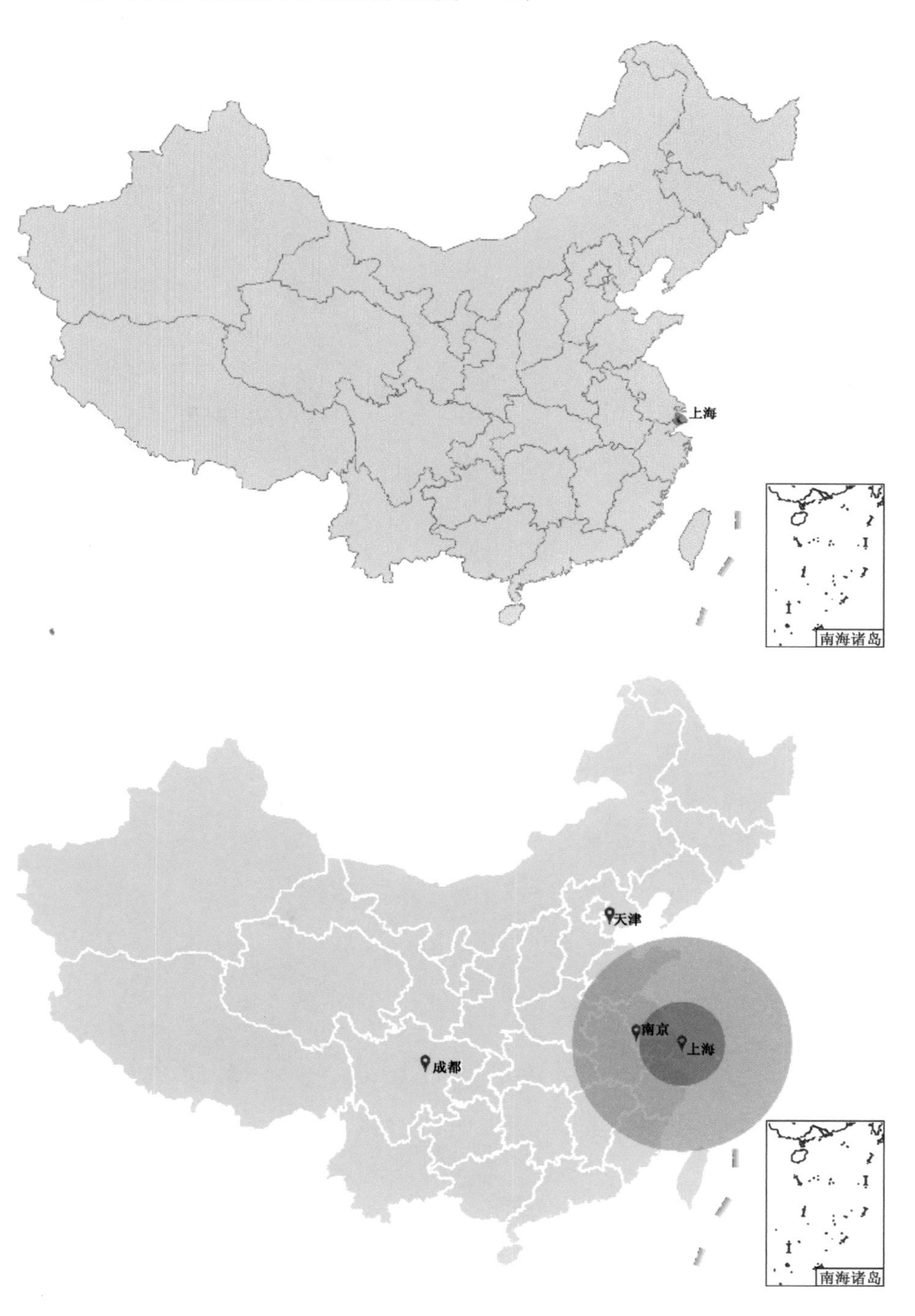

附图 1-12　中铁上海设计院单位分布及勘察设计城市分布

9）上海城市建设设计研究总院(附图 1-13)

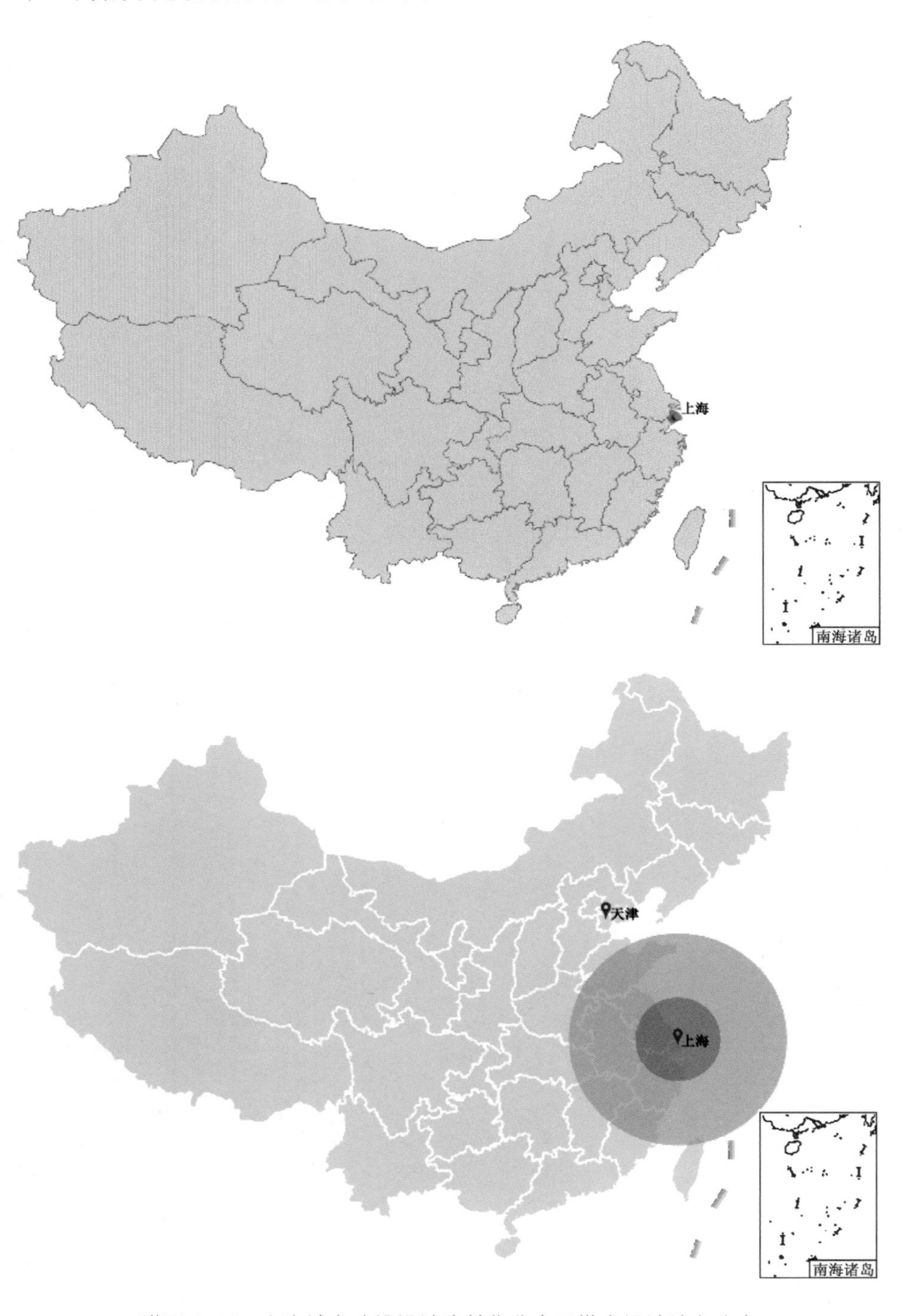

附图 1-13　上海城市建设设计院单位分布及勘察设计城市分布

10）中铁隧道勘测设计院有限公司(附图 1-14)

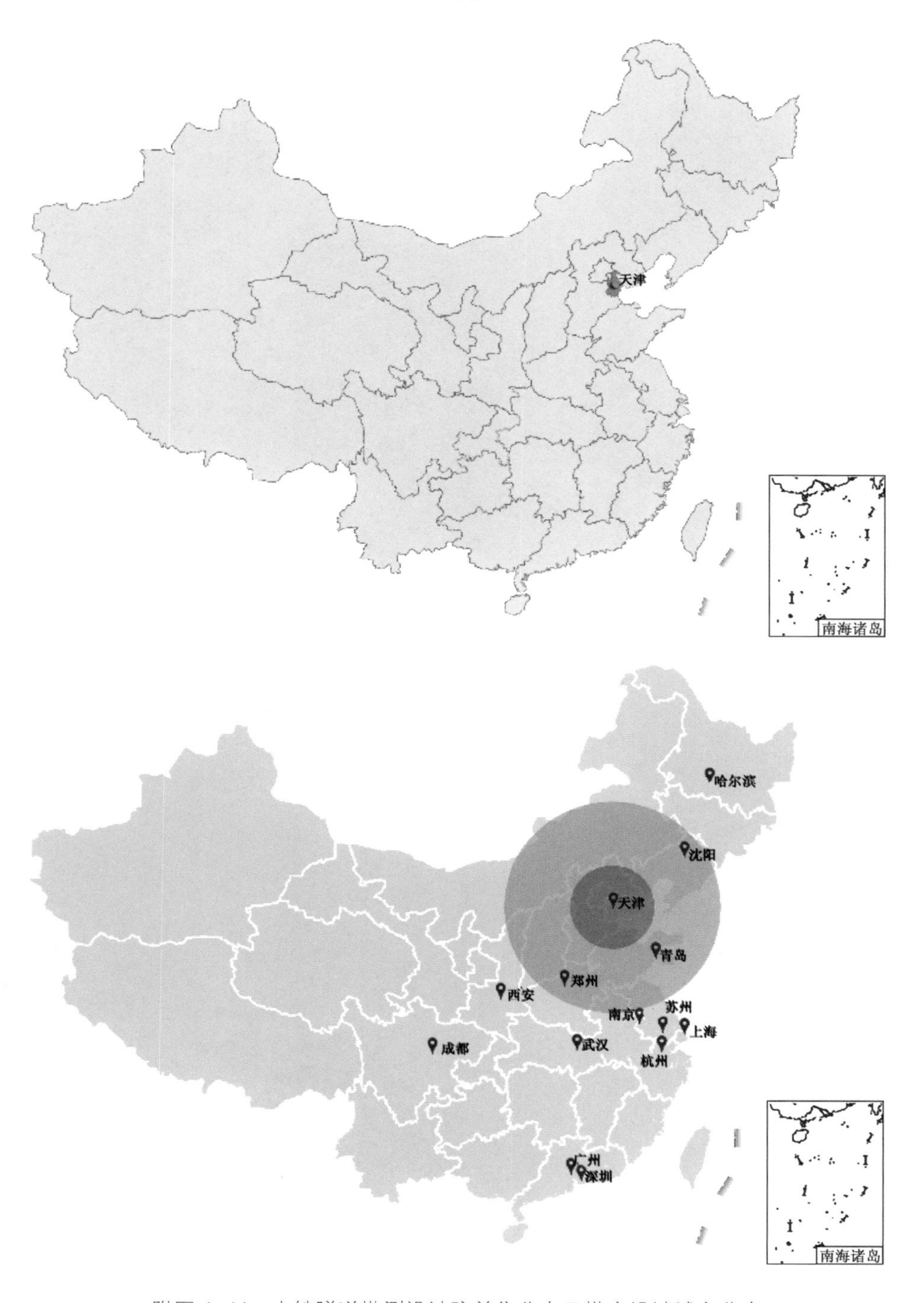

附图 1-14　中铁隧道勘测设计院单位分布及勘察设计城市分布

11）广州地铁设计研究院有限公司(附图 1-15)

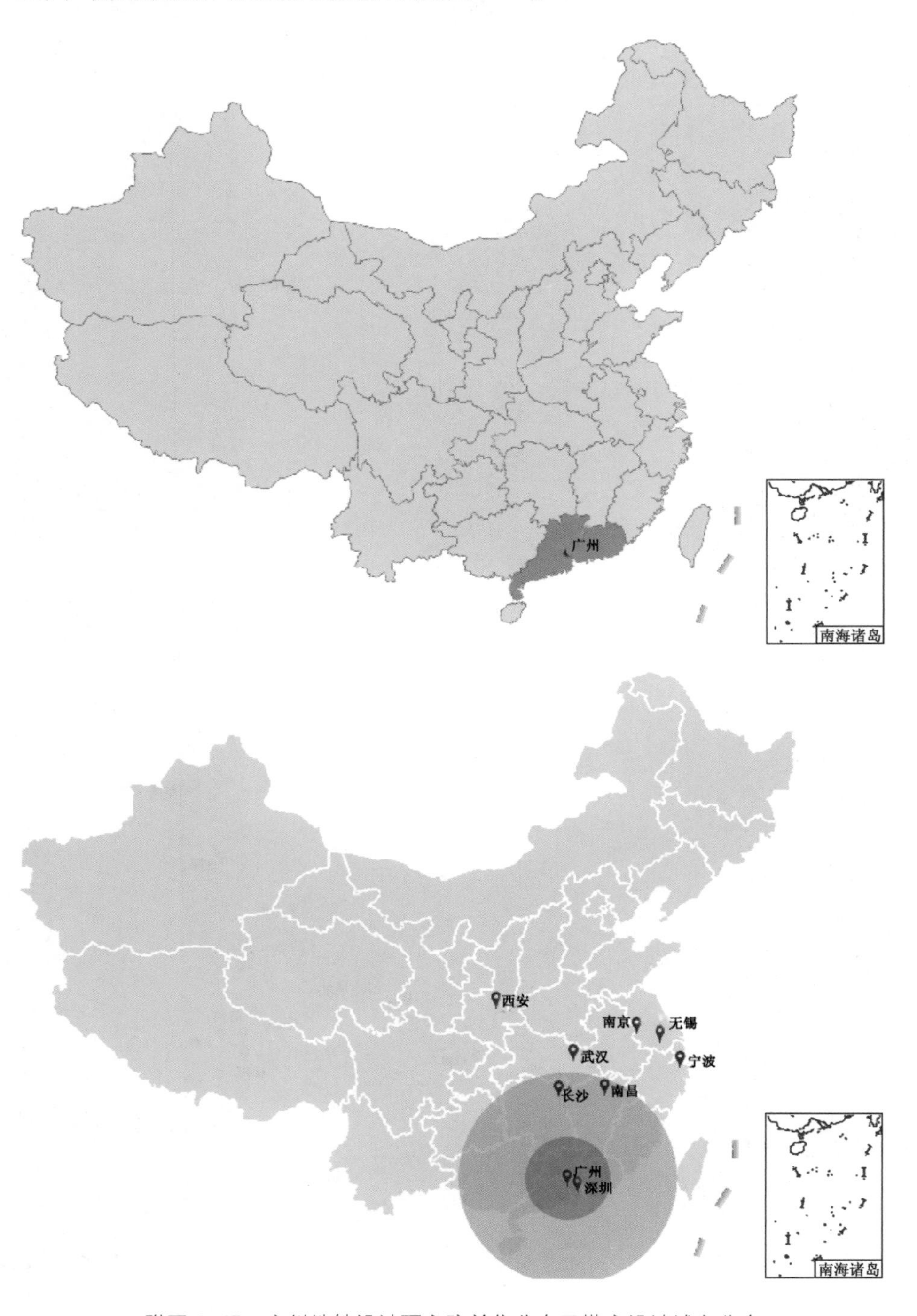

附图 1-15　广州地铁设计研究院单位分布及勘察设计城市分布

12）中铁工程设计咨询集团有限公司(附图 1-16)

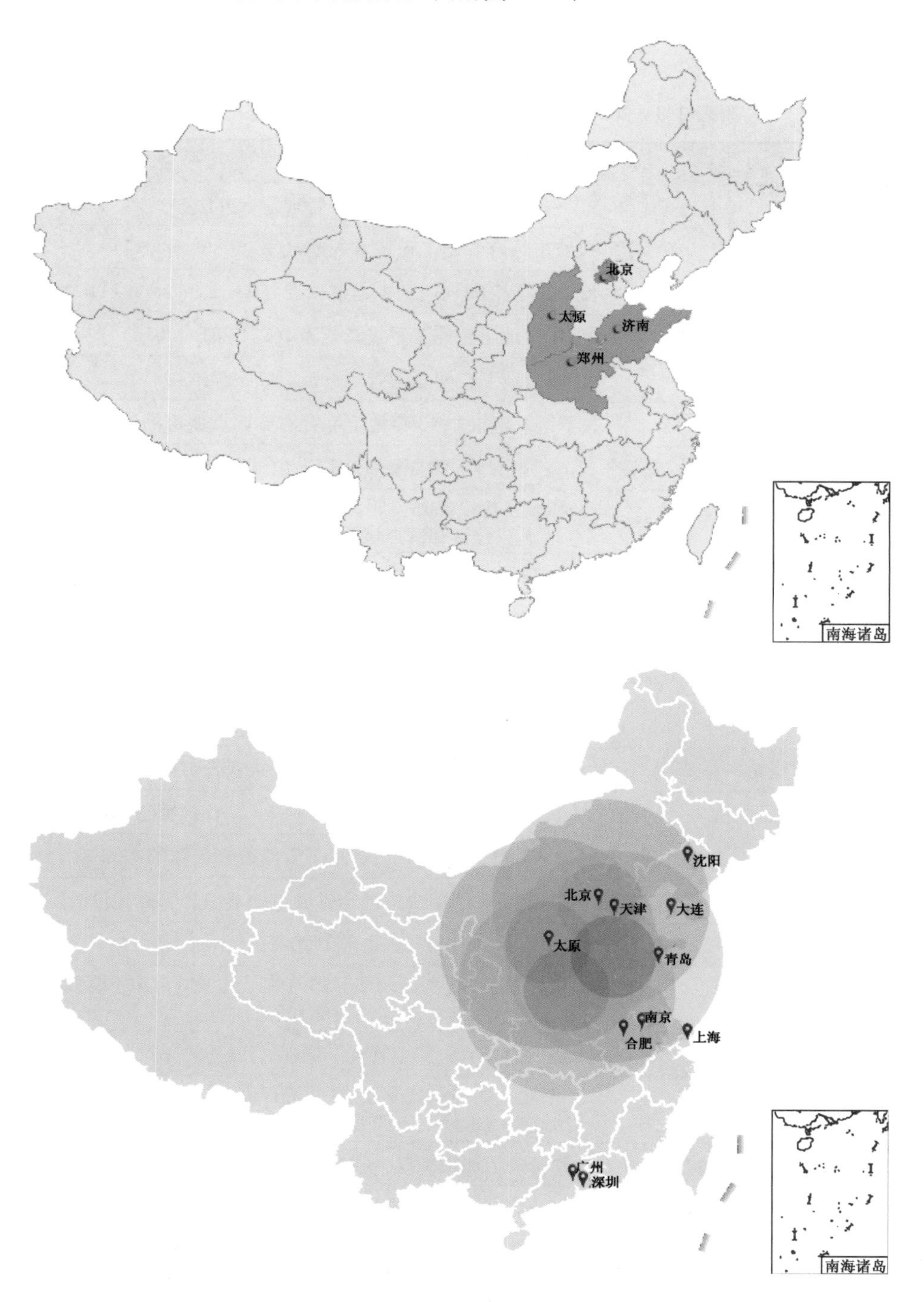

附图 1-16　中铁工程设计咨询集团单位分布及勘察设计城市分布

附录二　2015 年中国城市地下空间法制建设总览

附表 2-1　2015 年中国城市地下空间发展法制建设一览表

序号	适用范围		名　称
1	全　国		《城市管网专项资金管理暂行办法》
2			《城市综合管廊工程技术规范》(GB 50838—2015)
3			《城市地下空间利用基本术语标准》(JG/T 335—2014)
4			《城市地下道路工程设计规范》(CJJ 221—2015)
5			《城市地下空间运营管理标准》(CECS402:2015)
6			关于组织申报 2015 年地下综合管廊试点城市的通知
7			关于《印发城市地下综合管廊建设专项债券发行指引》的通知
8			住房和城乡建设部办公厅、财政部办公厅关于定期上报地下综合管廊试点城市工作进展情况的通知
9			国务院办公厅关于推进城市地下综合管廊建设的指导意见
10			住房和城乡建设部关于印发《城市地下综合管廊工程规划编制指引》的通知
11			住房和城乡建设部关于印发《城市综合管廊工程投资估算指标》(试行)的通知
12			国家发展和改革委员会、住房和城乡建设部关于城市地下综合管廊实行有偿使用制度的指导意见
13	省、直辖市	重庆市	重庆市人民政府办公厅关于印发重庆市地下管线普查与更新工作方案的通知
14		安徽省	安徽省人民政府办公厅关于加快推进地下综合管廊建设的通知
15		甘肃省	甘肃省关于开展全省城市地下管线普查工作的通知
16			甘肃省人民政府办公厅关于加快推进全省城市地下综合管廊建设的实施意见
17		河北省	《河北省城市地下管网条例》
18		黑龙江省	关于转发《住房和城乡建设部等部门关于开展城市地下管线普查工作的通知》的通知
19			《地下商场消防安全管理》(DB23/T 1665—2015)
20		湖北省	湖北省住房和城乡建设厅等五部门关于印发《湖北省城市地下管线普查工作实施方案》的通知
21		吉林省	吉林省人民政府关于加快推进全省城市地下综合管廊建设的实施意见
22		辽宁省	辽宁省人民政府办公厅关于推进城市地下综合管廊建设的实施意见
23		山东省	山东省住房和城乡建设厅等五部门关于转发《住房和城乡建设部等部门关于开展城市地下管线普查工作的通知》的通知
24			山东省人民政府办公厅关于贯彻国办发〔2015〕61 号文件推进城市地下综合管廊建设的实施意见

续表

序号	适用范围		名　　称
25	省、直辖市	山西省	山西省人民政府办公厅关于推进城市地下综合管廊建设的实施意见
26			关于报送城市地下空间开发利用基本情况的通知
27		陕西省	陕西省关于开展城市地下管线普查工作的通知
28		四川省	四川省人民政府办公厅关于全面开展城市地下综合管廊建设工作的实施意见
29		云南省	《云南省城市地下空间开发利用管理办法》
30		浙江省试点	《城市地下空间开发利用管理办法》
31			《城市地下空间开发利用管理协作机制》
32			《城市地下空间设施安全使用规程》
33	省会城市、地级市、一般市	北海市	北海市人民政府办公室关于印发北海市加快推进城市地下管线普查和管廊(管沟)建设工作方案的通知
34		滁州市	《滁州市市区地下空间利用和房地产登记暂行办法》
35		大连市	大连市人民政府办公厅关于加强城市地下综合管廊建设管理的实施意见
36		大同市	关于印发《大同市开展地下管线普查工作实施方案》的通知
37		德州市	《德州市城市地下空间开发利用管理办法》
38		邓州市	《邓州市城市地下空间开发利用管理办法》
39		定西市	《定西市城市地下空间开发利用管理办法》
40		东营市	《东营市城市地下管线管理办法实施细则》
41		哈尔滨市	哈尔滨市人民政府关于将地下空间管理部分行政处罚权纳入城市管理相对集中行政处罚权范围的决定
42		海口市	《海口市公共用地地下空间开发利用管理办法》
43		海林市	《关于明确责任加大全市地下空间安全监管力度的通知》
44		海宁市	《关于加强海宁市城市地下空间开发利用管理的若干意见》
45		廊坊市	《廊坊市地下空间开发利用管理办法(征求意见稿)》
46		乐至县	《乐至县地下空间建设用地使用权管理办法》
47		南昌市	《南昌市城市地下空间建筑物登记暂行办法》
48		南宁市	《南宁市地上地下空间建设用地使用权审批与确权登记暂行办法》
49		宁波市	《宁波市地下空间开发利用管理办法》
50		宁德市	《宁德市地下空间开发利用管理规定》
51		青岛市	《青岛市地下空间国有建设用地使用权管理办法》
52		荣成市	《荣成市城市地下空间开发利用管理办法》
53		石家庄	《石家庄市推进城市地下综合管廊建设实施意见》

续表

序号	适用范围		名称
54	省会城市、地级市、一般市	遂宁市	遂宁市国土资源局关于地下空间国有土地使用权登记有关具体问题的处理意见的通知
55		台州市	台州市人防办台州市建设规划局关于加强地下空间开发利用工程兼顾人防需要建设管理的通知
56		威海市	威海市人民政府办公室关于加强城市地下综合管廊建设管理的实施意见
57		厦门市	关于明确出让用地中地下空间土地相关问题的通知
58		厦门市	厦门市人民政府关于印发加快地下综合管廊试点项目建设实施意见的通知
59		襄阳市	襄阳市人民政府办公室关于加强城市地下管线建设管理的实施意见
60		邢台市	《邢台市城市地下空间开发利用管理办法(试行)》
61		盐城市	《盐城市市区地下管线管理办法》
62		漳州市	《漳州明确地下空间建设用地出让地价标准》
63		珠海市	《珠海经济特区地下综合管廊管理条例》
64	县、区	望江县	《望江县城市地下空间开发利用管理办法》
65		南平市建阳区	《南平市建阳区地下空间土地登记若干规定》

附录三　探索地下空间法治途径

1. 法治建设建议

中国城市地上空间开发与管理方面的立法正日趋完善，而城市地下空间开发利用方面的立法还很不成熟。因此，加速城市地下空间的立法工作势在必行。首先可通过立法来解决地下空间权的权属问题，然后，明确地下空间使用权的主体权利范围，设置城市地下空间土地出让的相关法律内容，最后，通过登记的方式确认地下建筑所有权。

地下空间权作为一种有别于房地产权的物权，按照物权法定的原则，必须依法设定。地下空间立法是一个系统工程。纵向来看，涉及地下空间规划立法、地下空间建设立法、地下空间管理立法；横向来看，涉及地下空间使用权有偿出让立法、地下工程产权的取得、转让、租赁、抵押立法等。为适应形势需要，地下空间立法要坚持急用先立，解决当前较突出的地下空间权取得、登记问题。

2. 城市地下空间立法体系设想

在立法体系上，可借鉴日本、美国、德国等城市地下空间立法较为完善的国家的立法成果,如日本的《民法典》、《不动产登记法》、《大深度地下公共使用特别措施法》、《道路法》、《轨道法》、《下水道法》、《共同沟特别措施法》、《电缆线共同沟特别措施法》、《地下街的使用》、《关于地下街的基本方针》,美国的《关于街道上空空间让与与租赁的法律》、《俄克拉荷马州空间法》、《宾夕法尼亚州地下空间开发条例》,德国的《德国民法典》、《地上权条例》等,结合中国国情和体制,选择合适时机完善城市地下空间开发利用上层立法,例如,制定地下区分地上权法、地下征收征用法、地下登记法、地下空间规划法、地下空间利用促进法、大深度法、地下环境保护与灾害防治法等一般法;制定地下交通法、地下综合管廊法、地下停车场法、地下街法等特别法(附图 3-1)。

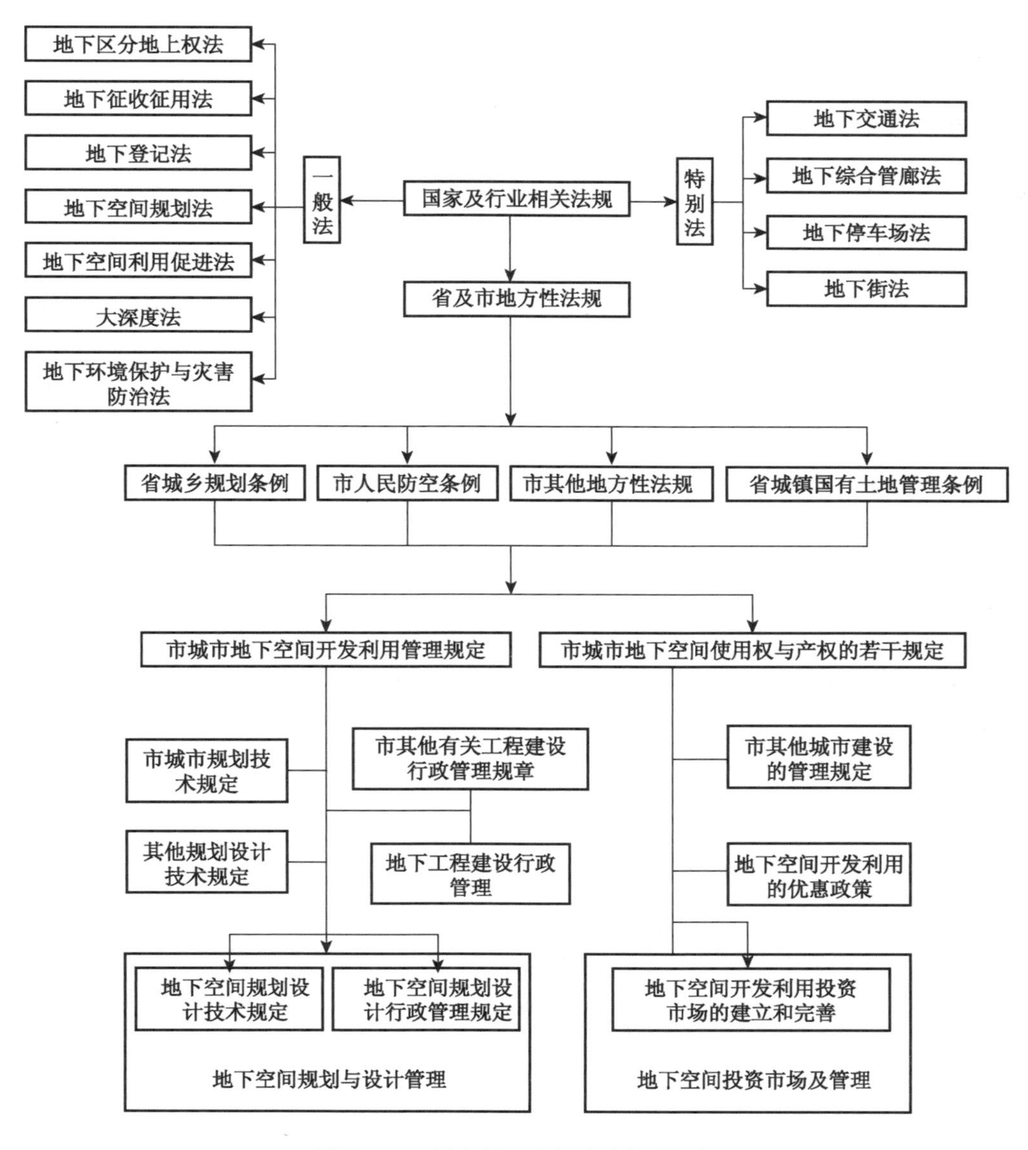

附图 3-1　城市地下空间法治体系设想

应完善规划、建设、管理、使用的地方法制建设，明确管理部门及职能；处理好城市地下空间开发利用规划管理，地下空间的土地取得，地下空间的产权设定，地下空间开发利用与人防相结合，促进地下空间工程的连通，地下空间开发利用建设和使用的安全保障等问题。

附录四 地下空间术语

1. 人均地下空间规模

城市或地区地下空间开发的建筑面积的人均拥有量。

2. 建成区地下空间开发强度

城市建成区内地下空间开发的建筑面积与建成区总面积之比。

3. 地下空间综合利用率

城市地下公共服务空间的建筑面积占地下空间总建筑面积的比例。可作为衡量城市地下空间市场化综合开发利用程度的指标。

4. 地下空间社会主导化率

城市普通地下空间(扣除人防工程)建筑面积占地下空间总建筑面积的比例。

5. 公共地下空间

指除配建停车以外的具有公共或半公共性质的地下空间，主要包括地下轨道交通、隧道、地下道路、地下步行街、地下过街通道、地下公共服务设施、地下综合管廊、地下市政站点等。

6. 地下空间产业

依据产业的概念与四大特点，即规模化、职业化、社会功能性、专业技术化，结合地下空间的主导功能，地下空间可形成轨道交通产业、综合管廊产业、地下管线产业、地下特殊(人防工程)产业。由地下空间相关综合行业，即地下规划设计与装备制造行业，形成地下空间规划设计产业和地下空间施工装备产业。

附件

B lue book

城市地下空间开发利用规划编制技术指南

1 背景说明

据《中国城市地下空间发展蓝皮书(2015)》利用公开信息统计,2015年度共有29个采购人(政府部门等),近20个技术服务供应商(编制单位)编制不同层次的城市地下空间规划,总经费超过6 000万元。随着中国以新型城镇化背景下实施的第十三个五年规划所确定的发展理念和路线来看,在相当长时期里,城市地下空间规划市场仍将保持稳定持续的增长态势。

当前中国城市地下空间开发利益牵涉面广,产权及管理都缺乏顶层设计支撑,大多数城市尚无统一的或明确的管理部门,已完成编制的地下空间(总体或专项层次)规划因地下空间的发展基础、城市区位、经济条件、市场开放度、主管机关意向和参与度以及编制人员专业素质等因素的影响,规划成果的可实施性、可操作性均有不同程度的“折扣”;其次,因缺乏上位标准规范指导,城市地下空间规划的规划定位、内容体系和规划指标等方面,与上位规划、相关专项规划缺少衔接与统筹安排,在空间协调、功能布局,开发时序上没有系统而长远的谋划和战略布局,因此,多数规划成果一经完成,便成为束之高阁的文献,而非指导建设的法律性文件。

因此,为普及城市地下空间规划专业基础知识,提高从业人员对城市地下空间规划技术的认知,本指南拟从规划编制基本技术、方法和要求入手,通过分析—借鉴—构建—实例的思路,从规划编制技术角度揭示地下空间资源的开发利用和城市地下空间规划之间的内在联系,梳理地下空间开发内外部影响要素与城市地下空间规划发展布局的因果关系,依据实例展示地下交通、地下市政、人民防空等地下空间专项规划的编制技术基本要素和成果样式,提出符合城市地下空间规划的规划方法、措施要求,为加强城市地下空间统一规划、建设和管理,创新管理机制体制,推进城市地下空间开发利用的综合管理提供一个可以借鉴使用的范式和样本。

本次城市地下空间开发利用规划编制技术指南,征集多位长期从事城市地下空间规划、人防工程规划等行业翘楚的理论和实践经验,经过两年三轮编写、修改、修订,形成此稿,以供同业者共飨。

2　技术要则

2.1　规划编制工作基本要求

城市地下空间开发利用规划的基本内容包括下几个主要方面：

（1）调查分析：分析梳理城市地下空间建设现状及发展条件，评估现行城市地下空间规划，提出城市地下空间开发利用的发展途径和发展方向。

（2）资源评估与用地管制：评估城市地下空间资源的质量和容（数）量；确定地下空间用地资源的管制要求。

（3）需求预测：研究分析城市地下空间需求规律和特征，提出地下空间发展各时期的需求规模和主要技术经济指标。

（4）总体发展：提出城市地下空间发展战略和总体发展目标，确定各层次地下空间统筹发展策略，平面、竖向布局安排和功能结构比例。协调城市综合交通、轨道交通、市政基础设施、历史文化名城保护、绿地水系等专项规划，提出地下空间资源预控、用地控制与连通引导等要求，统筹地下空间各类功能设施、系统设施规划布局、规划指标、建设标准等内容。

（5）功能设施：提出和制订地下交通、地下市政、地下公共服务、地下物流仓储及能源利用规划目标和发展策略；确定地下停车、综合管廊、地下公共服务等设施的规定性和引导性量化指标。

（6）防空防灾：确定人防工程配套体系与布局要求，提出地下空间兼顾人防需要的措施，明确地下综合防灾与公共安全保障体系措施。

（7）控制引导：确定重点地区（地段）地下空间开发的规模布局、分层功能、交通组织、连通与避让等方面的控制与引导要求。

（8）近期建设与实施保障：制订近期重点地下空间项目、功能设施安排和实施措施，为各规划项目提供依据；确定地下空间发展阶段时序，提出规划实施步骤、政策建议和技术保障措施。

2.2　规划应具备的深度[①]

（1）系统掌握城市地下空间开发利用的现状情况和发展条件。

（2）确定城市地下空间开发利用规划的总体思路。突出先导性、前瞻性、地域性和可持续性，使地下空间开发与城市发展方向相一致，与城市整体空间发展相协调，形成地上地下协调发展的立体化开发格局。以建设节约型城市为目标，充分利用地下空间

① 资源来源：《＊＊中心城区地下空间利用与人防工程建设规划项目》（YDGHRF-服务-E2011102），2011。

资源,降低能源消耗,节省开发投资,获得最佳的综合效益。

(3) 确定城市地下空间开发利用规划的总体布局。规划应对地下空间资源从功能上进行全面的规划布局等。

(4) 安排城市地下空间开发利用的近期建设项目。

(5) 划定城市地下空间开发重点区域并确定主要控制指标。

(6) 提出实施地下空间规划措施、管理和协调机制的建议。

2.3 规划编制工作方案

整体工作方案一般可分为 4 个工作阶段,分别明确各阶段工作内容、目标要求和成果样式等内容(图 2-1)。

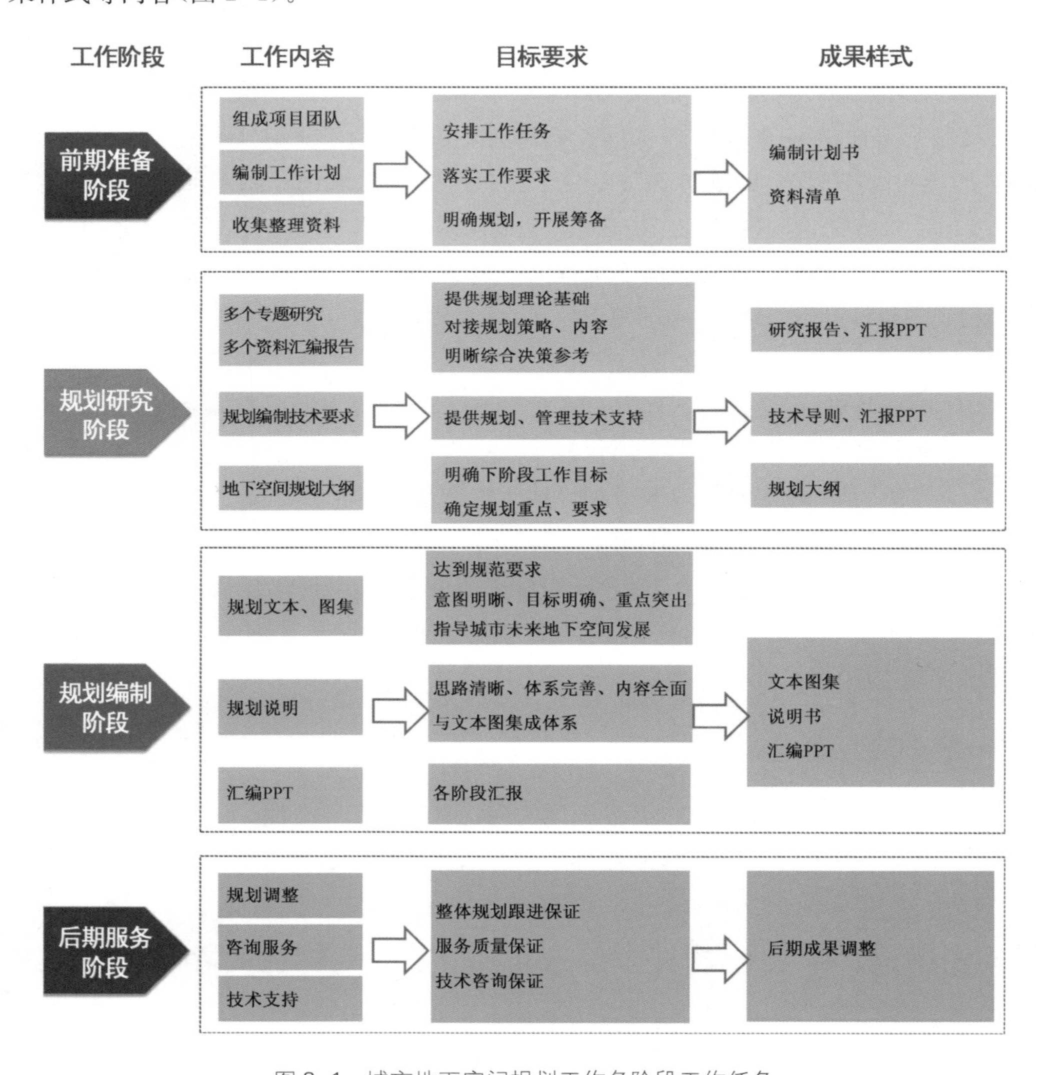

图 2-1　城市地下空间规划工作各阶段工作任务

2.4　规划编制的基本原则

编制城市地下空间规划，应遵循资源节约、环境友好、集约高效、协调发展、平战结合的原则，贯彻交通先导、复合利用、效益并重的发展战略，统筹城市空间资源，优化功能空间配置，地上地下整体规划，协调城市上下部空间关系，合理安排各类功能设施发展布局，妥善处理长远发展与近期建设的关系，保护自然与文化资源和城市环境，引导城市空间和谐可持续发展。

城市地下空间规划应当充分分析城市自然、经济、社会和技术发展条件，制定城市地下空间发展战略，预测城市地下空间发展规模，按照有效配置地下公共资源、改善人居环境的要求，选择城市地下空间布局和发展方向，充分发挥地下空间在城市功能中的重要作用①。

依据以上表述，一般来说，城市地下空间开发利用规划的编制原则主要体现在以下几个方面：

1）统一规划

首先应确立统一规划的指导思想。城市地下空间是一种极其宝贵的资源，不可再生，特别是面临大规模开发地下空间新时期的到来，更加需要制定一个地下开发建设总体规划作为建设和管理的依据。既要统一规划整个城市地下空间的发展和建设，又要把各层地下空间和地下设施建设的平面布局与纵向布置进行统一规划、综合安排。

2）有序开发

由于地下空间开发具有不可逆性，所以地下空间资源的开发利用应当进行长期分析预测，对地下空间资源的供需平衡、开发层次和时序统筹作出合理安排，科学合理地进行分层次、分阶段、分地区开发。地下空间分层规划是将地下空间作为一种资源，根据城市发展的需求进行统一规划，并满足不同地下空间设施建设的要求。在分层开发时，对目前不能开发或不必开发的空间资源，要进行充分保护，以保证地下空间资源开发利用的可持续发展。

3）统筹利用

在城市发展中，土地是基础，空间是核心。为缓解空间资源的压力，谋求进一步发展，从地上开发转为地下开发利用成为城市发展的必然选择。因此，对于地下空间的开发利用，在合理开发的同时，一定要强化有效利用的理念，充分地利用已建成的地下空间。总体来讲，特大、超大城市已建成的地下空间的利用率偏低，这与早期开发体制不

---

①　摘自《城市地下空间规划编制办法》（征求意见稿）。

完善，没有统一规划、信息不共享有直接的关系。因此，在城市下一步继续开发新的地下空间之前，应首先着重进行地下空间规划编制，其次完善体制、机制，提高已有地下空间及设施的利用率。

4）综合管理

考察和梳理欧亚发达国家地下空间开发利用的经验和教训，其中很重要的一点就是完善的法制保障与透明的政策。国家设有最高的法定机构专门负责地下空间开发利用，地方政府按照权限要求成立专门机构负责地方的地下空间开发利用。国家和地方设置相应职能部门或公共事业部门负责具体操作事宜，相关职能部门或公共事业部门分工合作、各负其责。

因此，要探索符合中国国情的综合管理模式，以寻求城市地下空间综合管理的突破口。

5）平战结合

地下空间具有很强的抗灾特性，一方面能够对地面上难以抗御的外部灾害如战争空袭、地震、风暴、火灾等提供较强的防御能力；另一方面也能弥补地面防灾空间的不足，特别是在战时当地面建筑与设施受到严重破坏后，可以提供人员和物资防护，保存部分城市功能。地下空间是城市防护空间的一部分，地下空间经加固改造后可具有一定的防护能力。应将人防工程、地下空间等城市防护空间综合利用，以提高城市的综合防护能力。

城市地下空间开发应与人防工程建设相结合。考虑战时人防的要求，防护标准应符合新的人防工程建设标准，在工程布局上尽量符合城市人防防护体系的要求。《人民防空工程战术技术要求》规定，专供城市平时使用的地下空间（如地下商业步行街、地下人行过街通道、地下停车场及其他普通地下室等），应根据防空要求，制定战时使用方案和应急加固改造措施。

【示例 1】 城市地下空间规划原则——珠海

城市地下空间规划坚持以下基本原则①：

（1）坚持科学发展、资源节约集约和低碳环保、生态文明建设原则；

（2）坚持突出重点、突出引领、突出示范的原则；

（3）坚持地下地上协调和谐发展原则；

（4）坚持统一规划、分期建设、预留与保护相结合原则；

（5）坚持交通、市政、商业等公共公益设施优先发展原则；

（6）坚持人防工程四个融入发展及防空防灾一体化原则。

---

① 资源来源：《珠海城市地下空间开发利用近期建设规划招标文件》（ZHWZ2013—077FW），2013。

2.5　技术路线和编制思路

城市地下空间规划技术路线和编制思路如图 2-2 所示。

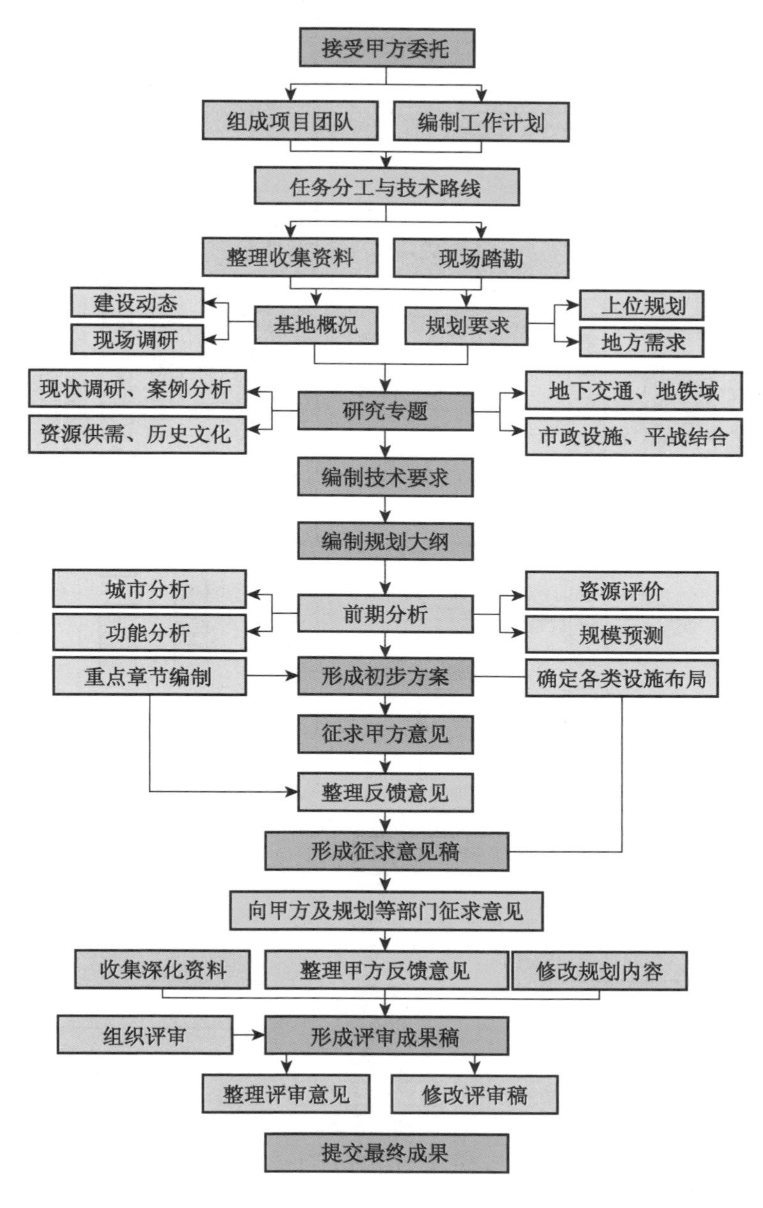

图 2-2　城市地下空间规划编制整体技术方案

规划思路分两个阶段进行，即规划研究阶段和规划编制阶段，同时将规划与管理紧密结合，充分考虑管理需求和政策要求与规划方案的融合，以做到规划具备管理和实施的可操作性(图 2-3)。

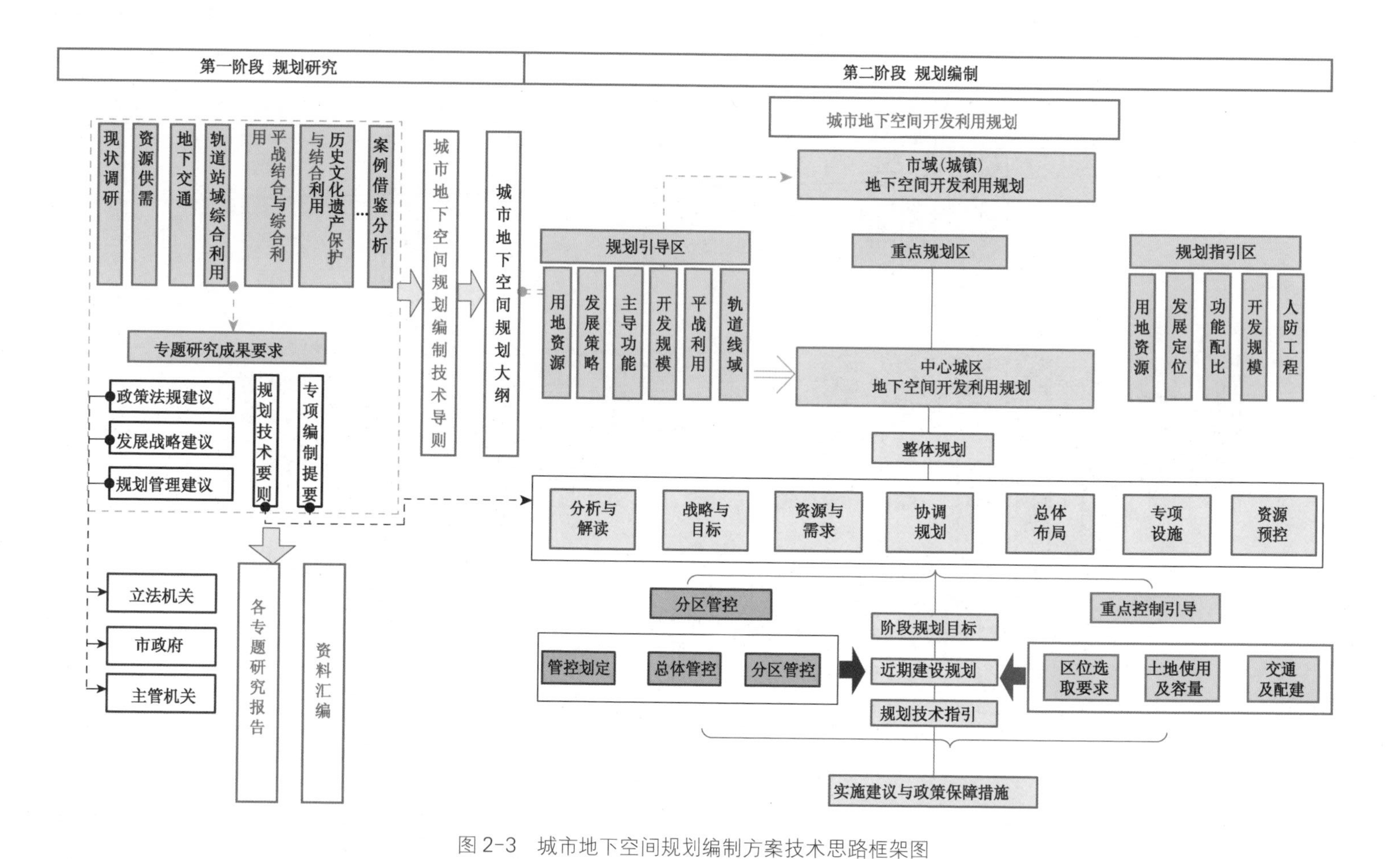

图 2-3 城市地下空间规划编制方案技术思路框架图

2.6　工作重点

（1）立足现状分析，针对城市发展中所面临的交通、防灾、公共安全等问题，分别进行地下空间现状摸底、案例分析、资源供需、交通发展、平战结合、历史文化保护与地下空间结合利用、政策等专题研究。

（2）基于各专题研究，围绕城市需求，制订相应的发展策略，编制城市地下空间规划编制技术导则。

（3）结合专题研究及技术要求，构建城市地下空间规划体系，并提出城市地下空间政策、管理等方面的针对性建议。项目关注点和工作重点如图 2-4 所示。

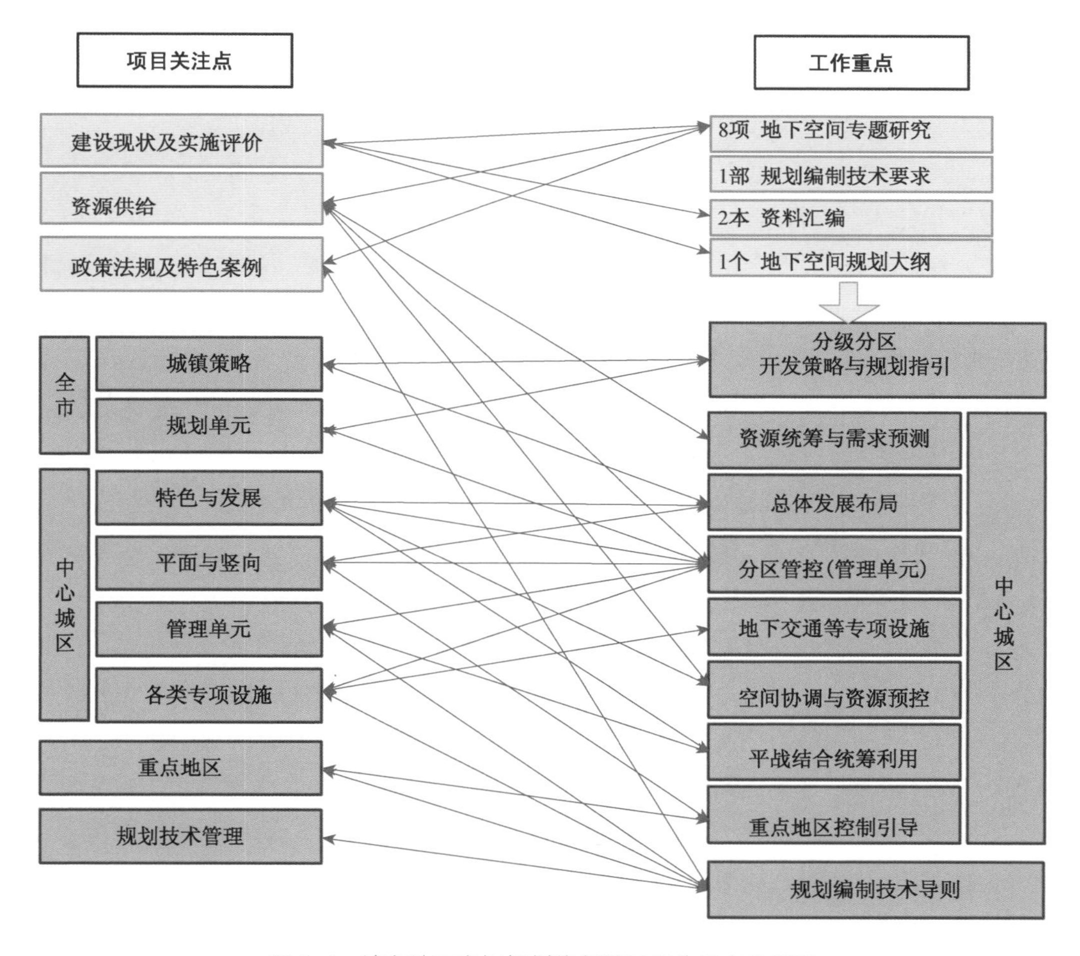

图 2-4　城市地下空间规划编制项目工作重点分析图

2.7 成果样式及内容

1）成果样式

城市地下空间规划编制工作的主要任务和目标不再是对规划体系进行构建和确定规划重点及方向梳理，而且大多都已步入第二轮或随城市总体规划进行修编或修订的阶段。规划的主要任务更重视规划衔接、对接管理、保障实施等方面，因此，此类规划的成果样式主要形成以下几种形式：

样式一——规划文本＋技术管理文件＋专题研究；

样式二——总体规划＋详细规划＋设计指引；

样式三——规划纲要＋规划文本＋标志节点设计。

2）成果内容

（1）规划文本：城市地下空间开发利用规划的文本、图纸、规划说明。

（2）技术管理文件：城市地下空间规划编制技术导则或地下空间规划规程或地下空间规划指标体系文件等。

（3）专题研究：若干专题研究报告，涉及或关系到城市性质、发展目标、重大项目、系统工程、战略设施、战备工程等的内容均可进行地下空间专题研究。如地下空间现状分析、典型案例、地下空间资源供需、地下交通发展、轨道站域、地下市政设施、人防工程平战结合、历史文化遗产保护与地下空间资源结合利用等方面都可进行专题研究。

（4）其他成果：

① 资料汇编报告（如地下空间政策法规、典型案例等领域的汇编）；

② 多媒体：数字仿真系统、视频宣传片、效果图、模型沙盘。

【示例 2】 城市地下空间规划的工作目标——南京

以各类上位规划、专项规划及相关法律法规为依据，借鉴国内外先进城市地下空间开发利用的理念，坚持可持续发展的思路，有计划、有步骤、综合性地规划城市地下空间，统筹和高效利用地下空间资源，优化城市功能，增加城市的综合防灾、减灾能力，缓解现状矛盾，使城市地下空间基本满足城市各类功能的正常运转、确保城市土地集约利用，进一步增强城市综合实力，实现城市发展目标。

工作要求①：

（1）编制单位要充分了解现状情况，听取有关部门意见；

（2）规划编制期间，项目负责人在南京工作时间不少于 4.5 个月（其中第一阶段不

① 资料来源：《南京市城市地下空间开发利用总体规划项目招标文件》(0675—150J0007364)，2015。

少于1.5个月，第二阶段不少于3个月）；

（3）规划编制期间，每阶段中至少向市人防办、市规划局联合汇报3次（不含专家论证、征求部门意见），并配合后期修改、部门衔接等工作；汇报时编制单位需根据情况提供汇报提纲及成果简本若干套。

（4）归档材料，每阶段各研究专题报告、图纸等成果15套，并提交全套电子文件（WORD、CAD、PSD、PPT等），其中规划编制阶段成果需符合南京市规划局项目成果验收归档相关要求。

3　编制概要

3.1　规划背景分析与问题研究

中国城市人口高度聚集，资源供需紧张、环境污染突出、交通拥堵率高、人居条件成本高、公共产品及服务短缺等社会问题，已成为中国城镇化发展水平提升的瓶颈和短板，从多个样本城市的梳理分析，这些城市病或城市发展瓶颈归纳而言，表现为以下显性特征。

1）缺少整体谋划安排，发展规模与规划管理脱节

城市总体规划、各专项规划、详细规划中缺失地下空间内容，或规划指标缺乏操作性，规划管理严重滞后于发展速度。

2）缺乏前瞻指导和预控措施，造成地下资源浪费和受制约

从近年来的若干地下空间重大项目建设来看，地下空间缺乏前瞻性规划引领和对战略性资源的预控措施，导致轨道交通、综合管廊等重大项目或重点工程开发建设的时机成熟时面临无资源可用的难题。而城市地下空间资源的开发利用可以为诸多城市病和城市发展问题提供一个永续发展的机遇和途径。

3）城市基础设施建设失衡，城市病久治不绝

忽视了可有效提升城市承载力，推动城市可持续发展的地下停车、地下快速路系统、地下市政基础设施等的合理布局和建设时机，造成城区停车难、交通拥堵、雨污滞涝等城市病久治不绝。

4）缺乏有效的管理机制，造成重项目建设，轻规划指导

因一直处于体制管理的边缘与交叉地带，地下空间开发建设虽项目多，规模大，但由于缺少整体考量与统筹布局的规划指导，形成分布散，附着性强（轨道），缺乏连通（综合体），公共性公益性较弱（人行交通、停车）等现象。

5）保障机制尚待建立，安全存在隐患

地下空间开发更关注效益和效率，同时也因体制所限，形成了多关注地下空间资源的开发利用，忽视了地下空间应对突发事件、公共安全事件和极端灾害的对应机制和保障措施。

因此，如需对特大、超大城市地下空间发展展开全面的专题研究，针对以上诸问题，以南京市为例，可从以下几方面着手：

（1）规划编制的工作要点

① 以地下空间规划修订修编为契机，完善地下空间规划体系，建立规划技术管理机制，推动地下空间开发纳入城市规划和土地管理范畴。

② 依托规划编制，梳理南京地下空间开发规划与需求特征，制订各阶段区域地下空间发展策略和管控措施，依照发展时机，对应出台发展所需保障措施和鼓励机制。

③ 通过规划实施，健全各项政策保障措施，推动南京地下空间产业化发展。

（2）规划编制重点和发展方向

① 规划编制形式

贴近南京新旧城区发展需要，创新规划编制形式和规划内容，切实体现规划的实用性和可操作性。

② 规划资源管制

划定地下空间用地适建边界，确定地下空间格局，重点建设区数量、分布和规划控制措施。

③ 规划布局

结合各功能区定位，确定差异化发展策略，分级分区规划，明确管控措施。

规划应突出公共用地资源的规划控制和统筹谋划，强化公共资源与公益性项目规划管理。

④ 资源预控

明确和制订地下空间战略性廊道、枢纽、防护节点资源的预控措施。

⑤ 专项功能

规划对象的重点应包括：制定差异化地下停车策略、轨道沿线及站域综合开发规划引导、综合管廊为主导的地下市政设施规划、地下综合开发项目的网络化和公共性功能规划引导等。

⑥ 特色规划

体现南京城市性质和特色，关注地下空间开发与历史文化名城保护、环境保护；以新时期人民防空和城市安全为导向，注重人防工程综合利用与城市防灾应急规划引导。

⑦ 规划实施

以规划管理为对象，明确各时期地下空间发展目标和规划指标，为地下空间纳入城市规划管理和用地管理提供依据。

根据以上分析，结合城市规模、性质、职能、空间形态、经济与社会发展水平等要素，可根据图 3-1 所示地下空间规划前期重点研究课题斟酌选取。

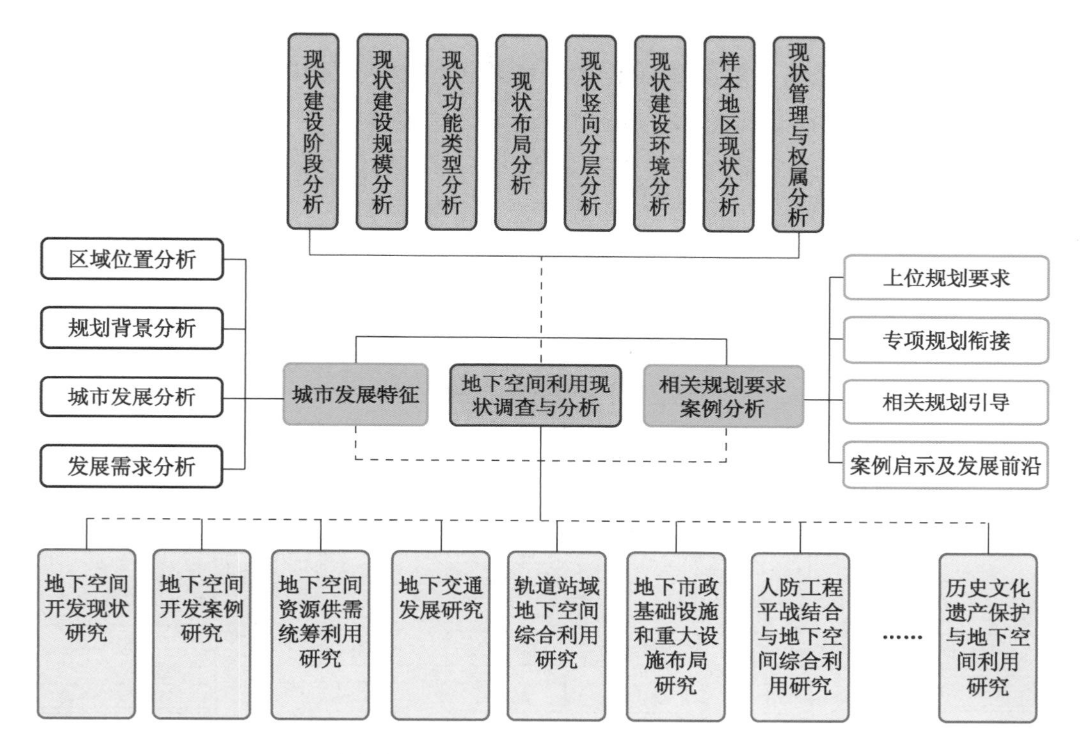

图 3-1 城市地下空间重大问题与研究重点课题技术分析图

3.2 地下空间规划体系

随着城镇化快速发展，中国对地下空间开发利用的需求逐渐向更小建制的区县，甚至镇一级拓展，这一趋势在较发达的长三角、珠三角等地区表现尤为明显。基于此，本次指南编写时将这一未来的地下空间规划编制的必然需求形式作为重要内容，置于规划内容之列。此部分可分为两个层次。

1）全市域城镇地下空间开发利用规划引导

城市全域的地下空间规划应与城镇体系规划相衔接，依据城镇体系规划所确定的各城镇发展定位，制定城市全域地下空间发展战略与目标，对市域层面地下空间提出总体空间结构，分区、分级规划引导。引导各分区地下空间用地资源、主导功能、开发需求、人防平战利用及轨道线域开发等。

2）中心城区地下空间开发利用规划

分析中心城区地下空间的现状和发展条件，协调上位规划及相关规划内容，研究中心城区未来的发展趋势和动因，深入挖掘城市地下空间发展的核心问题，根据问题结合城市社会经济的发展实际情况，制定合理的规划目标与发展策略，针对地下空间的安全性，结合地上建设条件以及历史文化、历史埋藏物、生态保护等因子，对中心城区进行地下空间适建性分析及需求量预测，确定中心城区空间结构、平面布局、竖向规划、开发强度等，根据第一阶段重点研究专题内容对中心城区的各类专项（地下交通设施、地下公共服务设施、地下市政设施、地下仓储及其他设施、平战结合与综合利用等）分类进行规划，根据上位总体规划进行中心城区的分区管控和重点控制引导区的划定。规划对分区进行细化，同时引导阶段目标、分期建设和技术指引，对中心城区的各区规划管理提供技术与操作层面的指导。整体规划体系见图 3-2。

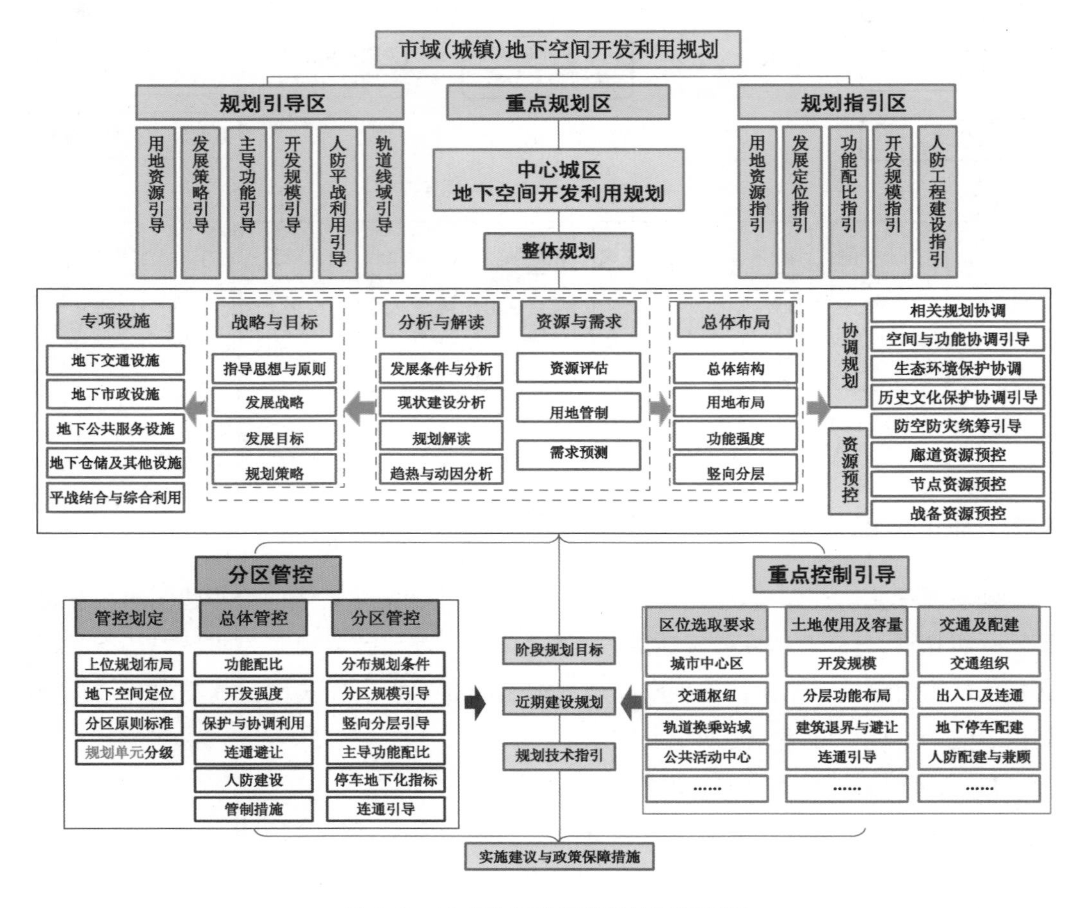

图 3-2　城市地下空间规划体系框架图

3.3　全市域城镇地下空间规划成果要求

1）内容框架

根据城市市域城镇等级体系，对城市市域地下空间分级、分区制订地下空间规划引导区、重点规划区及规划指引区的发展策略、用地资源引导等，对市域层面地下空间提出总体空间结构，引导各分区地下空间的平面布局、主导功能与竖向层次，提出市域地下空间开发与生态环境保护、历史文化遗产保护、防空防灾等因素与地下空间开发之间的保护与综合利用规划协调要求。主要思路框架见图 3-3。

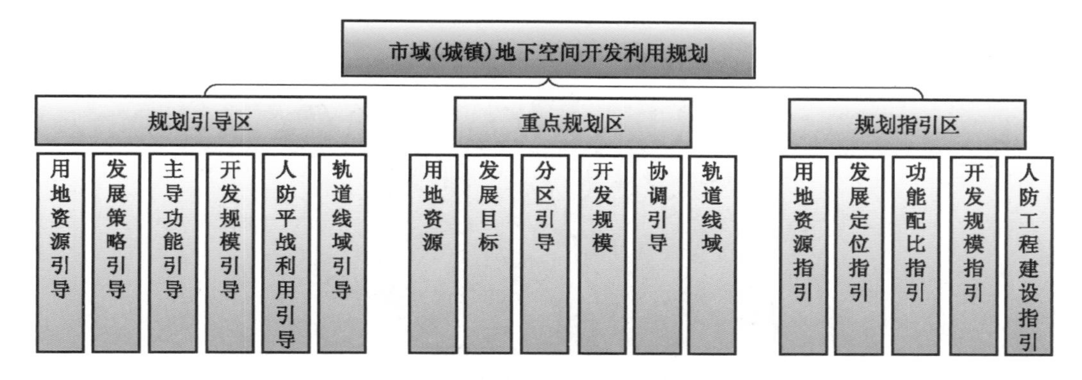

图 3-3　城市全市域城镇地下空间开发利用规划引导技术框架

2）内容指导

（1）城镇地下空间分区规划引导

结合城市形态分两类考虑，一类为圈层式发展的城市，如北京、南京、武汉等，一类为组团式发展的城市，如上海、深圳。重点是强调城镇体系的地下空间内在联系和定位关系。

以圈层式发展的城市城镇地下空间规划引导为例，进行城镇地下空间分区规划引导内容阐述。结合城镇等级体系的规划定位及区域分布，划分地下空间规划引导区、地下空间重点规划区、地下空间规划指引区三级区域。

地下空间规划引导区：主要对接新城、周边卫星城等，结合各个新城的职能引导、发展方向、与中心城区的关系等因素，明确地下空间开发重点进行规划引导。

地下空间重点规划区：主要对接中心城，结合中心城的规划定位、发展目标、发展重点等因素，明确中心城地下空间重点进行规划。

地下空间规划指引区：主要对接周边新市镇，结合新市镇的职能引导、城镇等级、与中心城区的关系等因素，明确新市镇地下空间重点进行规划指引。

【示例 3】 城镇地下空间分区分级规划引导

参见图 3-4 所示武汉市城镇地下空间分区分级规划引导。

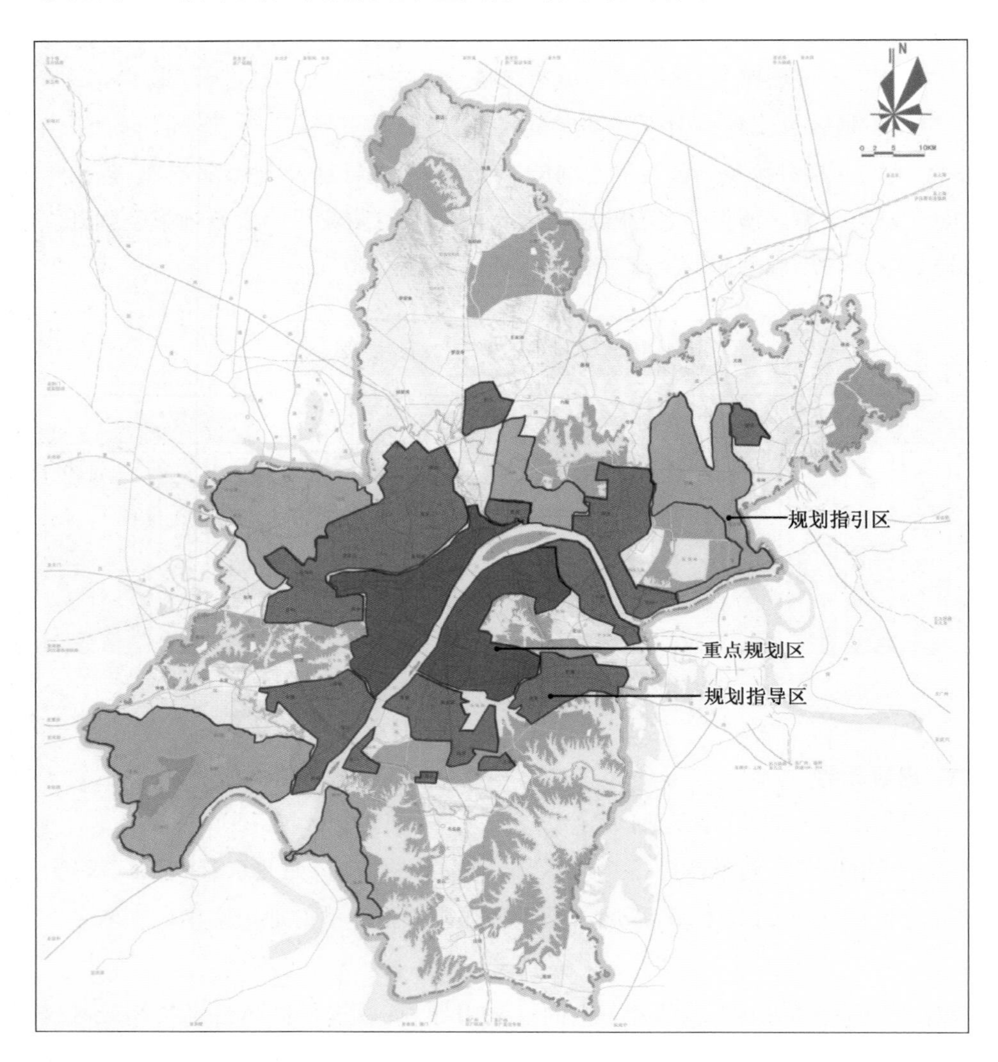

图 3-4 武汉市城镇地下空间分区分级规划引导图

（2）城镇地下空间用地资源引导

结合城镇地下空间分区的城市建设发展趋势、交通优势、片区人口、就业因素等，对城镇地下空间用地资源进行规划引导，明确地下空间资源开发潜力等级分布。

（3）城镇地下空间开发结构引导

根据城市总体规划中的城市总体结构、用地规划布局，以及市域地下空间土地资源开发潜力分析，确定城镇地下空间开发结构。

（4）分区地下空间规划引导

根据地下空间分区定位及用地布局，同时结合市域地下空间土地资源开发潜力分布，确定各片区地下空间发展策略、需求规模、布局引导、主导功能引导及人民防空要求、轨道线域开发引导等。

（5）轨道线域地下空间规划引导

根据城镇地下空间土地资源开发潜力及市域轨道线网分布，针对城镇地下空间规划引导区、重点规划区及规划指引区内分别进行轨道沿线及站点周边地下空间资源预控，满足轨道站域地下空间综合利用要求，满足轨道站域地下空间与周边设施、地下工程等的避让要求等。

【示例 4】　轨道线域地下空间规划引导

参见图 3-5 所示深圳市轨道交通 3 号、4 号线沿线地下空间需求分级引导图。

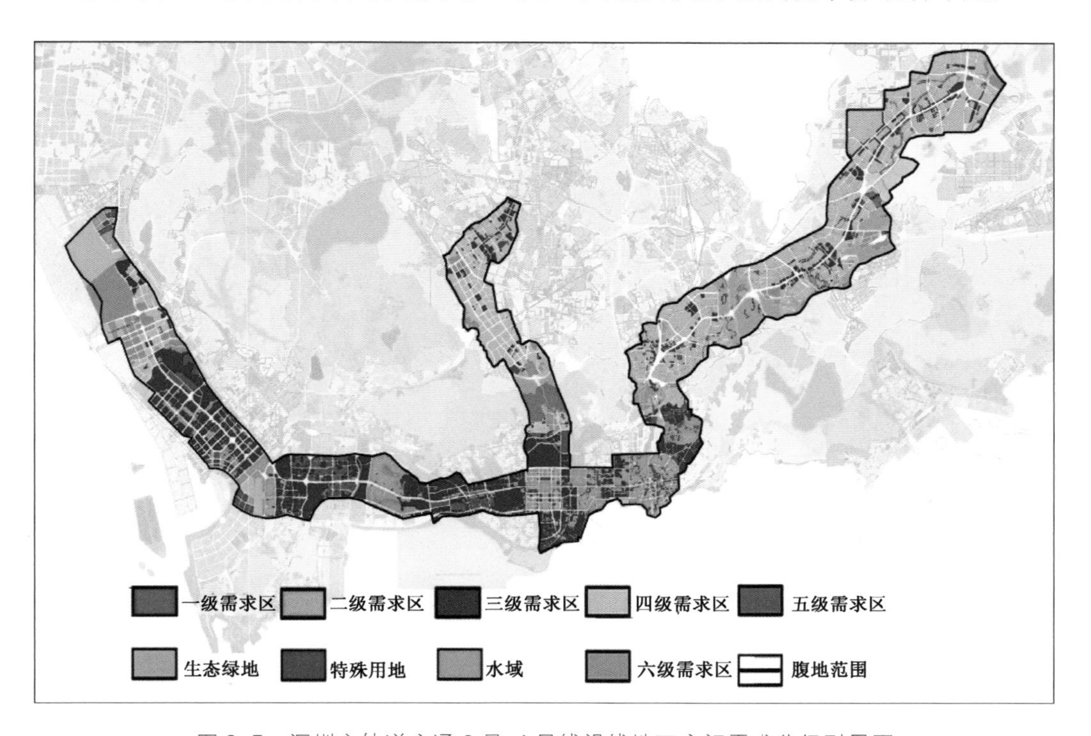

图 3-5　深圳市轨道交通 3 号、4 号线沿线地下空间需求分级引导图

资料来源：《深圳市轨道交通沿线地下空间资源开发利用研究》（解放军理工大学工程兵工程学院地下空间研究中心、南京慧龙城市规划设计有限公司，2007）

3.4　城市中心城区地下空间开发利用规划编制内容

这部分是城市地下空间开发利用规划的核心内容，也是集中展现编制单位规划设

计水平,体现规划编制工作深度,反映规划编制技术质量的主体部分。从规划编制工作流程上看,可以归纳为四个阶段、五个部分,在规划编制的各阶段中,规划的五个部分内容深度要求也有所差异,具体内容要素见图 3-6 所示,其中分区管控部分是国内比较少见的创新内容,从业人员可根据城市和规划编制要求,酌情取舍。

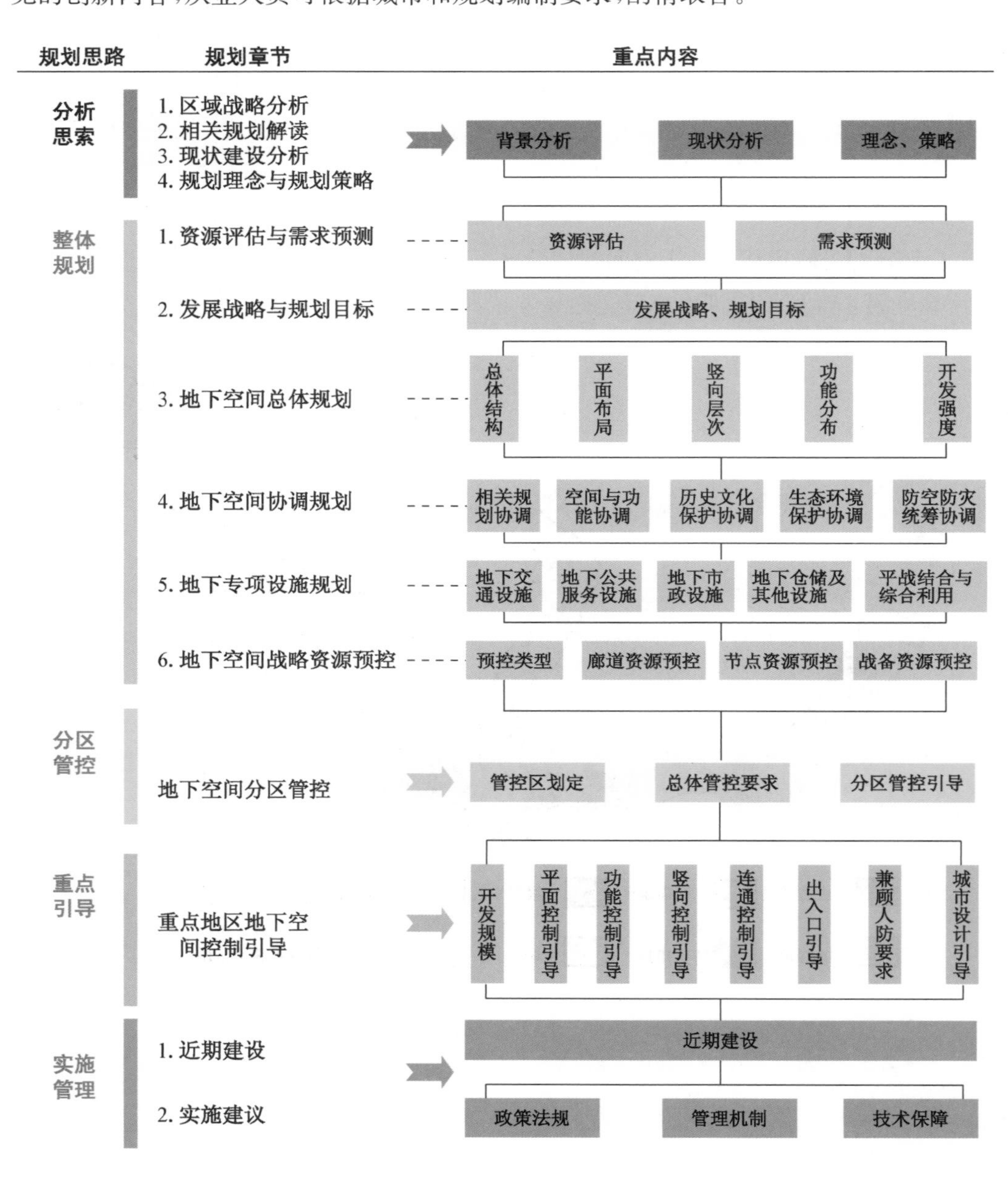

图 3-6 城市中心城区地下空间规划体系技术框架图

3.4.1 现状分析与规划建议

面对城市土地资源紧张的压力，地下空间规划应从传统的增量扩张转向以存量优化为主导的土地政策。

主要任务目标是以调查为依据，一方面理清现状的存量用地，分析梳理地下空间建设现状及发展条件，另一方面对建成区空间进行城市更新来满足城市发展需求，提出地下空间开发利用的发展途径和发展方向，实现有限资源创造出更高价值。

通过对现状的调查分析，梳理现状具体存在问题，对地下空间成系统发展进行预测，提出相应优化策略。为城市地下空间规划提供数据和理论支撑，对今后城市地下空间的有序发展具有指导意义。此部分主要规划内容包括：

1）现状调研

调查研究的指标要素包括地下空间的开发情况（规模、功能、竖向）、使用情况（停车饱和度、商业容量）、交通组织（地下连通率、地下道路修建后交通改善程度、与轨道交通的联系）等常态指标。结合城市地下空间分散、不成系统的特征，新增研究指标：地下空间覆盖率、连通率、供需平衡度。检讨供应不足、大规模开发利用率低的典型案例成因、规划或管理问题的综合利用指标。

2）调查方法

（1）普查法

统计各个片区实际发展情况，包括地块内地下工程、公共空间地下工程（含单建工程、地下道路、综合管廊等基础设施）。

（2）抽样法

对规划区内主要的主要交通节点、主要商圈、历史文化街区等分类进行调研。

（3）问卷法

确定城市有针对性的问卷调查区域。

主要数据：城市中印象最深的地下空间及其地下空间吸引力、地下空间功能、是否愿意串联（连通）使用、需要增补的功能、改造必要性等。

（4）访谈法

走访相关职能部门，听取地下空间建设管理实施的介绍与建议。了解城市重大工程设计意向。

3）分析总结

横向对比，与相同城市规模等级的城市地下空间发展对比；与所在省内其他城市对比。

纵向对比，以时间为线索，分析地下空间逐年开发规模变化、地区演变，开发功能的需求态势，寻找城市重点开发区域动态。

4）规划建议

结合地下空间现状分布的建设强度、布局形态、空间尺度、业态、单建式地下空间（含平战结合工程）项目选址，从中心城区、分区、重要节点多区域分析，对城市地下空间现状进行全方位的分析检讨，总结经验，找出缺憾，提出现状存在问题与优化设想。

预估未来地下空间发展重点区域（必要性和价值判断），从整体规划角度，提出相应的优化措施及地下空间发展构想。

明确城市地下空间未来发展整体结构，初步设想地下空间规划布局，提出分层开发总体趋势。综合考虑公共利益，提出优先发展重点区域，为下一阶段规划编制提供数据支撑。结合现状地下空间调查分析结果，提出城市地下空间发展问题对策、建议以及现有地下空间相关政策规范的优化建议。

5）规划成果要求

地下空间现状分析与规划建议的基本图纸应包括：地下空间现状功能分布图、地下空间现状竖向分布图、现状地下空间主要连通区域、现状保留建设项目分布图等。

3.4.2　城市地下空间资源评估与用地管制

城市地下空间资源评估是通过科学方法，对城市一定范围内（城市规划区或城区），能被城市现有科技水平所开发利用的地下空间资源的质量进行评价，对容量（数量）进行估算的理论研究成果。地下空间资源评估步骤、研究方法和计算过程不是本指南重点所在，可参照有关地下空间资源和规划的专著进行学习研究。

由于评估的结论和成果所依据的基础数据和图纸与城市规划有较大差异，往往不能直接被规划编制所采用，因此，可以城市总体规划的土地利用现状、规划为底图，对规划范围内用地的地下空间适建性进行评价。评价的主要步骤和方法如下：

（1）从城市地下空间资源地质条件、建设用地影响条件、生态环境影响条件、历史文化遗产与埋藏物分布、地下空间开发现状和城市建设情况等因素考虑，对这些方面进行综合分析和量化评估。

（2）根据（1）的分析结论和评估结果，运用情境分析、层次分析等综合分析方法，结合资源评估的数学模型计算，并在地下空间资源开发利用的质量定性评估基础上，提出基于经济可行性、技术可行性的地下空间资源建设用地评价。

（3）依据地下空间用地资源适宜建设的性质，对（2）划定空间管制区范围，提出管制要求。地下空间管制区一般可分为：地下空间适宜建设区、限制建设区、不宜建设区（禁止建设区），为确定城市地下空间总体发展布局提供依据。为防止城市建设对历史文化名城的破坏，对地下文物埋藏区的破坏和侵蚀，保护城市生态环境，划定地下空间管制区在城市地下空间规划中日益显示出其重要地位。

【示例 5】 中心城区用地地下空间资源用地适建性评价

参见图 3-7 所示武汉市中心城区地下空间资源用地适建性评价图。

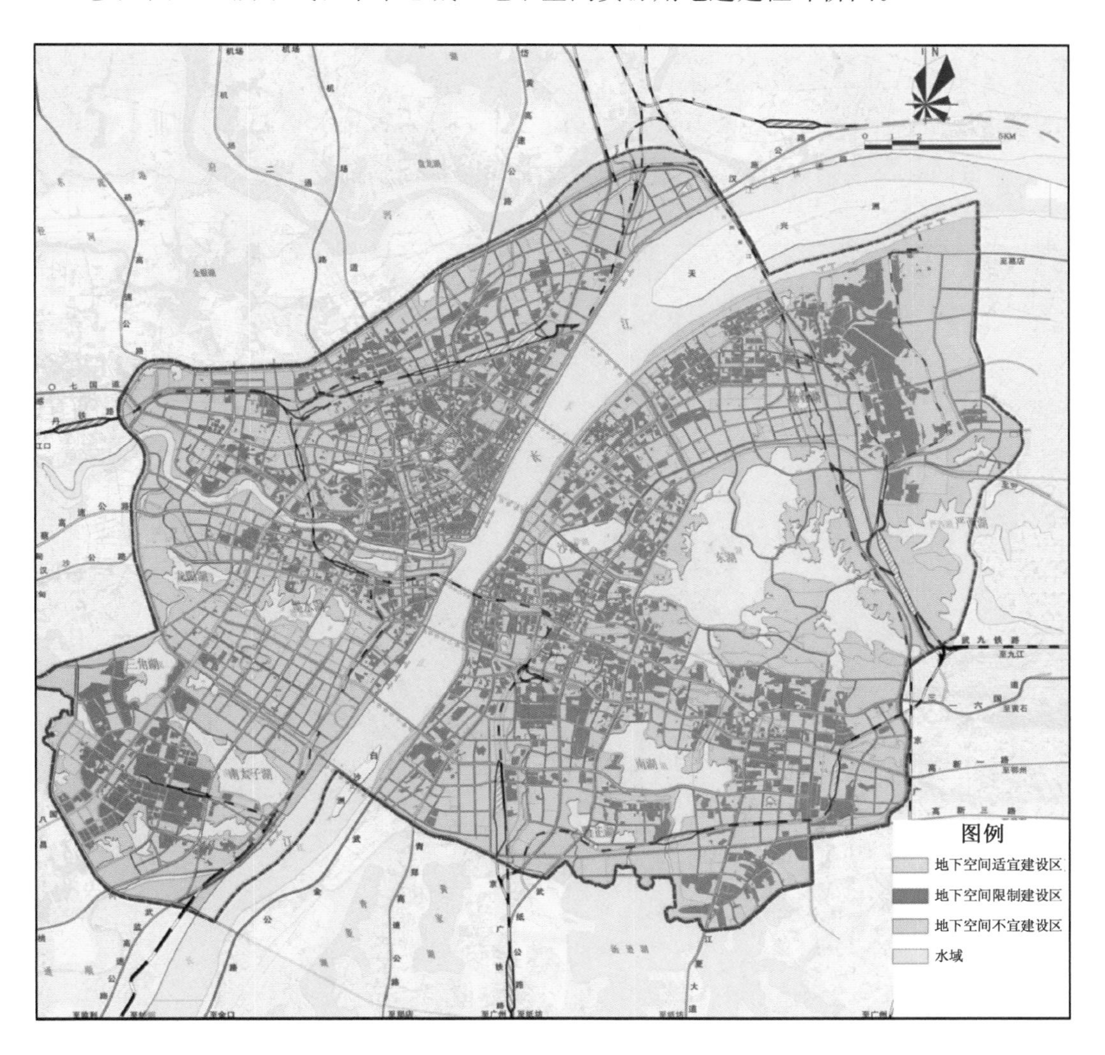

图 3-7　武汉市中心城区地下空间资源用地适建性评价图

资料来源：《武汉市地下空间综合利用专项规划（2014—2020）》（武汉市规划研究院、解放军理工大学国防工程学院地下空间研究中心、南京慧龙城市规划设计有限公司，2014）

3.4.3　地下空间总体发展结构和空间布局

1）地下空间结构

地下空间整体结构分析要素包括：

（1）城市发展整体结构；

（2）城市公共中心布局；

（3）城市路网与轨道交通线路；

（4）城市组团划分。

城市地下空间总体结构主要结合城市公共活动中心，以轨道交通站点和地下街为核心，串联单体建筑地下空间，形成点、线、面结合的地下空间网络。

【示例6】 中心城区地下空间发展结构

参见图3-8所示南昌市中心城区地下空间开发形态结构图。

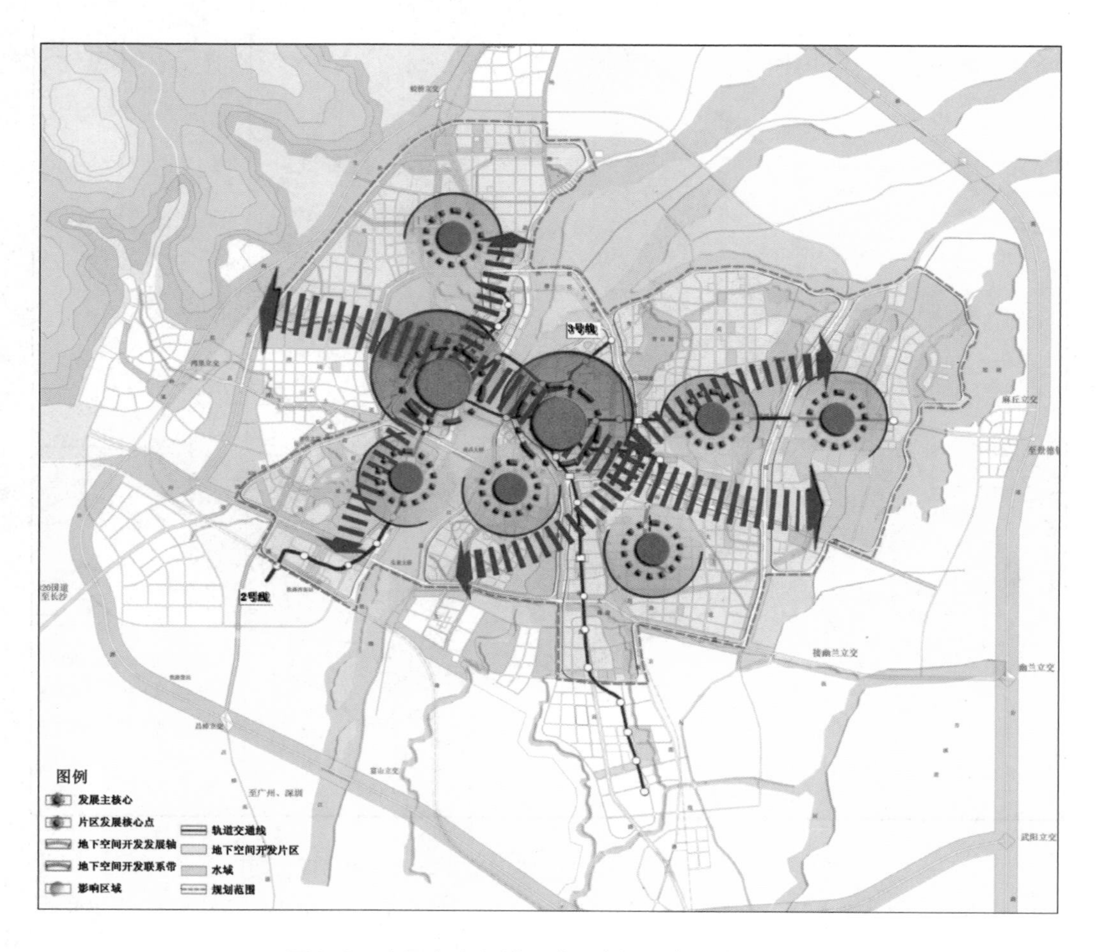

图3-8 南昌市中心城区地下空间开发形态结构图

资料来源：《南昌市城市地下空间开发利用规划（2009—2020）》（解放军理工大学工程兵工程学院地下空间研究中心、南京慧龙城市规划设计有限公司，2009）

2）地下空间总体布局

平面布局：以地下空间资源适建性评价为依据，综合考虑城市空间拓展及布局、空间特色、公共设施中心体系等因素，为城市地下空间开发利用和建设提供发展的方向。

竖向层次：考虑城市经济发展水平和地下空间的需求程度，依据用地的区位条件和用地性质等，对不同用地的地下空间竖向层次进行差别化的控制引导。

主导功能引导：以地下空间功能是地面功能延续和补充的规划原则，划分城市用地的地下空间主导功能，指导下位规划编制。

【示例 7】 中心城区地下空间用地布局图

参见图 3-9 所示南昌市中心城区地下空间开发平面布局规划图。

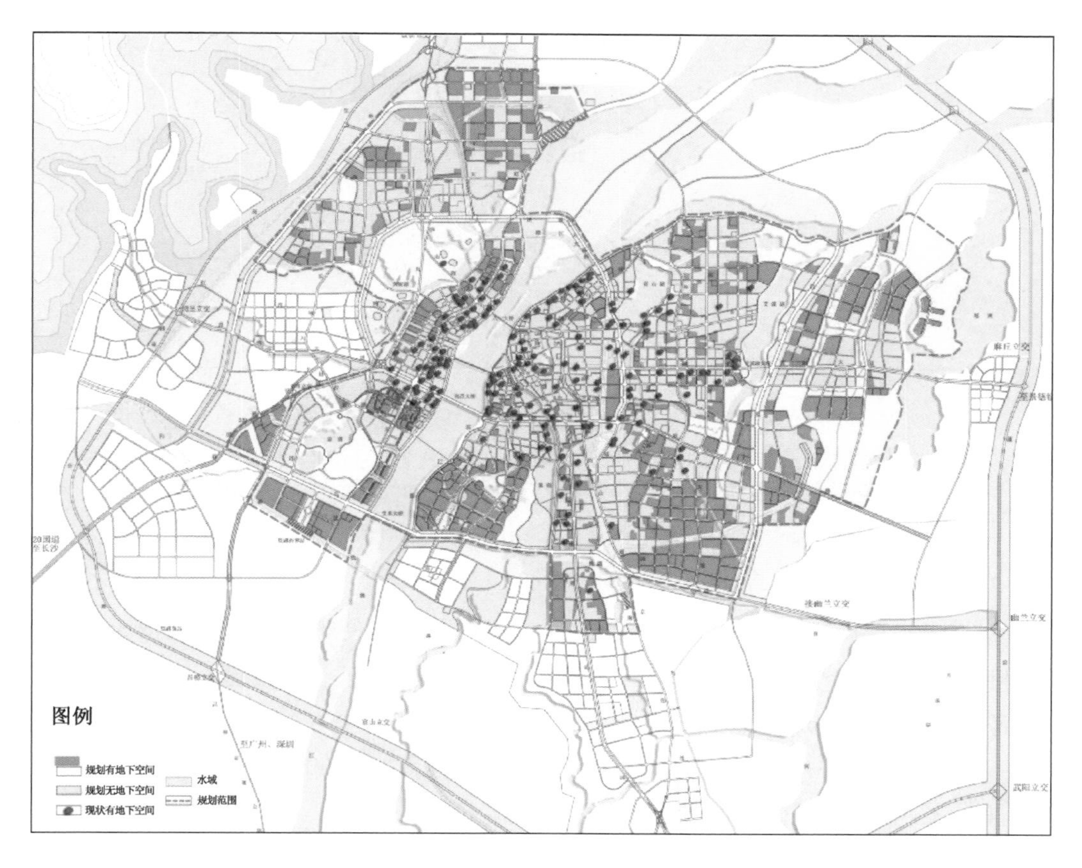

图 3-9　南昌市中心城区地下空间开发平面布局规划图

资料来源：《南昌市城市地下空间开发利用规划（2009—2020）》（解放军理工大学工程兵工程学院地下空间研究中心、南京慧龙城市规划设计有限公司，2009）

【示例8】 中心城区地下空间用地布局图

参见图3-10所示郑州市中心城区地下空间功能规划图。

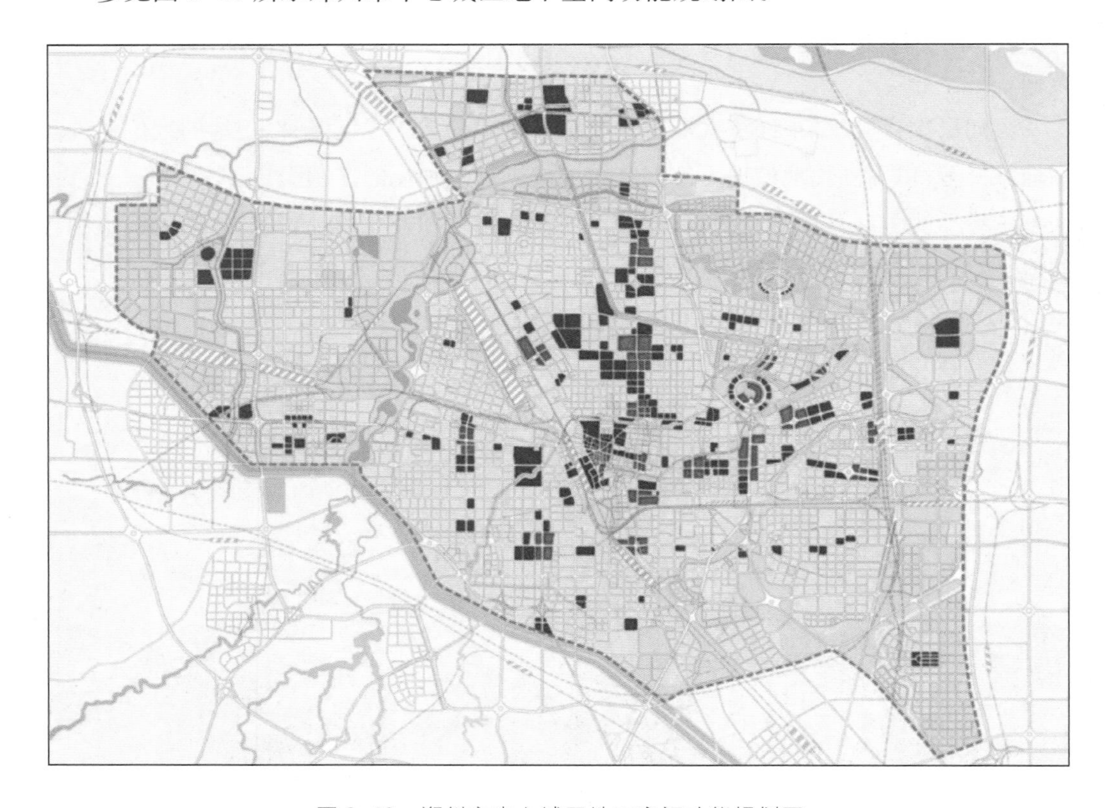

图3-10 郑州市中心城区地下空间功能规划图

资料来源：《郑州市城市地下空间开发利用规划(2010—2020)》(解放军理工大学工程兵工程学院地下空间研究中心、南京慧龙城市规划设计有限公司、郑州市规划勘测设计研究院、郑州市人防工程设计研究院，2010)

3）开发强度控制引导

对城市各控规单元地下空间开发强度进行控制引导，便于规划管理和指导下位规划编制，划分为地下空间高强度区、中高强度区、中低强度区、低强度区。

【示例9】 中心城区地下空间强度控制引导图

参见图3-11所示郑州市中心城区地下空间开发建设强度控制引导图。

3.4.4 地下空间协调保护与利用规划

1）历史文化名城保护与地下空间利用规划

历史文化名城保护与地下空间利用规划应遵循“原生保护，分级配置，渐进提升，‘四限’控制”的原则，与历史文化名城保护规划相呼应，又要体现其自身的特殊性。历史文化名城保护与地下空间利用规划一般包括以下内容：

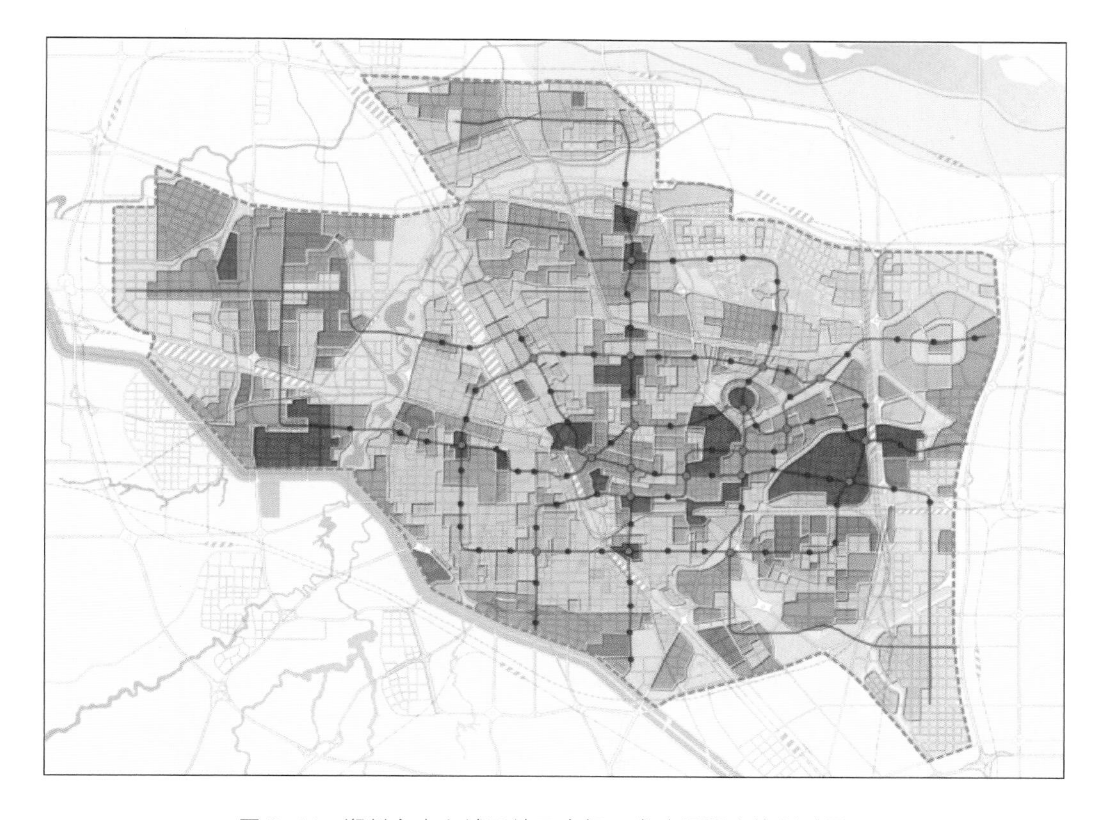

图 3-11　郑州市中心城区地下空间开发建设强度控制引导图

资料来源:《郑州市城市地下空间开发利用规划(2010—2020)》(解放军理工大学工程兵工程学院地下空间研究中心、南京慧龙城市规划设计有限公司、郑州市规划勘测设计研究院、郑州市人防工程设计研究院,2009)

(1) 明确历史文化史城保护与地下空间利用的模式与策略;

(2) 明确不得进行地下空间开发的保护区域和范围,包括平面、竖向保护要求;

(3) 提出地下空间可开发区域控制要求:规模控制、功能控制、深度控制和开发时序等。

【示例 10】 中心城区历史文化保护与地下空间利用

参见图 3-12 所示嘉兴老城区历史文化保护与地下空间利用控制引导图。

2) 绿地系统保护与地下空间资源协调利用

在城市地下空间规划布局时应优先注重城市生态绿地,河、湖等水体、岸线的保护,根据不同区块因地制宜进行地下空间开发,制定相应保护、协调利用的措施。

绿地系统地下空间利用应以地下交通和地下公共功能为主导,强化城市各重要节点,城市单元之间的空间联系。

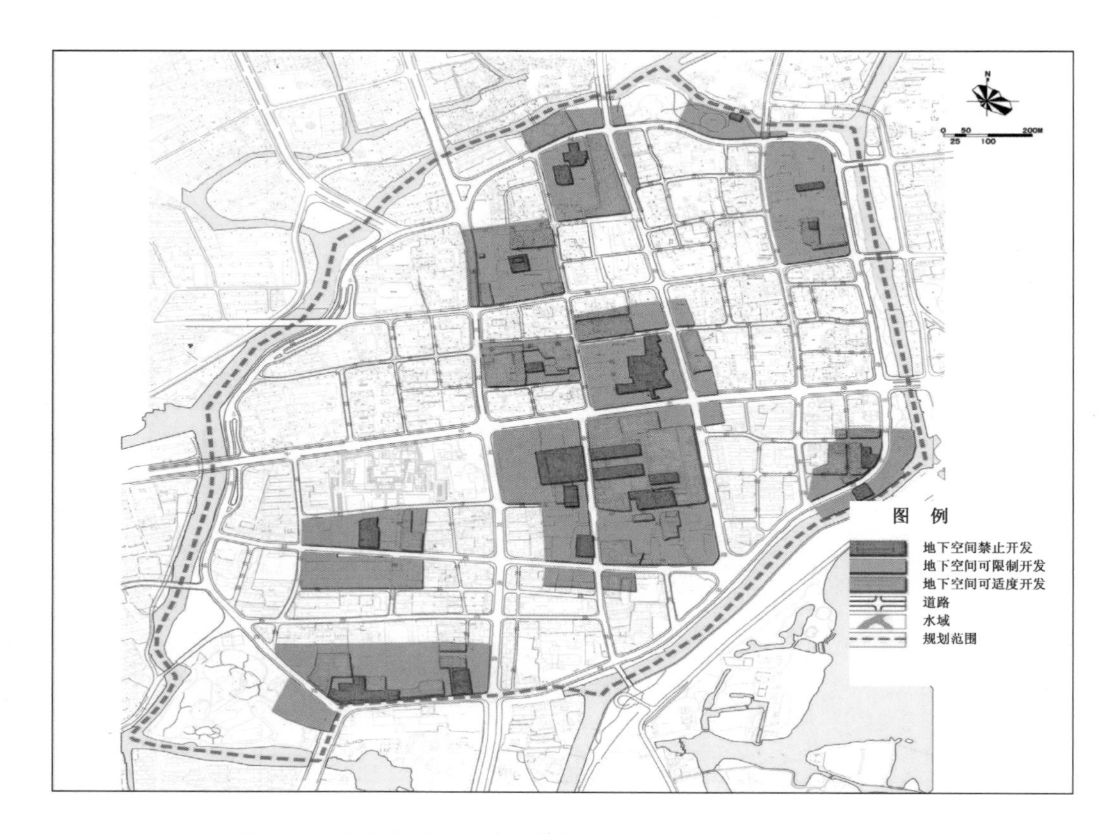

图 3-12 嘉兴老城区历史文化保护与地下空间利用控制引导图

资料来源:《嘉兴市老城区地下空间控制性详细规划》(解放军理工大学工程兵工程学院地下空间研究中心、南京慧龙城市规划设计有限公司、嘉兴市规划设计研究院有限公司,2010)

【示例 11】 中心城区绿地系统保护与城市地下空间资源协调利用规划

参见图 3-13 所示珠海市中心城区生态环境保护与地下空间开发协调规划图。

3) 平战结合与综合利用规划

通过城市地下空间资源与人防工程建设的存量研究,找出人防工程平战结合建设的缺陷与不足,确定以下几方面内容:

(1) 提出适合城市地下空间有序开发和人民防空融入的发展途径和方向。

(2) 提出城市人防工程平时利用功能及要求,明确城市地下空间兼顾人民防空的指标和比例。

(3) 明确城市地下空间开发与人防工程综合利用开发策略及规划要点,并通过分析重点平战结合工程开发类型及特点,进行重点平战结合工程规划。

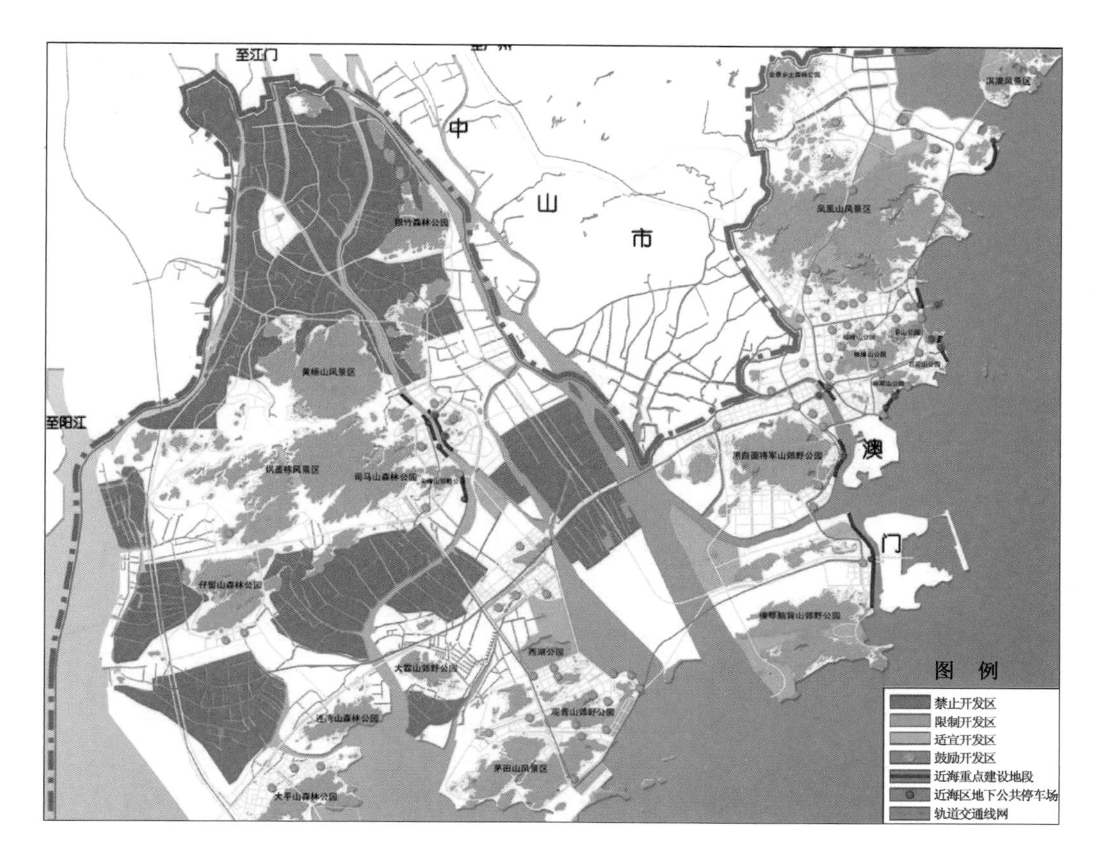

图 3-13　珠海市中心城区生态环境保护与地下空间开发协调规划图

资料来源:《珠海城市地下空间开发利用规划(2008—2030)》(解放军理工大学工程兵工程学院地下空间研究中心、南京慧龙城市规划设计有限公司,2009)

4) 轨道站域地下空间综合利用

轨道交通建设是地下空间开发的重要契机,城市地下空间开发将以轨道站域地下空间开发为核心,地下车站和隧道两侧各 50 m 范围内为地下空间规划控制区。规划内容包括:

(1) 轨道沿线及站点周边用地预控;

(2) 站点辐射范围;

(3) 站域地下空间开发控制引导;

(4) 轨道站域地下空间资源预控要求。

【示例 12】　中心城区轨道站线域地下空间综合利用

参见图 3-14 所示武汉中心城区轨道站线域地下空间供需利用预控引导图。

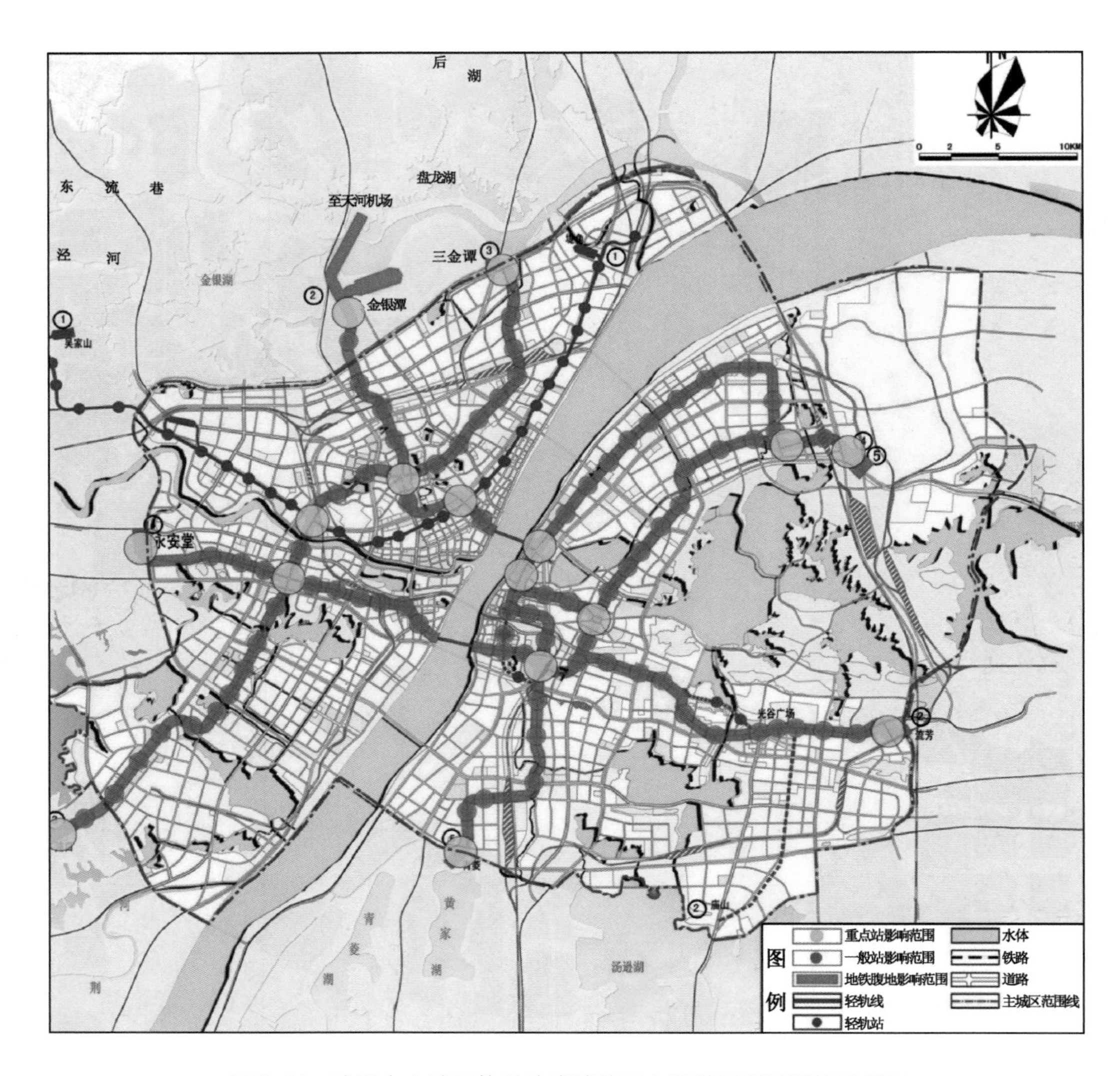

图 3-14　武汉中心城区轨道站线域地下空间供需利用预控引导图

资料来源:《武汉市主城区地下空间综合利用专项规划(2008—2020) 需求预测专题》(解放军理工大学工程兵工程学院地下空间研究中心、南京慧龙城市规划设计有限公司,2008)

3.4.5　地下空间专项规划编制概要

1) 地下交通设施规划

通过对城市交通现状的分析,上位规划中对综合交通规划、轨道线网规划等相关规划的解读,结合需求因素与制约因素,预测地下交通增长需求,提出适合该城市或该地区"绿色出行、公交优先、立体交通"等地下交通发展策略。

规划内容包括:研究对象分为地下动态交通、地下静态交通,其中动态交通又可分为地下轨道交通、地下机动车道路、地下步行系统,静态交通主要考虑社会停车与配建停车策略。划定优先发展区、平衡发展区、宽松发展区和限制发展区的形式，明确差异化地下停车配置指标。

【示例 13】 中心城区停车配建地下化指标引导

参见表 3-1 所示各类建筑物停车配建地下化指标规划示例表。

表 3-1 各类建筑物停车配建地下化指标规划示例表

建筑物分类			计算单位	小汽车配建指标（台）	地下化率
大类	小类				
住宅	商品房	独立式住宅	车位/100 m^2	1.2	≥50%
		单元式住宅	车位/100 m^2	0.8	≥80%
	……		……	……	……
……	……		……	……	……

2）地下公共服务设施规划

综合考虑轨道交通因子、功能区因子、商业中心因子、城市结构因子、历史文化街区因子等，将各因子叠加，提出地下公共空间建设范围划定原则、地下准入公共服务功能、可建设地下公共服务空间的用地类别、地下公共服务空间的布局方式，并按照鼓励建设级别的不同，将地下公共服务空间划分为核心建设区、重点建设区、一般建设区和特殊控制区，同时明确地下公共服务强度控制引导等。

【示例 14】 中心城区地下空间公共服务设施布局

参见图 3-15 所示武汉市中心城区地下公共服务设施规划布局图。

3）地下市政设施规划

在充分整理、分析市政基础设施现状建设和规划布局的前提下，厘清城市地下市政基础设施需求与区域战略、政策要求、空间资源供应的关系；综合考虑地下市政基础设施建设的经济可行性与地下空间资源利用的可持续性，优化城市总体规划中市政基础设施规划的内容与要求，协调城市重大基础设施廊道的地下空间开发利用；协调城市交通、人居环境等与地下市政设施建设的相互关系，明确地下市政基础设施规划的基本思路与策略，合理部署城市总体与分区层面、空间与时序层面中各类型地下市政基础设施规划，划定参与者的责任、权利和利益，提出政府部门预控与落实建设的措施建议。在地下市政设施中，综合管廊系统规划是此部分的主要内容。其规划方法与步骤如下：

（1）梳理城市总体规划中给排水、电力、通信、燃气、供热等市政管线及场站的规划布局方案，分析确定规划新增的各类市政工程管线较为集中的路段，以及规划期内更新

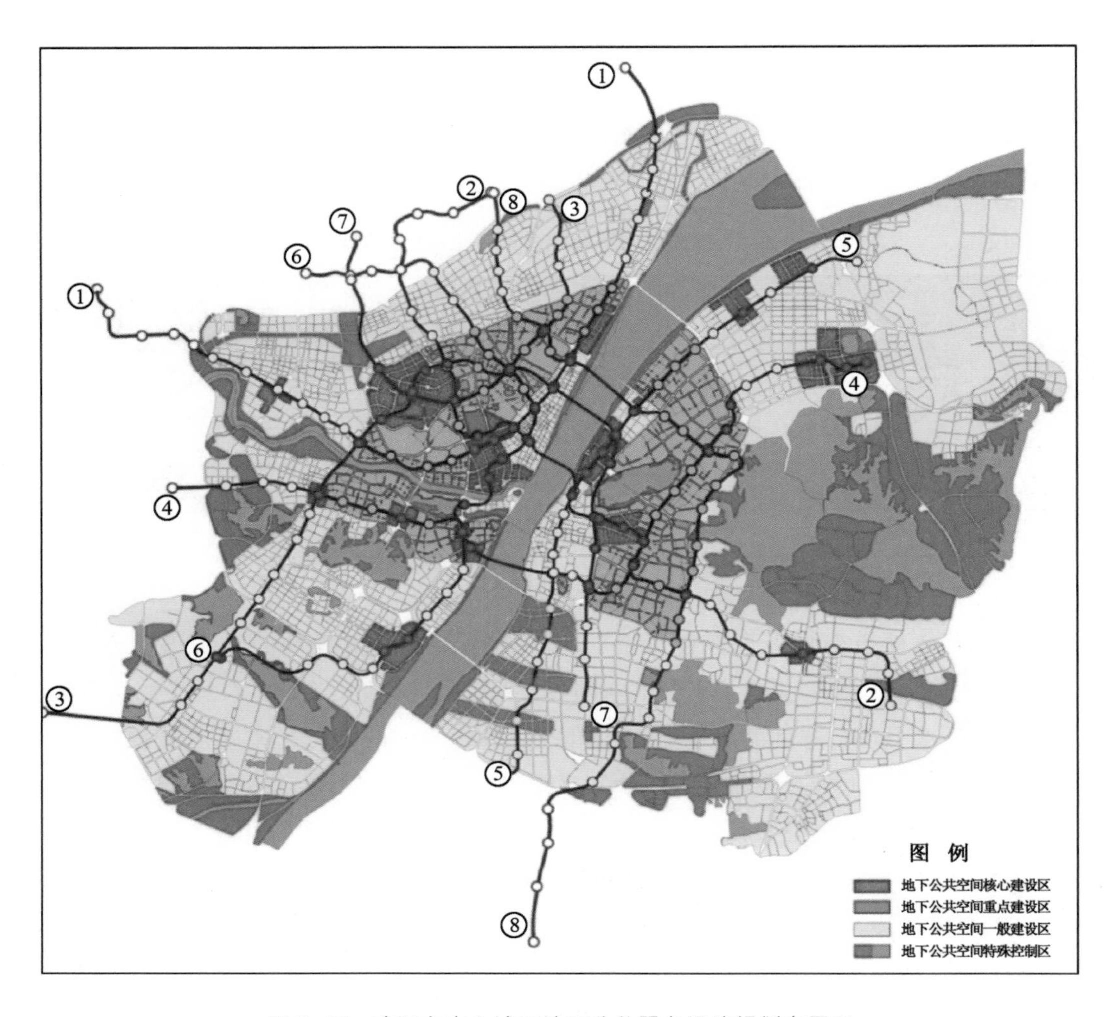

图 3-15 武汉市中心城区地下公共服务设施规划布局图

资料来源:《武汉市地下空间综合利用专项规划(2014—2020)》(武汉市规划研究院、解放军理工大学国防工程学院地下空间研究中心、南京慧龙城市规划设计有限公司,2014)

改造市政工程管线的路段;市政场站方面,明确规划新增的各类市政场站,以及规划期内扩容、改造或转移的各类市政场站。

(2) 分析综合管廊的规划与轨道交通、地下道路等城市重大基础设施的规划布局协调,在符合系统性、安全性等条件下,提出管廊规划布局。

(3) 应根据城市发展需要,明确综合管廊系统规划建设时序、布局形态、型制要求和收容管线类型等内容。

【示例 15】 中心城区地下市政设施规划

参见图 3-16 所示嘉兴市国际商务区地下市政设施规划布局图。

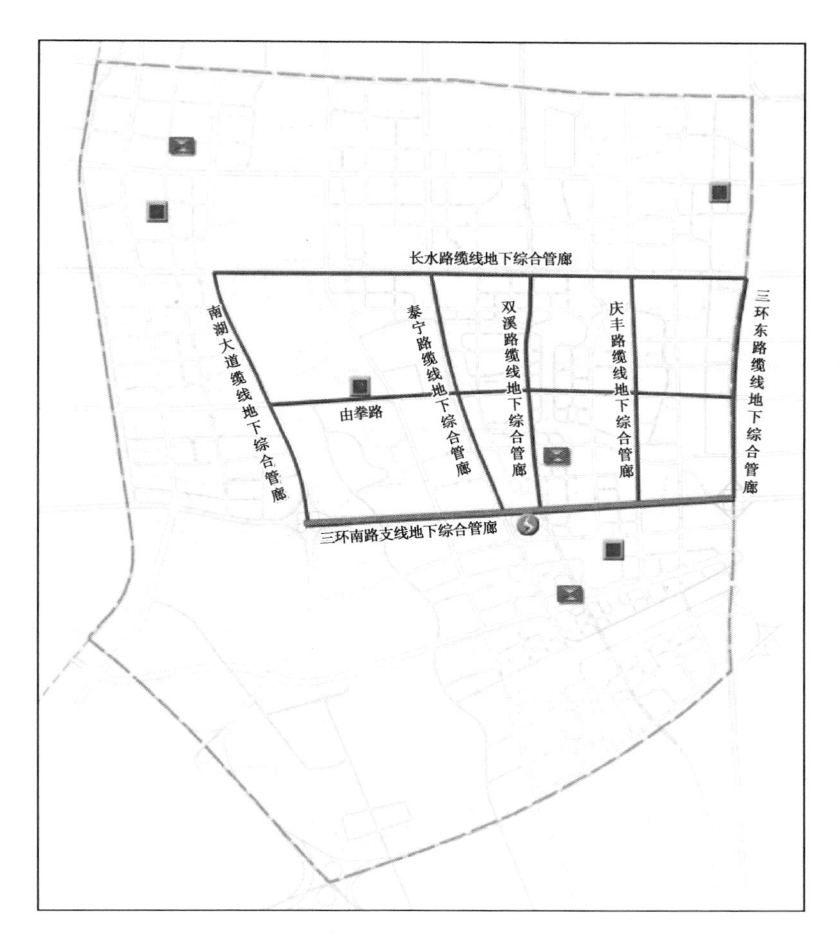

图3-16 嘉兴市国际商务区地下市政设施规划布局图

资料来源:《嘉兴市国际商务区地下空间开发利用规划(2012—2020)》
(解放军理工大学国防工程学院地下空间研究中心、南京慧龙城市规划设计有限公司,2012)

3.4.5 地下空间分区管控规划编制概要

1) 地下空间分区管控划分原则

(1) 与城市建设用地布局、功能区、公共中心及节点分布相协调;

(2) 与地下平面布局分布及需求等级相一致;

(3) 与地面功能相适应,考虑平战结合;

(4) 与城市公共服务设施体系相融合;

(5) 与交通建设相衔接、与现实需求相补充。

根据城市功能分区及重要节点区位及功能定位,划定地下空间分区管控,差异化开发及管理地下空间。

【示例 16】 中心城区地下空间分区分级管控

参见图 3-17 扬州市中心城区地下空间分区管控划分图，地下空间可划分为综合开发管控区、协调利用管控区、配套建设管控区、基本配置管控区和特殊功能管控区。

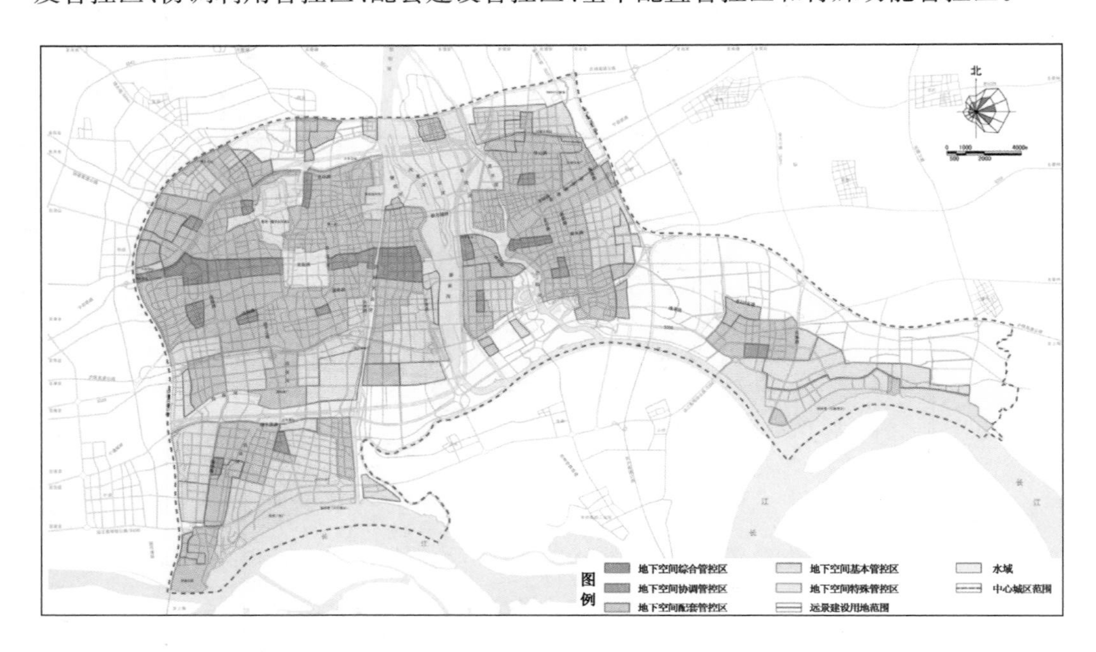

图 3-17 扬州市中心城区地下空间分区管控划分图

资料来源：《扬州市中心城区地下空间开发利用规划(2013—2020)》(扬州市城市规划设计有限责任公司、解放军理工大学国防工程学院地下空间研究中心，2014)

2) 分区管控技术路线思路

结合城市总体规划，对中心城区划分多个管控分区，分别进行地下空间管理控制，分区管控的思路框架和重点内容如图 3-18 所示。

3) 地下空间管控基本要求

管控要求与城市总体规划、控制性详细规划进行协调，对接规划管理相关要求。

统筹备用地及周边建设用地协调发展，将备用地纳入不同地下空间管控区中，如因发展需要进行规划建设，应参照同类地下空间管控区管控措施和规划要求执行。

明确不同管控区进行地下空间开发的规模、主导功能指标、各类用地地下配建停车控制指标；各类用地出让、开发时应设置或确定的地下空间外部连通、地下功能转换要求及人民防空要求等。

4) 地下空间用地资源管控

对公共型地下空间，以规定性控制为主，主要包括使用性质及开发容量、地下空间出入口、地下空间连接高差、地下空间层高及连通道净宽、地下空间连通与预留。

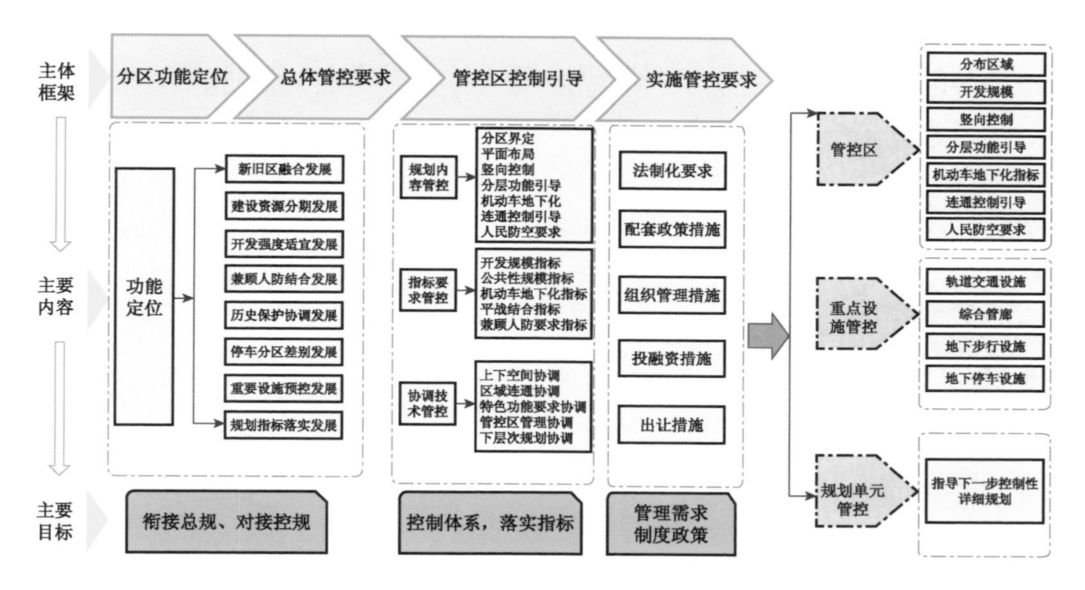

图 3-18 城市地下空间规划分区管控技术框架

对非公共型地下空间，以指导性控制为主，包括开发容量及使用性质、非公共通道及出入口数量位置、地下空间出入口形式、环境设计引导等。

对非公共型与公共型地下空间之间的衔接，结合需求进行指导性控制。

表 3-2 地下空间分区管控表示例

管控区	区域面积（km^2）	开发规模（万 m^2）	功能控制引导	竖向管控	开发强度管控	兼顾人防比例要求	地下停车指标	连通控制引导
综合管控区								
协调管控区								
……	……	……	……					……

资料来源：《扬州市中心城区地下空间开发利用规划（2013—2020）》（扬州市城市规划设计有限责任公司、解放军理工大学国防工程学院地下空间研究中心，2014）

5）地下空间管控区控制引导

（1）分布范围

结合新区旧区、历史文化保护、公共中心分布、重要节点、公共服务设施集中分布区、居住集中分布区、工业区等因素进行分布。

（2）管控指标

主要包括地下空间开发规模、开发强度、机动车地下化指标、平战结合指标、地下空间兼顾人民防空要求指标等。

【示例 17】 中心城区分区管控机动车地下化指标

参见图 3-19 所示扬州市中心城区地下空间分区机动车地下化指标管控图。

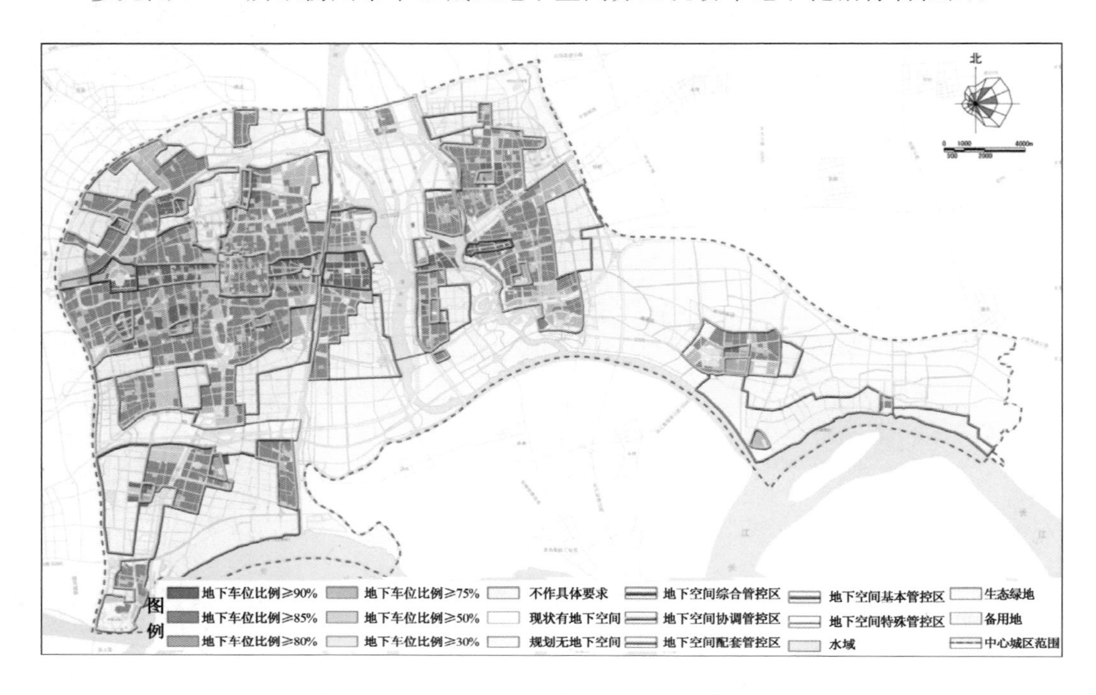

图 3-19　扬州市中心城区地下空间分区机动车地下化指标管控图

资料来源:《扬州市中心城区地下空间开发利用规划(2013—2020)》(扬州市城市规划设计有限责任公司、解放军理工大学国防工程学院地下空间研究中心,2014)

(3) 竖向管控

主要是对规划范围内的不同管控区地下空间竖向开发深度、开发层数等进行控制和引导,以道路为例,管控的内容指标如图 3-20 所示。

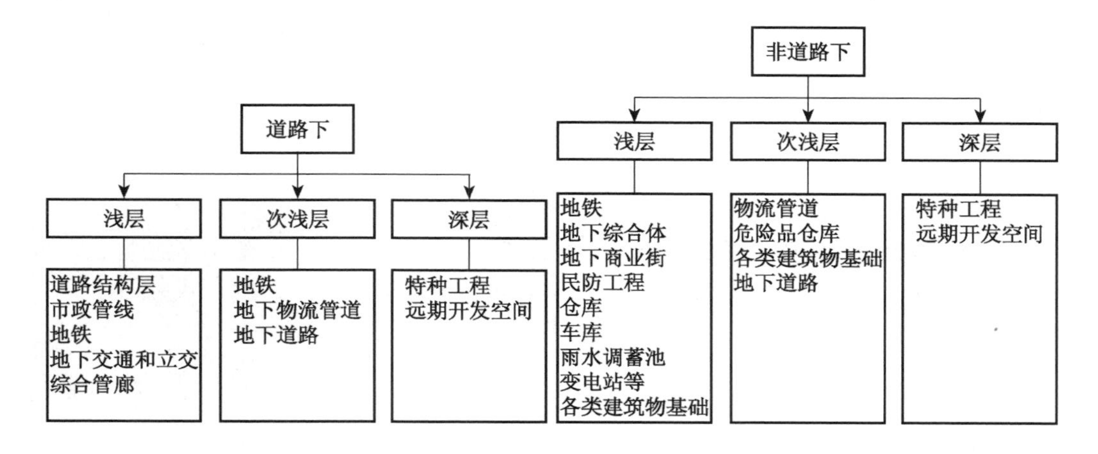

图 3-20　道路下地下空间竖向管控示意图

（4）主导功能引导

公共管理与公共服务用地、居住用地：地下一层以地下停车和地下公共服务设施为主，地下二层、三层以地下停车功能为主。

商业服务业设施用地：地下一层以地下商业设施为主，地下二层、三层以地下停车功能为主。

道路、绿地与广场用地：地下一层以地下步行街及步行连通为主，局部开发地下二层以地下停车为主。

参见表 3-3。

表 3-3 中心城区地下空间综合管控区分层功能控制一览表示例

控制分区＼分层功能	0～－6 m	－6～－15 m	－15～－30 m
综合管控区	优先安排地下商业、地下街、地下文娱设施、地下停车、地下道路、地下步行通道等	优先安排地下商业、地下停车、地下步行通道、轨道站厅、地下综合管廊、人防工程等，控制地下餐饮、娱乐等	地下机动车停车为主导

资料来源：《扬州市中心城区地下空间开发利用规划(2013—2020)》(扬州市城市规划设计有限责任公司、解放军理工大学国防工程学院地下空间研究中心，2014)。

（5）连通控制引导

明确不同管控区内站点周边地下空间连通要求、普通地下工程与人防工程连通要求、同一地块内的地下空间工程连通要求，提出地下空间在平面间距、竖向差异的连通要求及连通方式。

（6）重要设施管控

轨道交通设施：轨道交通保护区、规划预留、高差控制、内部环境控制。

综合管廊：平面布置、管线收容、平面间距控制、竖向间距控制、监控中心、管线避让。

地下步行设施：设置位置(强制)、安全控制、宽度及净高(强制)、出入口及连通、连接高差(强制)、建设时序。

地下停车设施：设置位置及配建指标、地下化率、出入口控制、连通控制、服务半径。

（7）管理单元(控规)衔接

采用“地上、地下、人防”指标融于一张图管理，以指导下一步控制性详细规划(参见表 3-4)。

主要是对下一层次的规划单元进行对接，建议在规划单元编制地下空间规划时进行“地上、地下、人防”三位指标同时考虑，进行一张图管理。

（8）避让控制：根据避让的难易程度决定优先权。

（9）其他指标：兼顾人防要求分级管控。

表 3-4 地下空间分区管控与控规单元控制引导一览表

控制单元	地下空间管控区对接		用地面积（km^2）	规划人口（万人）	地面建筑（万 m^2）	地下空间开发规模(万 m^2)
	所属管控区	地下规模（万 m^2）				
C	特殊管控区					
E1	协调管控区					
	配套管控区					
E2-1	协调管控区					
	配套管控区					
	特殊管控区					
E3-2	协调管控区					
	配套管控区					
E4-1	综合管控区					
	特殊管控区					
……	……	……	……	……	……	……

资料来源:《扬州市中心城区地下空间开发利用规划(2013—2020)》(扬州市城市规划设计有限责任公司、解放军理工大学国防工程学院地下空间研究中心,2014)。

（10）政策要求

法制化要求:制定有关地下空间和地下工程权利的界定、获取、转让、租赁、抵押、保护、登记等方面的法律法规和地下工程规划建设、平战结合、质量安全等方面的规定。将地下空间开发利用纳入法制化轨道,先专项立法,后综合立法,形成综合立法和专项立法相结合的法制化管控。

配套政策措施:包括融资政策、协调政策、优惠政策。

组织管理措施:综合管理协调、明确主要职责和管理权限。

投融资措施:明确产权划分;明确投资主体——政府投资及社会投资;针对地下开发设施类型确定投资模式。

3.4.6 重点地区地下空间(详细规划)控制引导

1) 重点地区选择

通过对城市发展结构、地下空间结构及地下公共空间分区开发的分析,参考重要公共中心、重要功能区域、主要交通枢纽、公共活动聚集区、近期建设重点区域的分布,划分若干个地下空间重点开发区域。

重点地区的选取原则:

（1）城市总体规划确定的市中心、副中心和重要功能中心;

（2）轨道交通线路走向及重要交通枢纽分布;

（3）老城区及历史文化保护街区;

（4）近期建设重点区域；

（5）人防工程规划重点项目。

重点地区规划控制主要内容如图 3-21 所示。

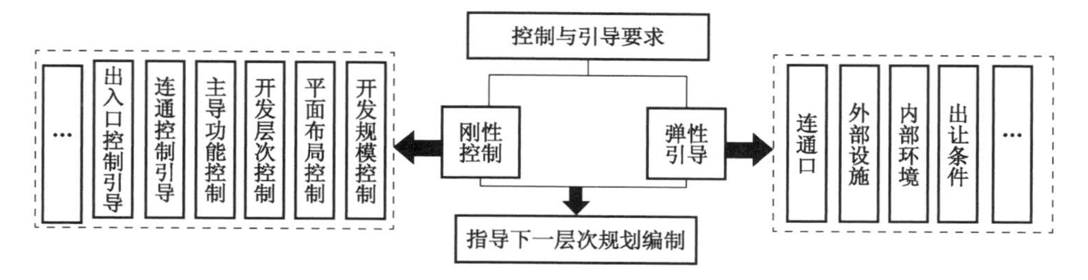

图 3-21　地下空间重点地区控制与引导内容框架图

2）重点地区控制引导要点

（1）开发规模

包括片区、地块的地下空间开发规模。

【示例 18】　重点地区地下空间规模控制引导

参见图 3-22 所示连云港市连云新城核心区地块地下空间开发规模控制图。

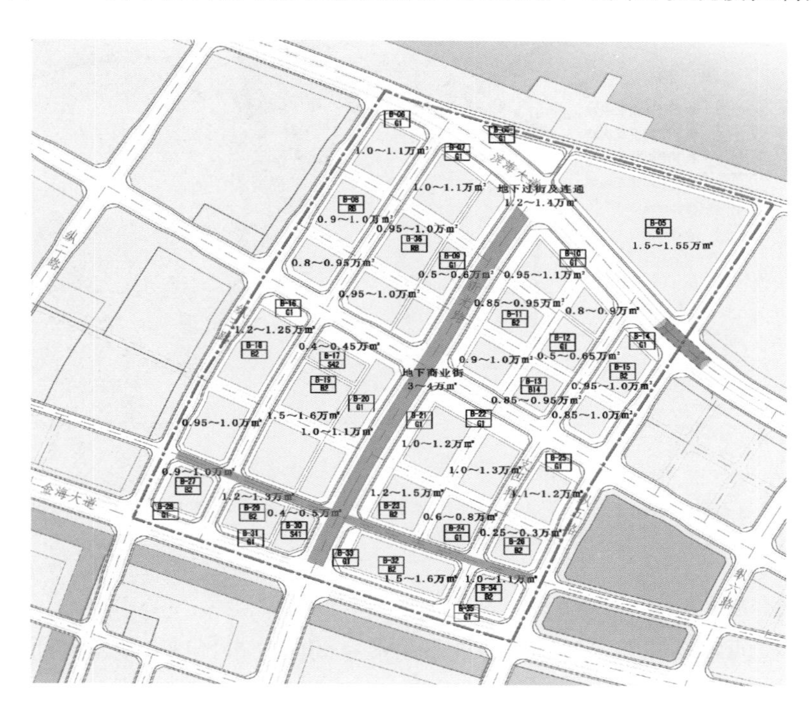

图 3-22　连云港市连云新城核心区地块地下空间开发规模控制图

资料来源：《连云新城商务中心区地下空间开发利用规划》（解放军理工大学国防工程学院地下空间研究中心、南京慧龙城市规划设计有限公司，2013）

(2) 布局结构

结合地面空间结构、功能布局、轨道交通分布等因素,确定合理的地下空间结构。

【示例 19】 重点地区(商务中心区)地下空间开发形态结构

参见图 3-23 所示大连小窑湾商务区核心区地下空间结构图。

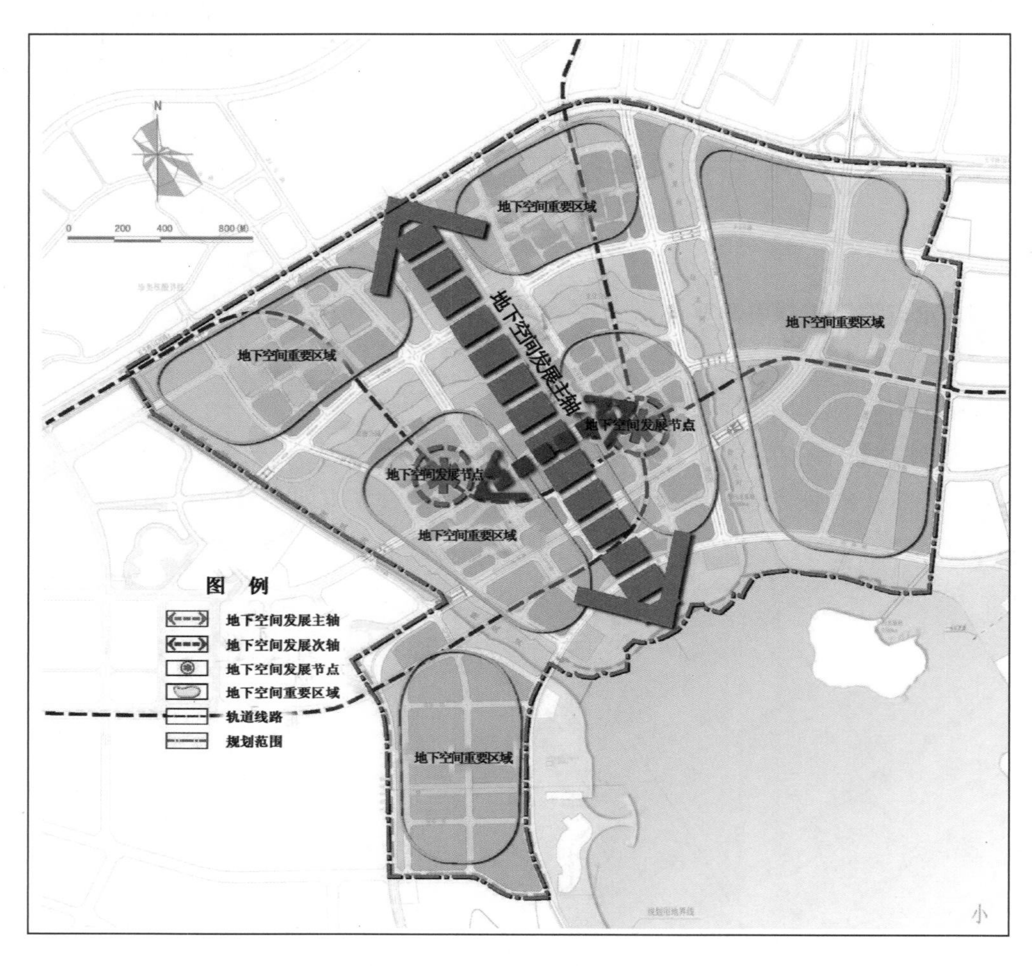

图 3-23 大连小窑湾商务区核心区地下空间结构图

资料来源:《大连小窑湾国际商务中心核心区地下空间规划》(解放军理工大学国防工程学院地下空间研究中心、南京慧龙城市规划设计有限公司,2013)

(3) 分层功能布局

明确各层的主要开发功能以及各地下功能空间的分布,包括:地下交通、地下商业、地下文化娱乐、地下行政办公、地下市政等规划要素。

【示例 20】 重点地区(城市中心区)地下空间分层功能规划

参见图 3-24 所示杭州市临平新城地下一层功能布局规划图。

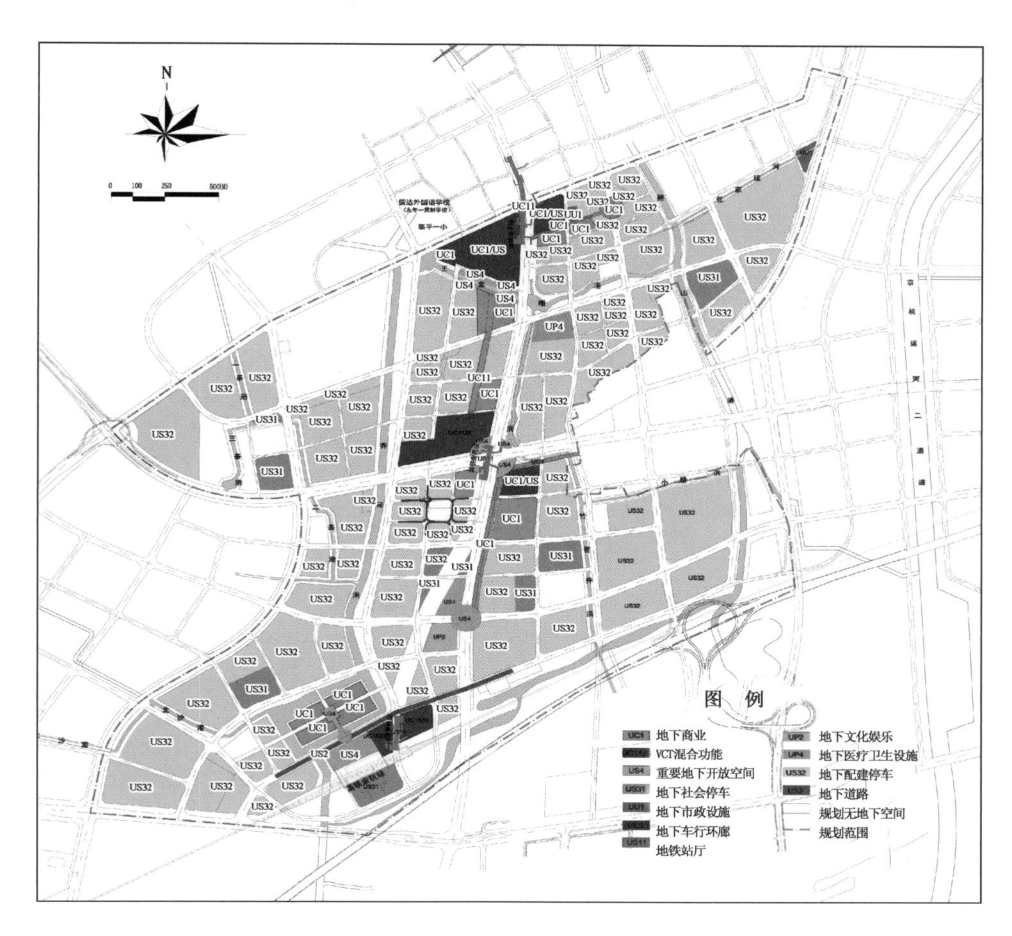

图 3-24　杭州市临平新城地下一层功能布局规划图

资料来源：《杭州市临平新城核心区地下空间控制性详细规划》(解放军理工大学工程兵工程学院地下空间研究中心、南京慧龙城市规划设计有限公司，2010)

(4) 开发强度

结合地上功能、开发强度和交通设施分布，参考同类城市/片区的开发建设实例，明确各地块地下空间开发强度。

(5) 竖向控制

明确重点地区内地块地下空间开发层数、开发深度的上下限指标等。

【示例 21】　重点地区(新城中心区)地下空间竖向规划引导

参见图 3-25 所示杭州市临平新城地下空间竖向开发图。

(6) 连通控制引导

主要有标高控制、类型引导、功能引导、权属与公共连通引导、人防工程与普通地下空间连通、连通口预留与控制等仅在地下空间规划中要求的，或其他详细规划中不明确的指标。

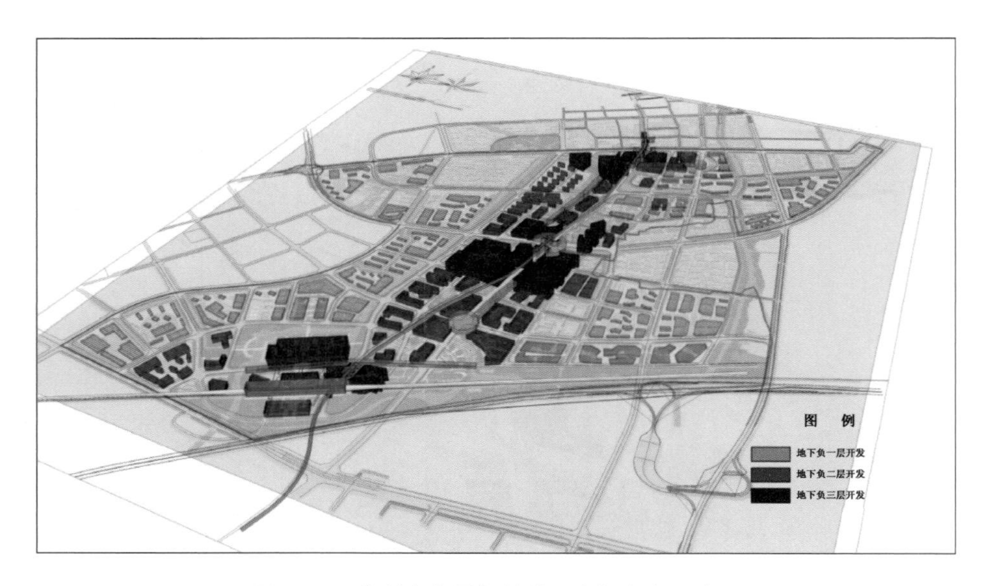

图 3-25　杭州市临平新城地下空间竖向开发图

资料来源：《杭州市临平新城核心区地下空间控制性详细规划》(解放军理工大学工程兵工程学院地下空间研究中心、南京慧龙城市规划设计有限公司，2010)

【示例 22】　重点地区地下空间连通规划引导

参见图 3-26 所示杭州市城东新城地下空间人行连通图。

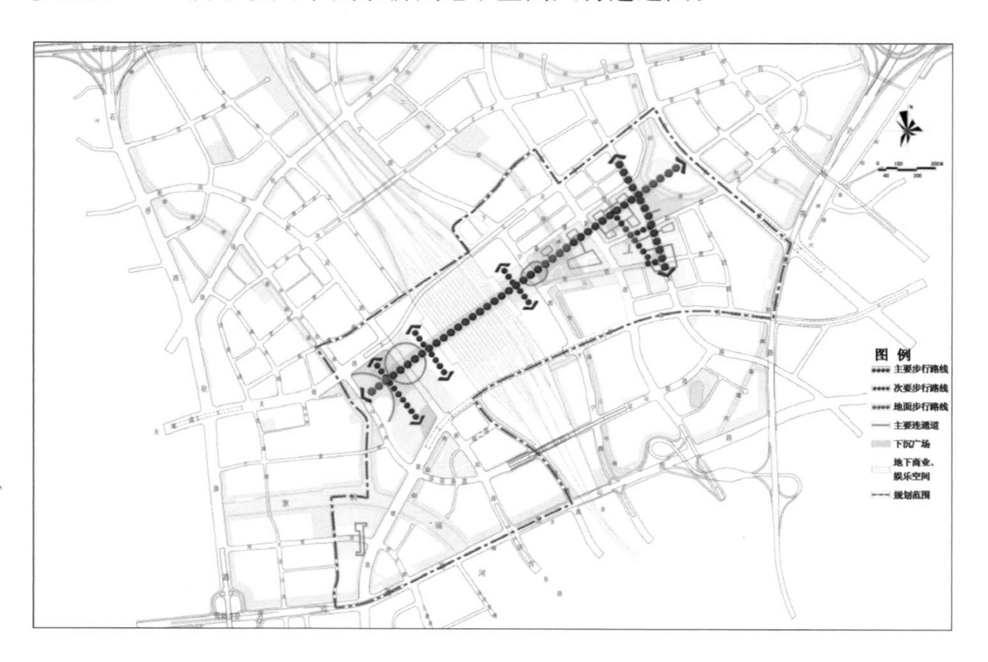

图 3-26　杭州市城东新城地下空间人行连通图

资料来源：《杭州市城东新城核心区地下空间控制性详细规划》(解放军理工大学工程兵工程学院地下空间研究中心、南京慧龙城市规划设计有限公司，2010)

（7）地下建筑退界

提出各类地下设施与周边地块的退界要求。

【示例 23】　重点地区（商务区核心区）地下空间地块建筑退界规划引导

参见图 3-27 所示大连小窑湾商务核心区地下空间用地退界图。

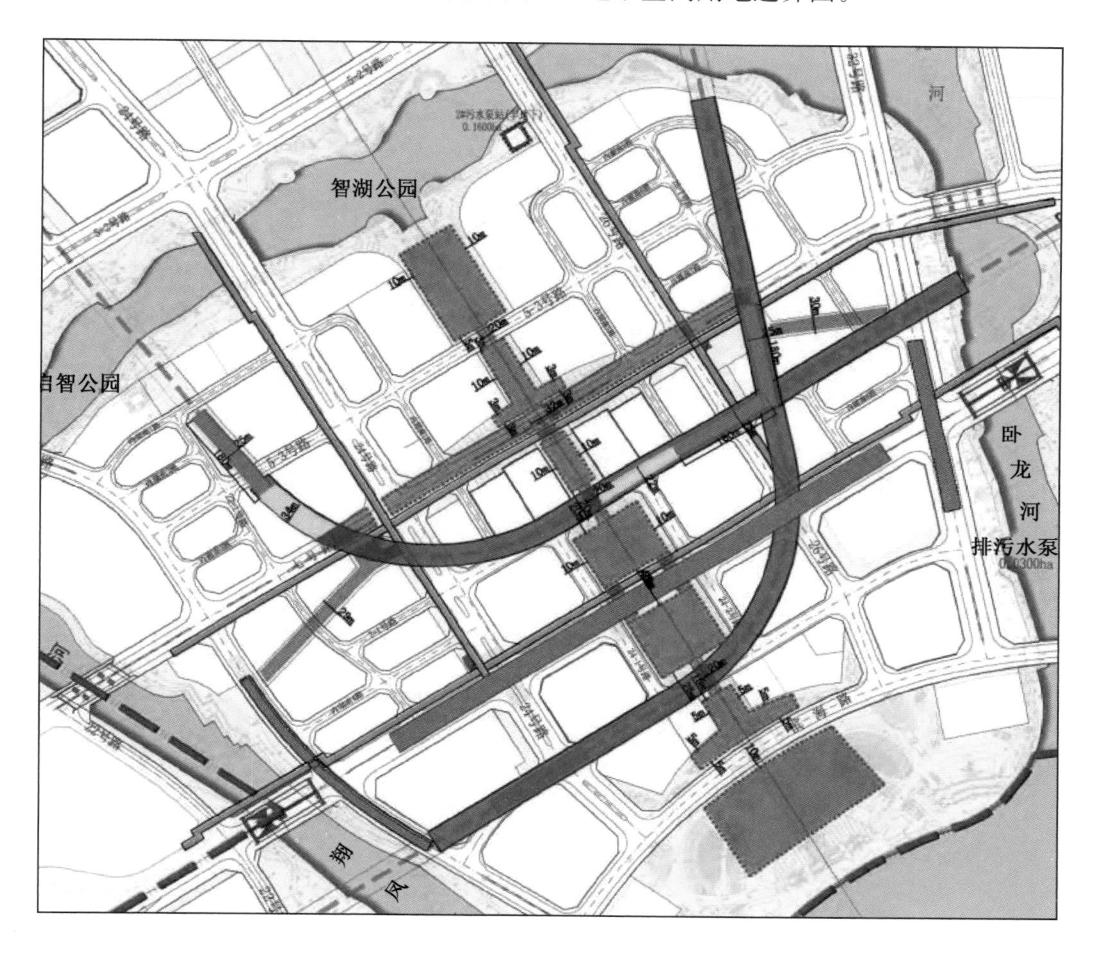

图 3-27　大连小窑湾商务核心区地下空间用地退界图

资料来源：《大连小窑湾国际商务中心核心区地下空间规划》（解放军理工大学国防工程学院地下空间研究中心、南京慧龙城市规划设计有限公司，2013）

（8）出入口控制引导

提出各类地下设施直通地面出入口的位置、方向和宽度等。

【示例 24】　重点地区地下空间出入口控制引导

参见图 3-28 所示杭州临平新城核心区地下空间部分设施出入口控制引导图。

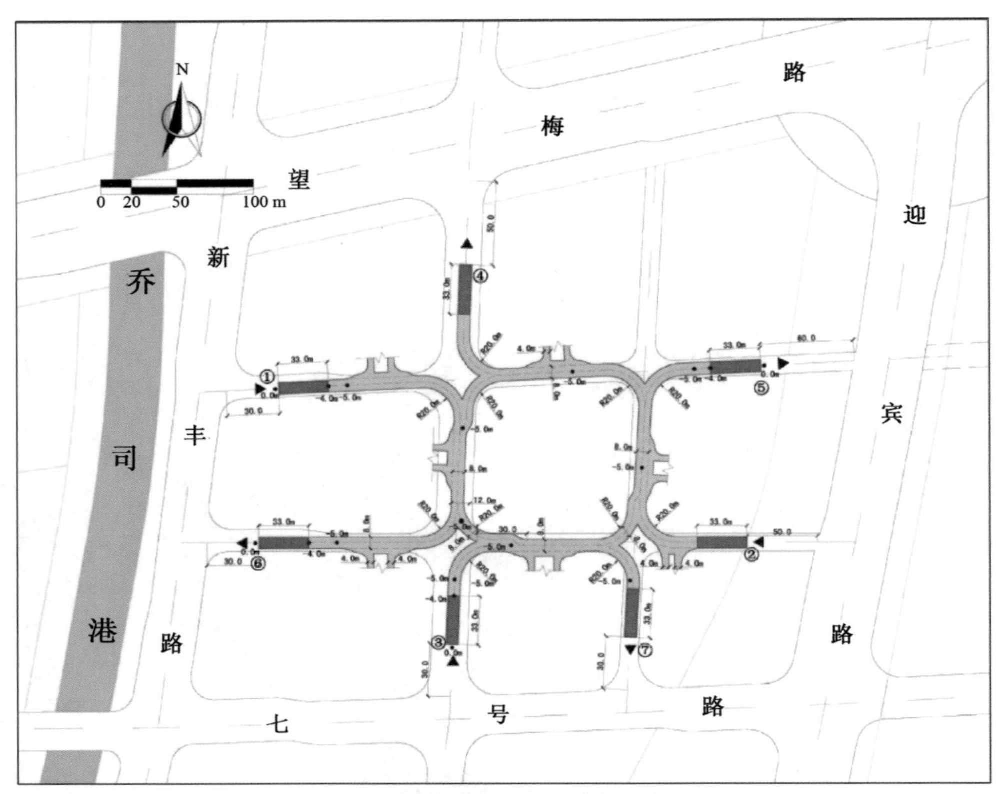

(a) 商务总部地下车行环廊平面图

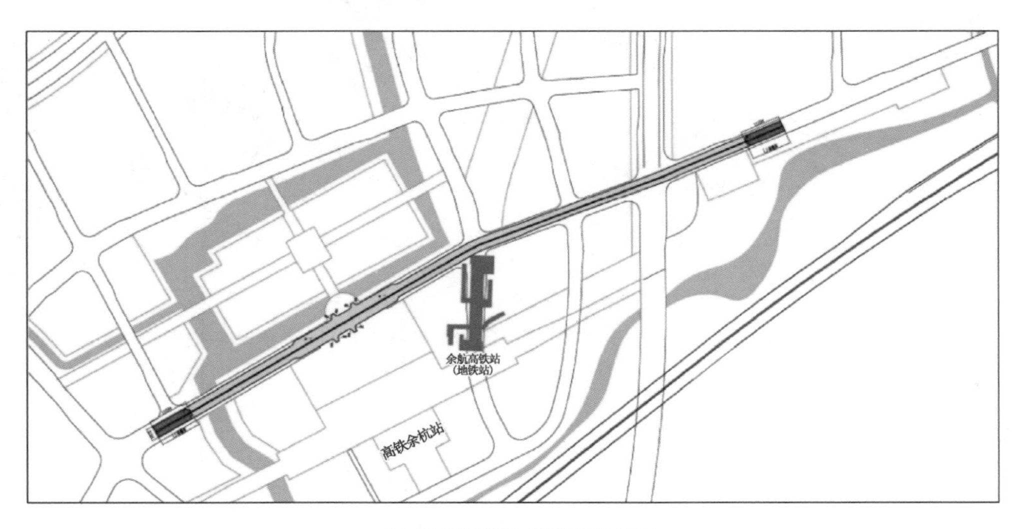

(b) 站前路地下道路平面图

图 3-28 杭州临平新城核心区地下空间部分设施出入口控制引导图

资料来源:《杭州市临平新城核心区地下空间控制性详细规划》(解放军理工大学工程兵工程学院地下空间研究中心、南京慧龙城市规划设计有限公司,2010)

3）各类功能设施规划

各类功能设施规划包括：

（1）地下交通设施（轨道交通、地下道路、地下步行街、地下人行过街通道）；

（2）地下商业设施（地下综合体、地下商业街、地下商场）；

（3）其他地下公共服务设施；

（4）地下市政设施（各类地下综合管沟和地下市政站场）。

【示例 25】　重点地区地下公共空间规划布局

参见图 3-29 所示杭州城东新城地下公共服务空间布局图、图 3-30 所示杭州城东新城地下公共空间规划图。

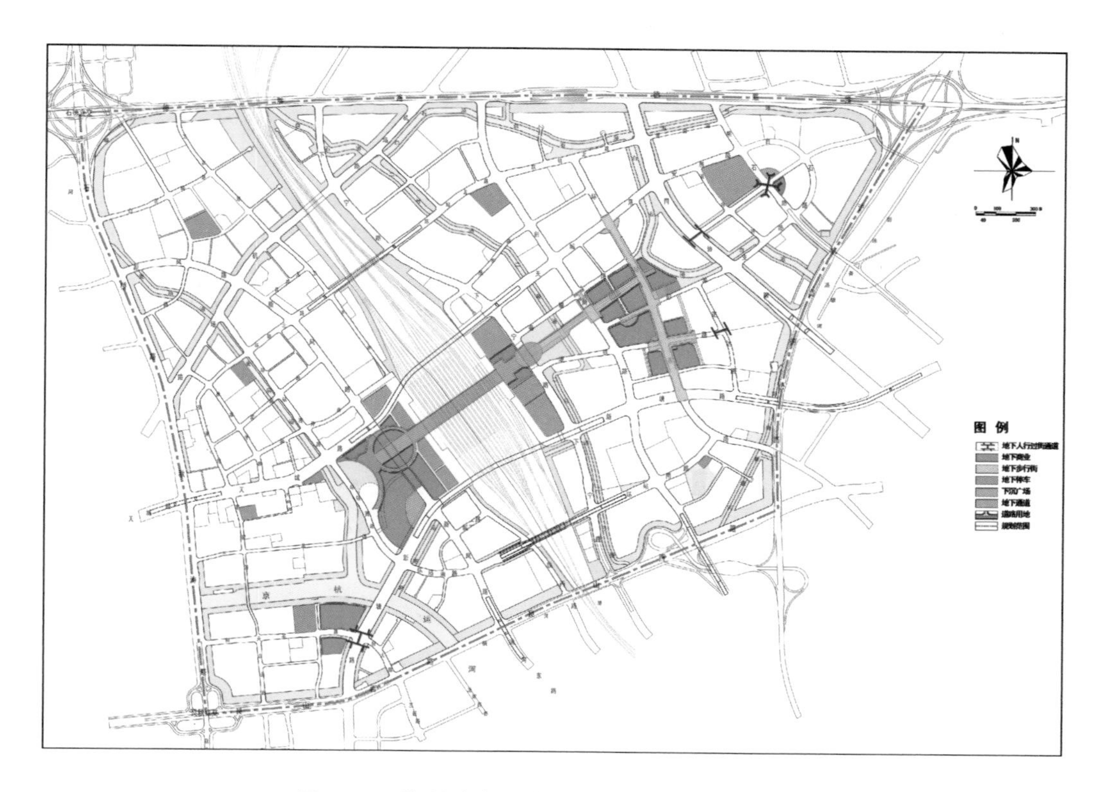

图 3-29　杭州城东新城地下公共服务空间布局图

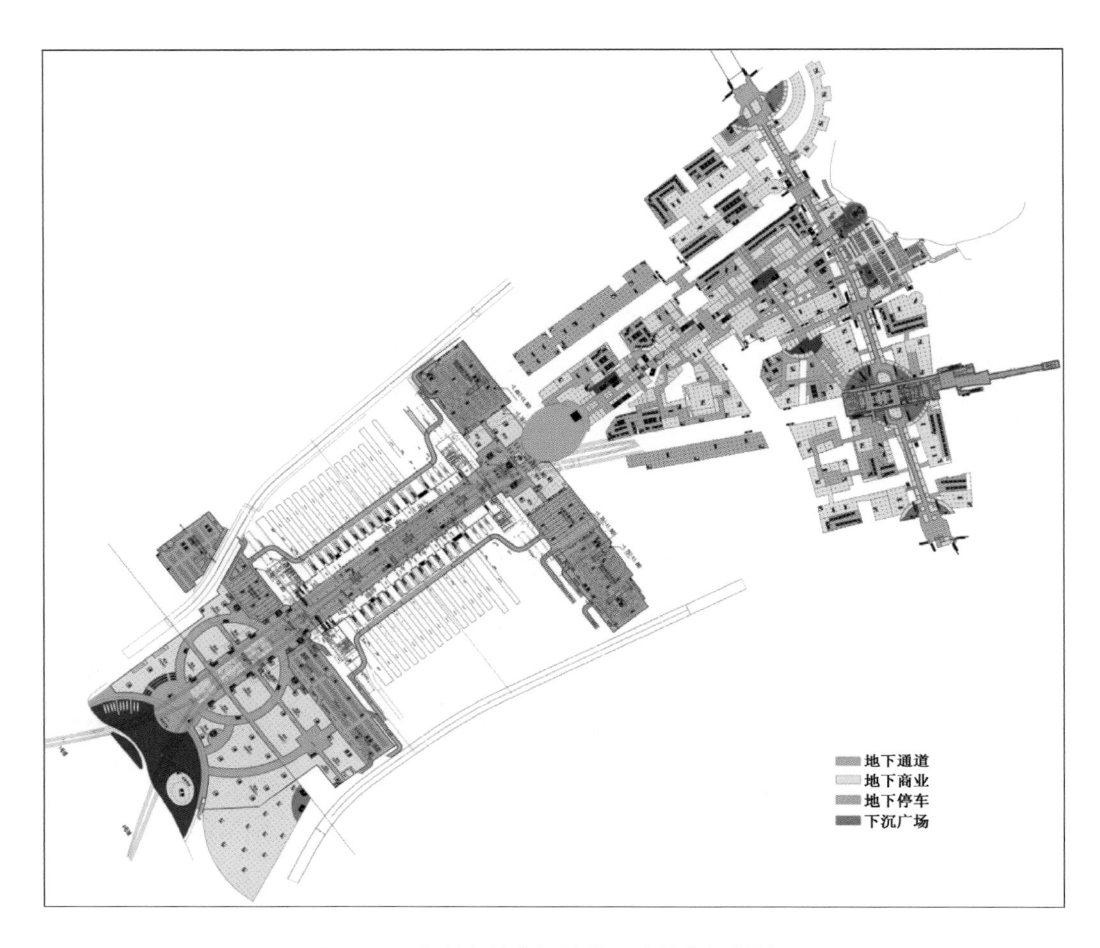

图 3-30　杭州市城东新城地下公共空间规划图

资料来源:《杭州市城东新城核心区地下空间控制性详细规划》(解放军理工大学工程兵工程学院地下空间研究中心、南京慧龙城市规划设计有限公司,2010)

【示例 26】　重点地区地下空间主体项目规划设计指引

参见图 3-31 所示南京红花机场重点地区地下空间功能布局图、图 3-32 所示南京红花机场重点地区地下空间竖向布局图。

4) 轨道沿线及站点周边用地控制

轨道沿线及站点周边用地控制包括:

(1) 轨道站点周边用地控制;

(2) 轨道沿线腹地控制。

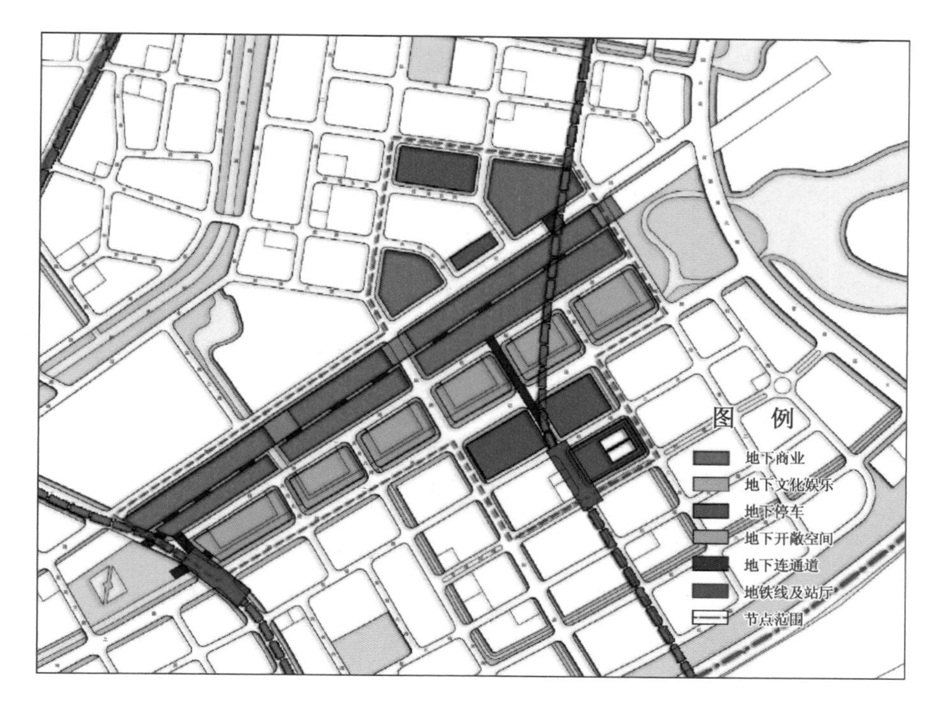

图 3-31　南京红花机场重点地区地下空间功能布局图

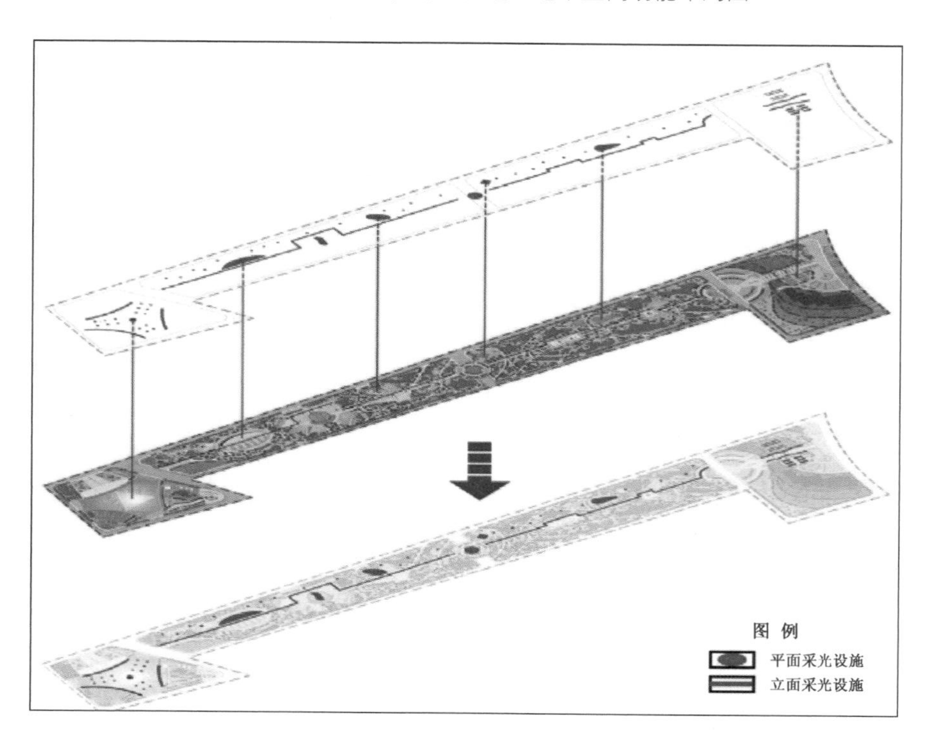

图 3-32　南京红花机场重点地区地下空间竖向布局图

资料来源:《南京市南部新城红花机场地区地下空间规划》(解放军理工大学,2015)

【示例 27】 轨道站域地下空间开发规划引导

参见图 3-33 所示大连小窑湾商务核心区轨道站周边地下空间开发控制引导图。

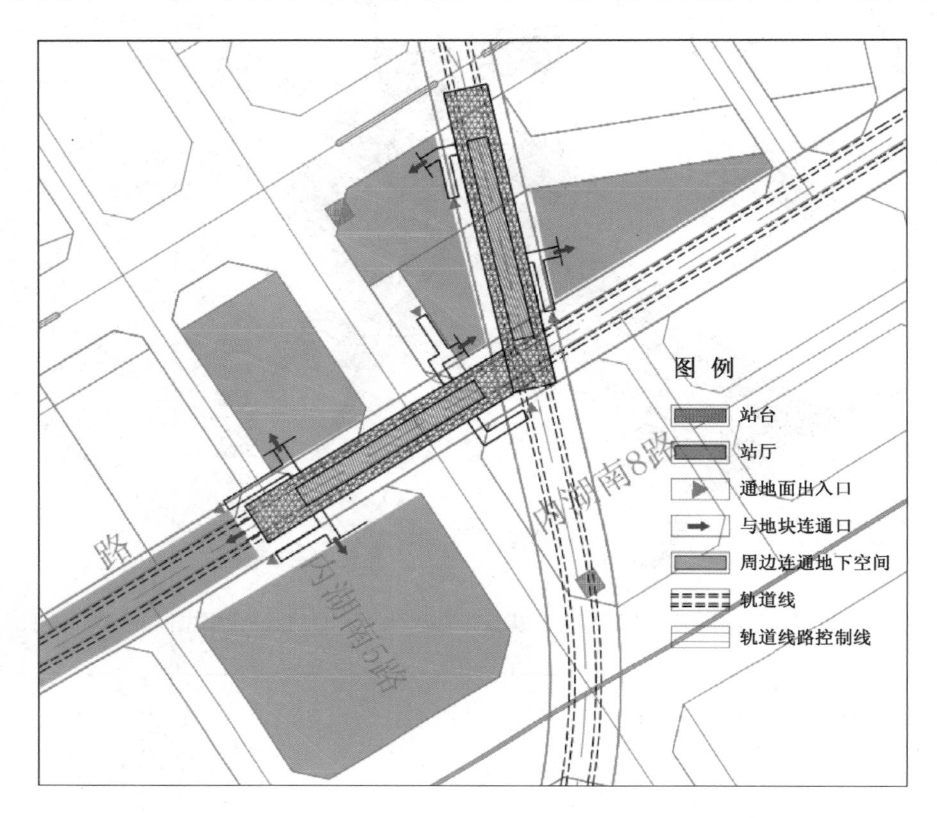

图 3-33 大连小窑湾商务核心区轨道站周边地下空间开发控制引导图

资料来源：《大连小窑湾国际商务中心核心区地下空间规划》(解放军理工大学国防工程学院地下空间研究中心、南京慧龙城市规划设计有限公司，2013)

5）交通组织

交通组织包括动静态交通整合引导。

6）人防工程规划引导

针对重点地区内人防工程的规划引导主要包括：人防开发规模、兼顾人防规模、各类人防工程布局、平战结合与综合利用、连通及出入口控制引导等。

7）城市设计指引

在重点地区内地下空间设计引导主要包括：通风、采光、绿化配景、小品、出入口、总体风格、色彩等。

【示例 28】 重点地区地下空间节点设计指引

参见图 3-34 所示杭州临平新城轨道站地下空间效果图。

图 3-34　杭州临平新城轨道站地下空间效果图

资料来源:《杭州市临平新城核心区地下空间控制性详细规划》(解放军理工大学工程兵工程学院地下空间研究中心、南京慧龙城市规划设计有限公司,2010)

8) 地块指标

针对不同地块提出规定性指标和指导性指标。

【示例 29】　重点地区地下空间规划地块指标控制与技术细则

参见图 3-35、图 3-36 所示杭州城东新城详细规划地下一层图则。

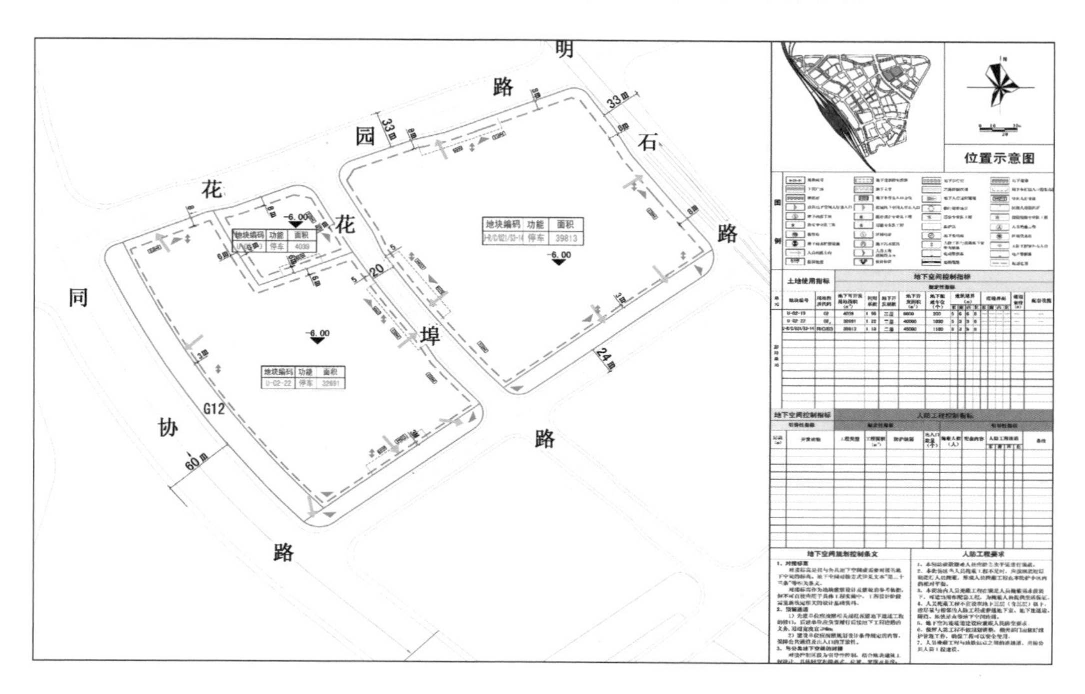

图 3-35　杭州城东新城详细规划地下一层图则 A

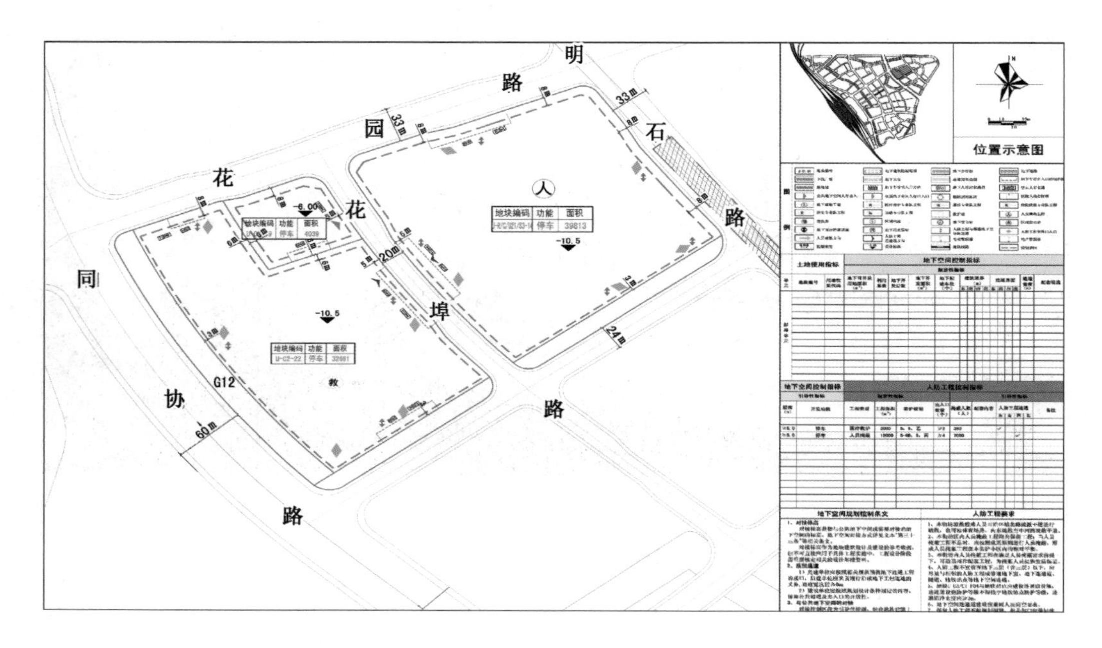

图 3-36　杭州城东新城详细规划地下一层图则 B

资料来源:《杭州市城东新城核心区地下空间控制性详细规划》(解放军理工大学工程兵工程学院地下空间研究中心、南京慧龙城市规划设计有限公司,2010)

3.4.7　地下空间资源预控编制概要

通过对城市战略性资源分类,确定资源选取原则和要求等,明确资源预控内容、分布区域及开发策略等。

1) 廊道资源预控

包括:轨道交通、综合管廊、人防干道等地下空间用地资源预控、平面预控、竖向预控、时序预控等。

2) 节点资源预控

包括:节点类型、预控范围、协调预控、指标预控、功能预控、人民防空要求等。

3) 战备资源预控

包括:大型平战结合工程,平面、竖向、功能、指标、平战转换等预控要求。

【示例 30】　中心城区地下空间战略资源预控

参见图 3-37 所示扬州市中心城区地下空间资源预控规划图。

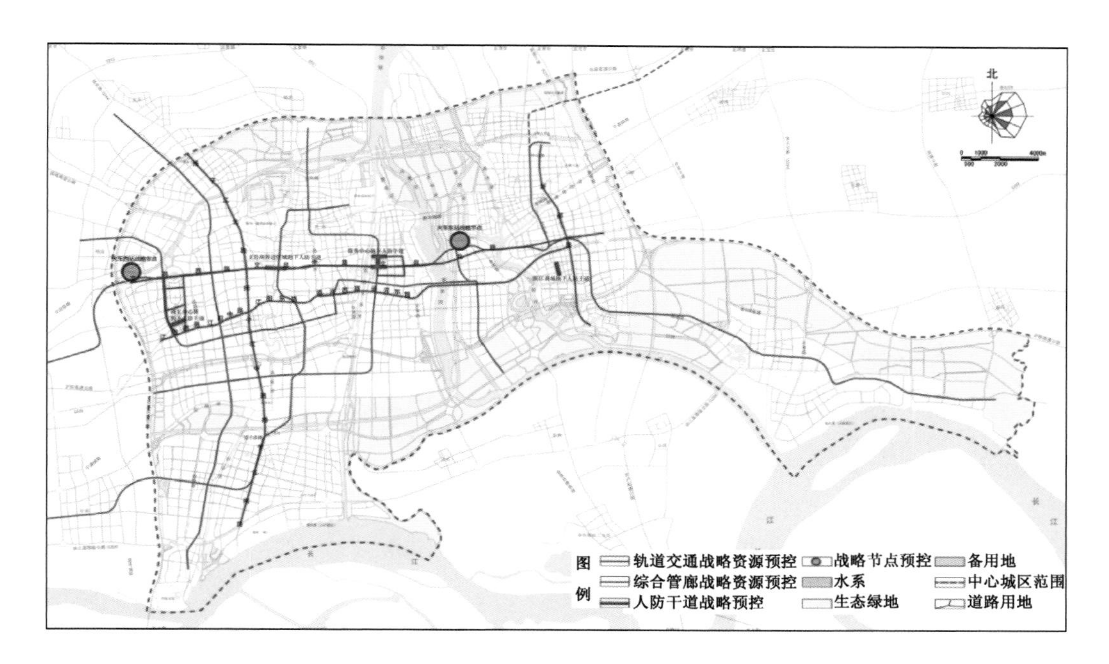

图 3-37　扬州市中心城区地下空间资源预控规划图

资料来源：《扬州市中心城区地下空间开发利用规划（2013—2020）》（解放军理工大学国防工程学院地下空间研究中心、扬州市城市规划设计有限责任公司，2014）

3.5　规划成果章节及图纸要求示例

3.5.1　规划文本目录

示例如下：

第一章　总则

第二章　发展战略与规划目标

第三章　市域地下空间开发利用指引

第四章　中心城区地下空间用地资源管制与开发规模

第五章　中心城区地下空间总体结构与规划布局

第六章　中心城区地下空间分区管控

第七章　中心城区地下空间协调规划

第八章　中心城区地下专项设施规划

第九章　中心城区地下空间近期建设规划

第十章　中心城区地下空间资源预控

第十一章　实施与保障

第十二章　附则

3.5.2　规划说明概要

第一章　背景

1.1　城市概况

1.2　区域战略分析

1.3　规划期限、规划范围

1.4　规划依据

（主要图纸要求：城市区位分析图……）

第二章　分析与思索

2.1　现状分析

2.2　规划解读及实施评析

2.3　指导思想及规划原则

2.4　规划理念及规划策略

（主要图纸要求：现状地下空间分布图、功能分布图、竖向分布图……城市用地条件评价图；浅层、次浅层适建性评价图……）

第三章　市域地下空间开发利用规划引导

3.1　城乡建设分析

3.2　上位规划解读

3.3　市域地下空间开发策略指引

3.4　市域各片区地下空间开发用地资源分析

3.5　市域地下空间发展目标

3.6　市域地下空间开发利用规划引导

（主要图纸要求：市域地下空间开发用地资源分级图、市域地下空间开发分区图、市域地下空间开发结构引导图、市域地下空间布局引导图、市域地铁域地下空间开发引导图等）

第四章　资源评估与规模预测

4.1　地下空间资源评估

4.2　地下空间规模预测

（主要图纸要求：地下空间浅层及次浅层资源质量评估图、用地适建性评价图、需求分级图、需求等级校正图、地下空间规模分布图等）

第五章　发展战略与规划目标

5.1　发展战略

5.2　规划目标

第六章　地下空间规划布局

6.1　地下空间总体结构

6.2　地下空间总体布局

6.3　地下空间功能布局

6.4　地下空间开发强度引导

（主要图纸要求：地下空间开发总体结构图、地下空间规划布局图、地下空间竖向层次布局图、地下空间分层功能图、开发强度控制图……）

第七章　地下空间协调规划

7.1　地上与地下空间开发协调规划

规划协调、空间协调、功能协调、开发与保护协调、利益协调

7.2　历史文化保护与地下空间开发协调规划

7.3　绿地、水系保护与地下空间开发协调规划

（主要图纸要求：历史文化保护与地下空间开发平面控制图、历史文化保护与地下空间开发竖向控制图、生态环境保护与地下空间开发控制引导图、地下空间防空防灾规划指引图……）

第八章　轨道交通沿线预控规划

8.1　轨道线网分布

8.2　轨道沿线及站点周边地下空间资源预控

8.3　轨道站域地下空间综合利用

（主要图纸要求：轨道交通沿线腹地用地预控引导图、轨道站域地下空间综合利用规划图等）

第九章　地下空间分区管控

9.1　地下空间管控区划定

9.2　分区总体管控要求

9.3　各分区管控引导

（主要图纸要求：地下空间管控分区图、管控区地下功能定位图、分区地下空间发展指引图、分区重点设施规划分布图……）

第十章　地下空间专项设施规划

10.1　地下交通设施规划

10.2　地下公共服务设施规划

10.3　地下市政及仓储设施规划

（主要图纸要求：地下动态交通规划设施、地下公共停车场规划图、地下综合体规划分布图、地下商业步行街规划分布图、其他公共服务设施规划分布图、地下综合管廊规划图、地下市政场站规划图、地下仓储设施规划分布图……）

第十一章　防空防灾规划

11.1　人防工程平战结合统筹规划

11.2　地下空间防空利用

11.3　地下空间防灾利用

（主要图纸要求：人防工程平战结合统筹规划图、重点平战结合工程规划图、地下空间防灾规划引导图等）

第十二章　重点地区地下空间规划引导

12.1　重点地区选择(1～2 处)

12.2　重点地区建设动态分析

12.3　重点地区地下空间开发综合评价及策略

12.4　重点地区地下空间开发控制引导

（主要图纸要求：开发规模控制图、平面布局控制图、分层功能控制图、竖向层次控制图、出入口及连通控制图、车行人行流线组织图、兼顾人防要求控制图、人防工程指标控制图、人防工程规划布局等……）

第十三章　近期建设规划

13.1　近期开发建设目标

13.2　近期建设重点

（主要图纸要求：近期建设规划图……）

第十四章　地下空间资源预控

14.1　资源预控内容

14.2　廊道资源预控要求

14.3　节点资源预控要求

14.4　战备资源预控要求

第十五章　规划实施

15.1　实施建议

15.2　技术保障

3.5.3　成果图纸

成果图纸包括：

01-区位分析图

02-土地利用规划图

03-地下空间现状分布图(包括布局、功能、竖向等图)

04-市域地下空间开发用地资源指引图

05-地下空间适建性评价图(包括浅层、次浅层)

06-地下空间开发规模分布图

07-地下空间总体结构规划图

08-地下空间平面布局规划图

09-地下空间竖向层次规划图

10-地下空间功能分布图

11-地下空间分区管控划定图

12-地下空间分区机动车地下化指标管控图

13-历史文化保护与地下空间开发协调规划图

14-生态环境保护与地下空间开发协调规划图

15-轨道站域地下空间综合利用规划图

16-地下道路及人行过街通道设施规划图

17-地下停车设施规划图

18-地下公共服务设施规划图

19-地下市政及仓储物流设施规划图

20-人防工程平战结合规划图

21-地下空间防空防灾规划引导图

22-平战结合重点工程规划图

23-地下空间资源预控引导图

24-重点地区地下空间控制引导图(开发规模、平面布局、分层功能、竖向层次、出入口及连通、人防工程规划等)

25-地下空间近期建设规划图

3.6 规划常用基础资料要求

3.6.1 城市基础资料

城市基础资料包括:

(1) 城市统计年鉴;

(2) 城市国民经济与社会发展报告;

(3) 年度统计公报、环境质量检测报告、城市建设公报等;

(4) 城市新闻报道、城市各级各部门官方网站等。

3.6.2 地下空间基础资料

地下空间基础资料包括：

(1) 地下空间开发利用项目资料，包括位置、范围、建筑面积、类型、功能、竖向层次等(参见表 3-5 示例)；

表 3-5 青岛市崂山中心区地下空间现状统计表

单元名称	项目	分布地点	性质	功能	面积	竖向层次	投资主体	建设年限	备注
管理单元①	(名称)								
管理单元②									
管理单元③									

注：1. 单元：按照城市规划管理单元确定。
2. 项目：地下空间的项目名称。
3. 性质：各项目属于人防还是非人防。
4. 功能：① 非人防地下空间：包括停车(注明社会停车、非社会停车)，地下街，地下商业、文娱、医疗，其他；
② 人防工程：指挥、医疗救护、专业队、人员掩蔽、配套等工程。
5. 面积：单位为 m^2。
6. 竖向层次：开发层数(开发深度)。
7. 投资来源：国家预算内资金、国内贷款、利用外资、自筹资金、其他资金来源。
8. 建设年限：各项建设的具体时间，包括拟建项目、部分扩建项目的建设时间。
9. 备注：大型地下空间工程应提供现状照片、平面图。

(2) 人民防空工程建设基础资料，包括工程总量、分布情况、使用功能等；

(3) 已编各层次地下空间及人防规划；

(4) 城市或规划区工程地质图或报告、水文地质图、地形地貌类型图、地质构造图、地震构造图等基础资料、防洪标高分区图等。

3.6.3 城市规划资料

城市规划资料包括：

(1) 城市总体规划；

(2) 城市综合交通规划；

(3) 轨道交通线网规划、轨道交通近期建设规划;

(4) 城市中心区、商务区等重点地区控制性详细规划或城市设计;

(5) 城市近期建设规划(五年规划);

(6) 市政、商业、公共服务设施、综合防灾城市各专项规划,绿地系统规划等;

(7) 城市规划管理技术规定、五线规定、配建停车、公共服务设施配套等规范性技术文件。

3.6.4 其他资料

其他资料包括:

(1) 城市制定或颁布的有关地下空间方面的地方法规、政府规章、规范性文件等;

(2) 城市用地高程图、高程分级图、电子地形图、影像图(最新);

(3) 近年城市房地产价格(如居住、商业、商住等房地产价格)、土地拍卖价格资料(如商业、居住、行政办公、工业等不同用地性质地块市场土地价格)(参见表 3-6、表 3-7)。

表 3-6　城市样本土地价格统计表

<table>
<tr><td rowspan="2">地块基本情况</td><td>地块编号</td><td></td><td rowspan="2">地块简介及其规划要点</td><td rowspan="2"></td></tr>
<tr><td>开发程度</td><td>生/熟地</td></tr>
<tr><td rowspan="3">地块规划设计条件</td><td>用地面积(m^2)</td><td></td><td>绿地率</td><td></td></tr>
<tr><td>容积率</td><td></td><td>建筑密度</td><td></td></tr>
<tr><td>规划用途</td><td></td><td>出让年限(年)</td><td></td></tr>
<tr><td rowspan="2">地块与成交情况</td><td>出让方式</td><td>拍卖出让</td><td>市场挂牌起始价</td><td>元/m^2(单价)</td></tr>
<tr><td>成交时间</td><td>年　月　日</td><td>成交单价</td><td>元/m^2</td></tr>
<tr><td>地块附加事项</td><td></td><td></td><td></td><td></td></tr>
</table>

表 3-7　城市样本房地产价格统计表

楼盘名称	物业价格(元/m^2)	用地面积(m^2)	容积率	地面建筑面积	地下建筑面积	建筑密度	绿地率	物业地址	开盘时间

资源来源:编著者自制。

4 地下空间规划技术术语[①]

4.1 地下空间资源 underground space resources

城市规划中规划区内地表下一定深度范围岩土层围合空间。

4.2 城市地下空间规划 urban underground space planning

对一定时期内城市地下空间开发利用的综合部署、技术要求、具体安排和实施管理,它是城市规划的重要组成部分。

4.3 地下空间总体规划 underground space masterplan

城市总体规划编制的组成部分,对规划期内城市地下空间资源利用的基本原则与策略、空间结构和功能布局以及各类地下设施的布局要求等做出部署和实施指引。

4.4 地下空间详细规划 underground detailed plan

详细规划编制的组成部分,对规划区内地下空间开发利用各项控制指标提出规划控制和引导要求。

4.5 地下空间资源评估 assessment on underground space resources

查明城市地下空间赖以存在的地层环境和构造特征,判明一定深度内岩体、土体的相关工程因素,以及社会经济因素等对开发利用地下空间的影响,对各评估要素进行叠加分析和评估分级计算,明确地下空间资源的适建性用地规模与空间分布,作为城市地下空间规划的重要依据。

4.6 地下空间需求预测 forecasting of underground space demand

根据规划区一定时期内的发展目标、城市规模、社会经济发展水平和自然地理条件,对地下空间开发利用的需求进行系统分析和预测,为城市地下空间规划布局提供重要指导和依据。

① 摘录自《城市地下空间利用基本术语标准》(JGJ/T 335—2014)。

4.7　地下交通设施 underground traffic facilities

利用地下空间实现交通功能的设施，包括地下轨道交通设施、地下公交场站、地下道路设施、地下停车设施等。

4.8　城市地下道路 urban underground road

位于地表以下，或主要部分位于地表以下的道路总称。

4.9　地下车库联络道 underground parking line

主要承担地面道路和地下停车设施、地下停车设施之间联系的地下道路，它具有公共性质，可作为地面道路的重要补充。

4.10　地下公交场站 underground bus station/stop

设置在地表以下，用于乘客候车、公交车停靠上下客的站点。

4.11　地下人行通道 pedestrian underpass

位于地表面以下的为人行交通服务的设施。

4.12　地下市政公用设施 underground municipal and public facilities

利用地下空间实现市政功能的设施，包括城市供水、供气、供电、供热、通信、排水、环卫等设施，分为地下市政场站和地下市政管线及管廊等。

4.13　综合管廊 municipal tunnel

实施统一规划、设计、施工和维护，建于城市地下用于敷设市政公用管线的市政公用设施。

4.14　地下人民防空设施 underground civil air defence facilities

为保障人民防空指挥、通信、掩蔽等需要而建造的地下防护建筑。地下人民防空设施分为地下单建掘开式工程、坑道工程、地道工程和人民防空地下室等。

说　　明

关于城市经济、社会和城市建设等数据来源、选取以及使用采用的说明：

(1) 以该年度报告的当年 6 月 30 日为统计数据截止时间。

(2) 数据的权威性：报告所收集、采用的城市经济与社会发展等数据，均以城市统计网站、政府网站所公布的城市统计年鉴、政府工作报告、统计公报为准。根据数据发布机构的权威性，按统计年鉴—城市年鉴—政府工作报告—统计公报—统计局统计数据的次序进行收集采用。

(3) 数据的准确性：原则上以该报告年度统计年鉴的数据为基础数据，但由于中国城市统计数据对外公布的时间有较大差异，因此，以时间为标准，按本年度年鉴—本年政府工作报告—本年统计公报—上一年度年鉴—上一年度政府工作报告—上一年度统计公报—统计局信息数据—平面媒体或各级官方网站的次序进行采用。

(4) 多源数据的使用：因城市统计数据公布时间不一，报告的本年度部分深度数据缺失，而采用前一年度数据，或利用之前年度数据进行折算时，予以注明，并说明采用或计算方法。